单片机开发从入门到精通
第 2 版

白林锋　曲培新　左现刚　等编著

机械工业出版社

本书按照单片机技术开发应用深度和难度共分为 7 章，项目设计内容主要分布在第 3 ~ 7 章中。其中第 1 章主要介绍单片机系统电路组成与设计基础，读者需掌握单片机内部结构和外部一般特性，并对单片机系统运行做简单了解；第 2 章主要介绍单片机开发常用的软件和硬件实验平台，读者需掌握单片机程序设计工具 Keil、电路仿真软件 Proteus 以及市场主流 STC 系列单片机的程序下载工具；第 3、4 章主要介绍单片机开发技术的基础，在充分挖掘单片机内部资源的基础上，不断深入地讲解单片机 C 语言程序设计技巧；第 5、6 章主要介绍单片机系统常用的外部器件，是设计复杂单片机系统的硬件和软件的基础；第 7 章主要介绍 STC 系列单片机内部功能部件的应用和程序设计技巧。

本书适合单片机产品开发与项目设计培训人员、单片机技术认证培训人员和单片机相关的竞赛培训人员阅读，也可用于大专院校电子信息类专业的单片机原理与应用课程教学或单片机技术实习、实训指导。

图书在版编目（CIP）数据

单片机开发从入门到精通/白林锋等编著. —2版. —北京：机械工业出版社，2024.3

ISBN 978-7-111-75102-1

Ⅰ. ①单… Ⅱ. ①白… Ⅲ. ①单片微型计算机 – 系统开发 Ⅳ. ①TP368.1

中国国家版本馆CIP数据核字（2024）第041083号

机械工业出版社（北京市百万庄大街22号　邮政编码100037）
策划编辑：任 鑫　　　　　责任编辑：任 鑫 杨 琼
责任校对：杨 霞 刘雅娜　　封面设计：马若濛
责任印制：邓 博
北京盛通数码印刷有限公司印刷
2024年4月第2版第1次印刷
184mm×260mm · 16.75印张 · 412千字
标准书号：ISBN 978-7-111-75102-1
定价：69.00元

电话服务　　　　　　　　　　网络服务
客服电话：010-88361066　　机 工 官 网：www.cmpbook.com
　　　　　010-88379833　　机 工 官 博：weibo.com/cmp1952
　　　　　010-68326294　　金 书 网：www.golden-book.com
封底无防伪标均为盗版　　机工教育服务网：www.cmpedu.com

与单片机有关的电子产品开发是单片机技术应用的重要过程。单片机开发包含硬件和软件设计两部分，其中硬件主要指电路和相关的部件，软件主要指运行在单片机内的程序。单片机系统电路由单片机与外部器件按照一定的电气特性连接而成，直观地反映系统的组成结构。由于电路直观易懂，初学者在了解单片机及其外部常用器件的引脚功能与特性基础上，能很快掌握电路的工作原理。

单片机系统功能靠程序运行实现，因此，程序设计是单片机系统开发的重点，也是长期困扰单片机初学者的一个难点。本书把程序设计作为重点内容，并从最简单的项目入门，通过项目引导、任务驱动式学习，逐步带领读者深入学习单片机项目开发的编程技巧。

项目设计更能驱动读者的学习兴趣及创新意识，采用项目教学的方式，也是快速掌握单片机技术的新形式、新手段。本书所列举的单片机项目以实际应用为基础，总结了单片机产品开发实践过程中所涉及的系统、程序和电路，以功能实现为设计目标，设计难度和深度阶梯设置。书中内容从易到难共安排了 32 个项目，并对所有项目的实现过程做详细的指导。学习过程中，为充分发挥读者的自主学习能力，思考题中的项目只给出了相关的程序和电路，具体的设计步骤由读者自己完成。以上所有项目的程序均采用 C 语言精简设计，内容完整、运行可靠。程序可以通过仿真电路运行，也可以直接下载到实验开发板上运行。

在所安排的项目集中，项目 1~13 为单片机程序设计的基础，以 8051 单片机系列为主，重点训练读者的单片机 C 语言程序设计能力，其中电子表设计内容为检验程序设计能力的实训项目；项目 14~29 为提高内容，主要介绍单片机外部器件的应用，以提升读者系统设计能力；项目 30~32 主要介绍 STC 系列单片机片内资源的应用技术。部分综合设计项目包含程序设计、电路设计、电路组装与调试，项目的实现要求读者有一定的硬件和软件设计基础。

本书按照单片机技术开发应用深度和难度共分为 7 章，项目设计内容主要分布在第 3~7 章中。其中第 1 章由李国厚编写，主要介绍单片机系统电路组成与设计基础，读者需掌握单片机内部结构和外部一般特性，并对单片机系统运行做简单了解；第 2 章由曲培新编写，主要介绍单片机开发常用的软件和硬件实验平台，读者需掌握单片机程序设计工具 Keil、电路仿真软件 Proteus 以及市场主流 STC 系列单片机的程序下载工具；第 3、4 章由白林锋编写，主要介绍单片机开发技术的基础，在充分挖掘单片机内部资源的基础上，不断深入地讲解单片机 C 语言程序设计技巧；第 5、6 章由左现刚编写，主要介绍单片机系统常用的外部器件，是设计复杂单片机系统的硬件和软件的基础；第 7 章由王应军编写，主要介绍 STC 系列单片机内部功能部件的应用和程序设计技巧。

　　为了便于读者快速掌握单片机开发能力，本书所列举的项目从电路设计、程序设计原理入手，并利用电路仿真、硬件运行手段验证项目设计的完整性。配套的 B107 型实验开发板学习套件提供了项目设计完整的程序和电路，以及相关的教学材料。

　　本书适合单片机产品开发与项目设计培训人员、单片机技术认证培训人员和单片机相关的竞赛培训人员阅读，也可用于大专院校电子信息类专业的单片机原理与应用课程教学或单片机技术实习、实训指导。由于作者水平有限，书中难免存在错误和不妥之处，敬请广大读者不吝指正。

编　者

目　录

第1章

单片机原理及应用

单片机内部结构、功能部件、外部引脚特性以及单片机系统电路组成原理是单片机开发中电路设计的基础。本章将从 MCS-51 单片机原理与应用入手，介绍单片机的内部结构、外部引脚特性以及单片机内部的重要部件，并在此基础上了解单片机系统组成以及单片机系统设计有关的基本知识。本章将介绍的内容有：

1) MCS-51 单片机原理。
2) 8051 单片机内部结构与硬件资源。
3) 单片机最小系统。

1.1 MCS-51 单片机原理

本节主要介绍单片机的基本概念、发展和应用领域，以 MCS-51 单片机为例说明单片机组成、基本原理、内部和外部特性，并了解单片机系统的电路基本原理，要求读者重点掌握单片机的基本概念、单片机芯片 DIP40 封装引脚和基本特性。

1.1.1 认识单片机

人们日常生活中使用的计算机是一种微型计算机系统，由主机、显示器和键盘、鼠标、打印机等输入输出设备组成。在计算机的主机内部，有 CPU、内存、显卡、硬盘、电源等部件，这些部件都插接在包含控制芯片和接口电路的主板上。主机通过与外部设备连接，在硬盘上安装了软件系统后，计算机就可以高速运行，在人的操作干预下完成各种工作，如程序设计、文档编辑以及上网聊天、玩游戏、看电影等功能。

1. 单片机基础知识

单片机是一种集成在一个芯片上的微型计算机系统，即在芯片的内部集成了计算机常用的部件，如 CPU、存储器、接口等电路。常见的单片机采用 DIP40 引脚封装，如图 1-1 所示。具有代表性的单片机是 Intel 公司在 20 世纪 80 年代推出的基于 MCS-51 架构的 8051 芯片。单片机结构简单，处理字长较短，硬件和软件开发周期短，初学者入门快，与其他电子系统结合很容易设计一个完整的控制系统。目前，单片机在日常生活和自动控制领域中应用十分广泛，如家用电器控制、仪器设备控制以及生产自动化检测与控制等，因此单片机又称微控制器（Micro Controller Unit，MCU）。

图 1-1 双列直插式 40（DIP40）引脚单片机芯片

2. 单片机结构及系列

MCS-51 单片机采用哈佛结构，即数据存储和程序存储空间独立，其内部电路可根据功能划分为 CPU、RAM、ROM/EPROM、并行口、串行口、定时器/计数器、中断系统及特殊功能寄存器（Special Function Register，SFR）8 个主要部件，MCS-51 单片机结构框图如图 1-2 所示。

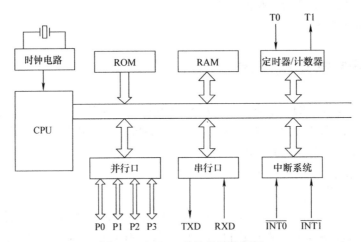

图 1-2 MCS-51 单片机结构框图

由于 MCS-51 具有完善的结构和优越的性能，因此后来的许多厂商沿用或参考该体系结构，推出各自的 8051 系列产品。如 PHILIPS 公司的 83C×× 系列、ATMEL 公司的 AT89 系列芯片，并在原来的基础上不断对单片机的功能进行扩展，如片内增加高速 I/O 口、A/D 转换器、PWM（脉宽调制）、大容量的 RAM/ROM、WDT（看门狗）等。

STC 系列单片机是国内宏晶公司推出的多功能、增强型 8051 单片机，经过多年的发展，该公司单片机技术日臻完善。STC 系列单片机具有代表性的型号有 STC15F、16F、8H、8G 和 32G 等系列，片内集成了 A/D 转换器、PWM、看门狗等部件以及各种总线接口，支持 ISP/IAP 在线编程，并采用单时钟/机器周期（1T）、宽电压、加密、低功耗等技术，使单片机的应用领域不断拓展。目前，STC 系列单片机已成为国内 8051 单片机市场的主流产品，关于 STC 单片机的有关介绍，请参阅第 7 章。

1.1.2　单片机的应用

单片机的运行与计算机一样也需要必要的硬件和软件。其中程序是单片机系统软件，通过下载软件把编制好的单片机程序下载到单片机内部 ROM 中即可让单片机运行，从而实现单片机的功能。8051 单片机不能加载操作系统，也不能处理复杂的数据运算，但它是一种芯片化的低成本计算机系统，各个功能部件在芯片中的布局和结构达到最优化。

日常见到的交通信号灯控制、LED 广告屏、电梯控制等电子系统常把单片机作为核心控制芯片。在实际应用中，需要把单片机和外部器件或被控对象进行电气连接，形成电路才能构成一个单片机应用系统。图 1-3 所示为一个由单片机和外部器件组成的校园自动打铃定时器电路原理图，系统中单片机主要用来定时，键盘用来调整定时的时间点，继电器用来控制电铃，数码管用来显示当前时间。

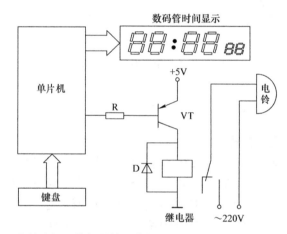

图 1-3　由单片机和外部器件组成的校园自动打铃定时器电路原理图

一个完整的单片机应用系统包括系统硬件和软件两部分。单片机的硬件部分主要指电路组成，其中除单片机外，通常还要用到很多外部器件，如按键、显示器件及各种接口电路等。图 1-4 所示为一个简单的电子日历电路原理图，包括单片机、按键和液晶显示器等器件，能够完成时间显示和校时。复杂的单片机系统还要用到一些模拟或数字电路芯片，如 A/D 转换器、D/A 转换器、运算放大器以及各种外部存储器芯片等。单片机软件包括程序以及开发程序的平台，一般主要指单片机运行的程序。程序设计可以采用汇编语言，也可以采用 C 语言等高级语言。

与微型计算机相比，单片机系统软硬件设计要简单得多，开发成本也相对较低，因此在移动终端、工业系统、火灾报警系统、智能家电控制、视频监控系统、跟踪定位控制等领域都有单片机的身影。在物联网感知技术中，传感信号的检测、数据处理与传输控制都要用单片机来完成，如 ZigBee 节点中 CC2530 芯片内部集成了 51 单片机内核，可以说单片机系统是最典型的嵌入式系统。随着各个领域的自动化、智能化程度越来越高，单片机技术也将得到更快的发展。

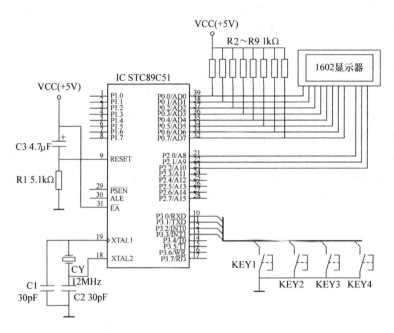

图 1-4　简单的电子日历电路原理图

1.1.3　单片机的外部引脚

1. 单片机的封装和逻辑符号

单片机型号有很多种，不同型号又有多种封装外形，传统 8051 单片机或兼容 8051 系列的单片机多采用 DIP40 封装，也有 DIP20、DIP28 以及扁平封装等多种形式。图 1-5a 所示为双列直插式封装外形，图 1-5b 所示为扁平封装，图 1-5c 所示为 51 单片机的电路原理符号，其中电源正极和地两个端隐藏。40 个引脚按功能分为 4 个部分，即电源引脚（VCC 和 VSS）、时钟引脚（XTAL1 和 XTAL2）、控制信号引脚（RST、$\overline{EA}$、$\overline{PSEN}$ 和 ALE）以及 I/O 口引脚（P0~P3）。

2. 引脚功能描述

（1）电源引脚

在 DIP40 封装中，40 脚为单片机电源正极 VCC 引脚，20 脚为单片机的接地 VSS 引脚。在正常工作情况下，VCC 接+5V 电源，为了保证单片机运行的可靠性和稳定性，电源电压波动不超过 0.5V。可移动的电子系统可采用宽电压的单片机设计，电源直接利用电池供电，实验情况下也可以用三节普通电池或计算机的 USB 接口供电。一般电路中常采用集成稳压器 7805 提供电源。图 1-6 所示为单片机常用的集成稳压电源，为了提高电路的抗干扰能力，电源正极与地之间接有滤波电容器。

（2）单片机的 I/O 口引脚

单片机的 I/O 口是用来输入和控制输出的端口，DIP40 封装的 8051 单片机共有 P0、P1、P2、P3 4 组端口，分别与单片机内部 P0、P1、P2、P3 4 个寄存器对应连接，每组端口有 8 位，共有 32 个 I/O 口。

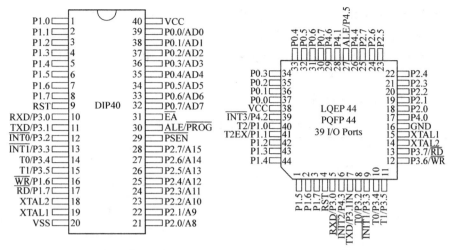

a) DIP40封装(双列直插式封装)　　　b) LQFP44/PQFP44封装(扁平封装)

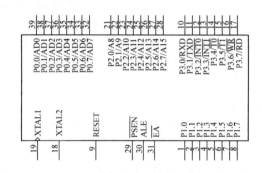

c) 51单片机的电路原理符号

图 1-5　MCS-51 系列单片机的引脚分布图

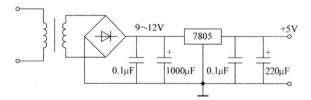

图 1-6　单片机常用的集成稳压电源

P0 口分别占用 32~39 脚，依次命名为 P0.0~P0.7，与其他 I/O 口不同，P0 口是漏极开路（OD 门）的双向 I/O 口，P0 口中任意一位电路原理如图 1-7 所示，其中端口 P0.×的输出与内部对应的寄存器 P0.×状态一致。单片机在访问片外存储器时，P0 口分时作为低 8 位地址线和 8 位双向数据总线用，此时不需外接上拉电阻；如果将 P0 口作为通用的 I/O 口使用，则要求外接上拉电阻或排阻，每位以吸收电流的方式驱动 8 个 LSTTL 门电路或其他负载。

P1 口占用 1~8 脚，分别是 P1.0~P1.7。P1 口是一个带内部上拉电阻的 8 位双向 I/O 口，每位能驱动 4 个 LSTTL 门负载。这种端口没有高阻状态，输入不能锁存，因而不是真正的双向 I/O 口。

P2 的 8 个端口占用 21~28 脚，分别是 P2.0~P2.7。P2 口也是一个带内部上拉电阻的 8 位双向 I/O 口。在访问外部存储器时，P2 口输出高 8 位地址，每位也可以驱动 4 个 LSTTL 负载。

P3 口的 8 个引脚占用 10~17 脚，分别是 P3.0~P3.7。P3 是双功能端口，作为普通 I/O 口使用时，同 P1、P2 口一样，作为第二功能使用时，引脚定义见表 1-1。P3 口的第二功能，能使硬件资源得到充分利用。

表 1-1　P3 口的第二功能引脚定义

I/O 口线	第二功能定义	功能说明
P3.0	RXD	串行输入口
P3.1	TXD	串行输出口
P3.2	$\overline{INT0}$	外部中断 0 输入端
P3.3	$\overline{INT1}$	外部中断 1 输入端
P3.4	T0	T0 外部计数脉冲输入端
P3.5	T1	T1 外部计数脉冲输入端
P3.6	$\overline{WR}$	外部 RAM 写选通脉冲输出端
P3.7	$\overline{RD}$	外部 RAM 读选通脉冲输出端

（3）时钟引脚

单片机有两个时钟引脚，分别是 19 脚 XTAL1 和 18 脚 XTAL2，用于提供单片机的工作时钟信号。单片机是一个复杂的数字系统，内部 CPU 以及时序逻辑电路都需要时钟脉冲，所以单片机需要有精确的时钟信号。

单片机内部含有振荡电路，19 脚和 18 脚用来外接石英晶体和微调电容。在使用外部时钟时，XTAL2 则用来输入时钟脉冲，如图 1-7 所示。其中图 1-7a 为晶体振荡电路，图 1-7b 为外部时钟输入电路。利用外部时钟输入时，要根据单片机型号 XTAL1 接地或悬空，并考虑时钟电平的兼容性。

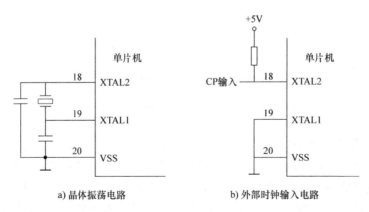

a) 晶体振荡电路　　　　b) 外部时钟输入电路

图 1-7　单片机时钟电路

（4）控制引脚

在 DIP40 引脚封装中，9 脚 RST/VPD 为复位/备用电源引脚，在此引脚外加两个机器周期的高电平就能使单片机复位。

30 脚 ALE/$\overline{\text{PROG}}$ 为锁存信号输出/编程引脚，在早期扩展了外部存储器的单片机系统中，单片机访问外部存储器时，ALE 用于锁存低 8 位的地址信号。

29 脚 $\overline{\text{PSEN}}$ 为输出访问片外程序存储器的读选通信号引脚。在 CPU 从外部程序存储器取指令期间，该信号每个机器周期两次有效。在访问片外数据存储器期间，这两次 $\overline{\text{PSEN}}$ 信号将不出现。

31 脚 $\overline{\text{EA}}$/VPP 用于区分片内外低 4KB 范围存储器空间。该引脚接高电平时，CPU 访问片内程序存储器 4KB 的地址范围。若 PC 值超过 4KB 的地址范围，CPU 将自动转向访问片外程序存储器；当此引脚接低电平时，则单片机只访问片外程序存储器，忽略片内程序存储器。

在 STC 系列单片机中，以上 ALE、PSEN、EA/VPP 引脚已经省略，取而代之的是 P4 接口。

掌握单片机内部的各个部件功能、外部引脚特性是分析和设计单片机应用系统的硬件基础，只有全面地了解单片机的硬件以及单片机外部器件特性，才能熟练应用单片机系统所提供的硬件资源，设计开发出性价比较高的应用系统。

1.2　8051 单片机内部结构与硬件资源

8051 单片机内部包含组成计算机所需的多种部件，包括 CPU、RAM、ROM/EPROM、并行口、串行口、定时器/计数器、中断系统及特殊功能寄存器 8 个功能单元，这些单元通过片内的单一总线相连，采用 CPU 加外围芯片的结构模式，各个功能单元都采用特殊功能寄存器集中控制的方式。8051 单片机内部结构示意图如图 1-8 所示。

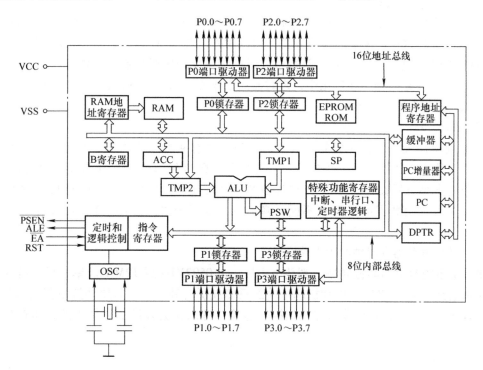

图 1-8　8051 单片机内部结构示意图

1.2.1　单片机内部结构

（1）CPU

CPU 是单片机的核心，完成运算和控制功能。MCS-51 系列单片机的 CPU 字长是 8 位，能处理 8 位二进制数或代码，也可处理一位二进制数。

（2）片内数据存储器 RAM

传统 MCS-51 单片机有 256 个字节的 RAM 单元，其中 128 个字节被专用寄存器占用。作为存储单元供用户使用的是前 128 个字节，用于存放程序运行产生的临时数据，通常所说的内部数据存储器就是指前 128 个字节，也称为片内 RAM。增强型 51 单片机的 RAM 存储器也采用 MCS-51 结构划分，增加的 RAM 空间在应用过程中可利用程序进行操作。

（3）片内程序存储器 ROM

单片机片内 ROM 用于存放程序、原始数据或表格，也称为程序存储器。传统 MCS-51 系列片内只有 4KB 的 ROM，在兼容 51 系列产品中，单片机的程序存储器多采用 Flash ROM 或 EEPROM 技术，既可以保存单片机运行的程序，也可以保存单片机运行过程中的数据，如 STC 单片机 IAP15F2K61S2 芯片，片内含有 61KB 的 Flash ROM，用户可以当作程序存储器使用，也可以当作 EEPROM 使用。

（4）I/O 口

传统 MCS-51 单片机共有 4 组并行 I/O 口，定义为 P0、P1、P2、P3 接口，每组 8 位，共有 32 位，分别与内部 4 个寄存器 P0、P1、P2、P3 相连接，32 个接口可以用作输入，也可以用作输出。

（5）定时器/计数器

传统 MCS-51 单片机共有 T1、T2 两个 16 位的定时器/计数器，具有 4 种工作方式，每个定时器/计数器都可以设置成计数方式，用以对外部脉冲进行计数；也可以设置成定时方式，对内部脉冲计数，并可以根据计数或定时的结果实现定时控制。增强 51 系列片内增加了 T2、T3 等多个定时器，在应用中，定时器的工作方式和功能分别由各自对应的控制寄存器（特殊功能寄存器）控制。

（6）串行口

51 系列单片机至少有一个全双工的串行口，具有 4 种工作方式，以实现单片机和其他设备之间的串行数据传送。该串行口功能较强，既可作为全双工异步通信收发器使用，也可作为同步移位器使用。单片机与计算机之间的通信也可以通过单片机的串行口实现，由于两者通信数据电平要求不同，单片机与计算机之间的通信需要通过 RS232 接口实现。

（7）片内振荡器和时钟产生电路

单片机系统常用的晶振频率一般为 6MHz、11.0592MHz 或 12MHz。单片机系统时钟由脉冲振荡电路产生，传统 51 单片机芯片内部只集成了时钟电路，需要外接石英晶体和微调电容，现在很多单片机片内集成了 RC 振荡电路，可以省去外接的晶体电路即可产生时钟信号。

（8）中断

中断是单片机重要的系统资源，单片机有较强的中断功能，以满足各种控制的需要。传统 MCS-51 单片机共有 5 个中断源，即外部中断两个，定时器/计数器中断两个，串行口中断一个，增强型的单片机支持多种中断操作，如 T2 中断、A/D 相关中断、PWM 相关中断等，MCS-51 单片机的中断源与入口地址见表 1-2。

表 1-2　MCS-51 单片机的中断源与入口地址

中断名称	中断源	入口地址
外部中断 0	外部脉冲	0003H
定时器/计数器 0	T0 计数器计满溢出	000BH
外部中断 1	外部脉冲输入	0013H
定时器/计数器 1	T1 计数器计满溢出	001BH
串行口	数据交换输入	0023H
定时器/计数器 2	T2 计数器计满溢出	002BH

在单片机系统运行过程中，数据的运算处理由 CPU 完成，数据的传输通过内部总线自动实现，片内各个部件的运行状态由用户编写的程序以及相关的特殊功能寄存器控制完成。单片机用户在进行单片机开发过程中，一旦单片机选型确定，剩余的工作是功能的实现及怎样提高系统运行速度和可靠性。

1. 2. 2　CPU

CPU（中央处理器）是单片机的核心，主要功能是产生各种控制信号，根据程序中每一条指令的具体功能，控制寄存器和 I/O 口的数据传送，进行数据的算术运算、逻辑运算以及位操作等处理。MCS-51 系列单片机的 CPU 字长是 8 位，能处理 8 位二进制数，也可处理 1 位二进制数。单片机的 CPU 从功能上一般分为控制器和运算器两部分。

1. 控制器

控制器由程序计数器（PC）、指令寄存器（IR）、指令译码器（ID）、定时控制与条件转移逻辑电路等组成，其功能是对来自 ROM 中的指令进行译码，通过定时电路，在规定的时刻发出各种操作所需的内部和外部控制信号，使各部分协调工作，完成指令所规定的功能。

（1）程序计数器

程序计数器（PC）是一个 16 位的专用寄存器，用来存放下一条指令的地址，具有自动加 1 的功能。CPU 在取指令时，将 PC 中的地址信息送到地址总线上，从 ROM 中取出一个指令码后，PC 内容自动加 1，指向 ROM 的下一个单元，从而实现指令的顺序执行。

PC 用来指示程序的执行位置。在顺序执行程序时，单片机每执行一条指令，PC 自动加 1，指向下一条待取指令的存储单元的 16 位地址，即 CPU 总是把 PC 的内容作为地址，根据该地址从 ROM 中取出指令码或包含在指令中的操作数。每取完一个字节后，PC 的内容自动加 1，为读取下一个字节做好准备。MCS-51 系列单片机的寻址范围为 64KB，对应于 PC 中的数据范围是 0000H~FFFFH。单片机复位时，PC 自动清 0，即装入地址 0000H，使单片机在复位后，程序从 ROM 的 0000H 单元开始执行。

（2）指令寄存器

指令寄存器（IR）是一个 8 位寄存器，用于暂存待执行的指令，等待译码。

（3）暂存器

暂存器（TMP）用来暂存由数据总线（DB）或通用寄存器送来的操作数，并把它作为另一个操作数。

（4）指令译码器

指令译码器（ID）是 CPU 的一部分，用于对指令寄存器中的指令进行译码，将存储在指令寄存器或微程序指令中的二进制代码转换为能控制 CPU 其他部分的控制信号。指令译码器的输出信号经定时电路产生完成该指令操作所需要的各种控制信号。

（5）数据指针

数据指针（DPTR）是一个 16 位的专用地址指针寄存器，主要用来存放 16 位地址，作为间址寄存器访问 64KB 的数据存储器和 I/O 口及程序存储器，由 DPH（高 8 位）和 DPL（低 8 位）两个独立的特殊功能寄存器组成，地址分别是 83H 和 82H。

DPTR 与 PC 不同，DPTR 有自己的地址，可以进行读写操作，而 PC 没有地址，不能对它进行读写操作，但可以通过转移、调用、返回指令改变其内容，从而实现程序的转移。

2. 运算器

运算器主要进行算术和逻辑运算。运算器由算术逻辑单元（ALU）、累加器（ACC）、程序状态字（PSW）、BCD 码运算电路、通用 B 寄存器和一些专用寄存器及位处理逻辑电路等组成。

（1）算术逻辑单元

算术逻辑单元（ALU）由加法器和其他逻辑电路等组成，完成数据的算术逻辑运算、循环移位、位操作等，参加运算的两个操作数，一个由 A 通过暂存器 2 提供，另外一个由暂存器 1 提供，运算结果送回 A，状态送 PSW。

（2）累加器

累加器（ACC）是一个 8 位特殊功能寄存器，简称 A，通过暂存器与 ALU 相互传送信息，运算前提供一个操作数，运算后存放运算结果。

（3）程序状态字

程序状态字（PSW）也是一个 8 位的特殊功能寄存器，用于存储指令执行后的相关状态信息，如进位、溢出等情况。

（4）其他部件

暂存器用来存放中间结果，B 寄存器在乘法和除法指令中提供一个操作数，在其他指令中可用作通用寄存器。

（5）位处理器

位处理器是单片机的一个特殊组成部分，具有相应的指令系统，可提供 17 条位操作指令。硬件上有自己的"位累加器"和位寻址 RAM、I/O 口空间，方便了控制系统中开关量的处理。

单片机能处理布尔操作数，能对位地址空间中的位直接寻址，并进行清零、取反等操作。这种功能提供了把逻辑式（随机组合逻辑）直接变为软件的简单方法，不需要过多的数据传送、字节屏蔽和测试分支，就能实现复杂的组合逻辑功能。

1.2.3　存储器

单片机内部包含随机存取存储器（RAM）和程序存储器（ROM），RAM 用于保存单片机运行的中间数据；单片机的 ROM 不只是用来装载程序，增强 51 系列也可以在单片机运行过程中利用程序把数据存储在 ROM（EEPROM）的部分空间内。

MCS-51 系列单片机在系统结构上采用哈佛结构，即程序存储器和数据存储器的寻址空间是分开管理的。它共有 4 个物理上独立的存储器空间，即内部和外部程序存储器及内部和外部数据存储器。从用户的角度来看，单片机的存储器逻辑上分为 3 个存储空间，如图 1-9 所示，即统一编址的 64KB 的程序存储器地址空间（包括片内 ROM 和外部扩展 ROM），地址为 0000H~FFFFH；256B 的片内数据存储地址空间（包括 128B 的片内 RAM 和特殊功能寄存器的地址空间）；64KB 的外部扩展数据存储器地址空间。图中 $\overline{EA}$ 是单片机的程序扩展控制引脚。

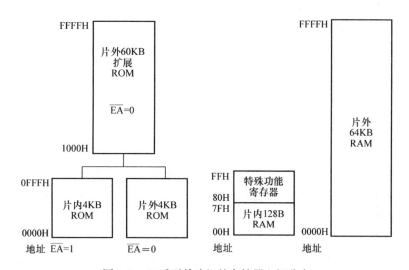

图 1-9　51 系列单片机的存储器空间分布

1. 单片机的 RAM

8051 单片机芯片中共有 256B 的 RAM 单元，其中 128B 被专用寄存器占用，用户使用的只是前 128B，即通常所说的片内 128B 数据存储器，它可以用来存放临时可读写的数据，但在单片机掉电时，RAM 单元的所有数据将丢失。单片机对 RAM 的寻址空间可达 64KB。

单片机片内 128B 的 RAM 根据功能又划分为工作寄存器区 R0~R7，地址范围 00H~1FH；位寻址区地址范围 20H~2FH；堆栈区、数据缓冲区地址范围 30H~7FH，其中位寻址区共有 16 字节 128 个位单元。

8051 单片机共有 21 个特殊功能寄存器，它是片内 RAM 的一部分。特殊功能寄存器用于对片内各功能模块进行监控和管理，是一些控制寄存器和状态寄存器，与片内 RAM 单元统一编址。

2. 内部程序存储器（内部 ROM）

8051 单片机共有 4KB 的 ROM，单片机的生产商不同，内部程序存储器可以是 EEPROM

或 EEPROM。增强型的 51 单片机内部 ROM 空间可以达到 64KB，在使用时不须再扩展片外 ROM。

数据存储器、程序存储器以及位地址空间的地址有一部分是重叠的，但在具体寻址时，可由不同的汇编指令格式和相应的控制信号来区分不同的地址空间，因此不会造成冲突。

1.2.4　专用寄存器

单片机内部与程序运行有关的特殊功能寄存器称为单片机的专用寄存器，这些寄存器在单片机程序运行过程中起重要作用，用户可以通过软件查询的方法去观察寄存器的结果，有的寄存器也可通过软件改变其状态。

（1）累加器（ACC/A）

累加器（A）为 8 位寄存器，是最常用的专用寄存器，功能较多，使用最为频繁。它既可用于存放操作数，也可用来存放运算的中间结果。51 系列单片机中大部分单操作数指令的操作数就取自累加器，许多双操作数指令中的一个操作数也取自累加器。累加器有自己的地址，因而可以进行地址操作。

在 C 语言编程中，如果想让累加器中的内容为十进制 56，简单的语句为

A = 56；

在汇编语言中则要用到数据传输指令，命令格式为

MOV　A，#56；

（2）B 寄存器

B 寄存器是一个 8 位寄存器，主要用于乘除运算。乘法运算时，B 提供乘数。乘法操作后，乘积的高 8 位存于 B 中。除法运算时，B 提供除数。除法操作后，余数存于 B 中。此外，B 寄存器也可作为一般数据寄存器使用。如在 C 语言中"B = 56；"或"abc = B；"，abc 为用户自定义变量。

（3）程序状态字（PSW）

程序状态字是一个 8 位寄存器，用于存放程序运行中的各种状态信息。其中有些位的状态是由程序执行结果决定，硬件自动设置的，而有些位的状态则使用软件方法设定。PSW 的位状态可以用专门指令进行测试，也可以用程序读出。一些条件转移指令可以根据 PSW 特定位的状态进行程序转移。PSW 各位标示符定义格式为

PSW. 7	PSW. 6	PSW. 5	PSW. 4	PSW. 3	PSW. 2	PSW. 1	PSW. 0
CY	AC	F0	RS1	RS0	OV	F1	P

PSW. 7 为进/借位标志位（Carry，CY）：表示运算是否有进位或借位。其功能有二：一是存放算术运算的进/借位标志，在进行加或减运算时，如果操作结果的最高位有进位或借位时，CY 由硬件置"1"，否则清"0"；二是在位操作指令中，作位累加器使用。

PSW. 6 为辅助进/借位标志位（Auxiliary Carry，AC），也叫半/借进位标志位。在进行加减运算中，当低 4 位向高 4 位进位或借位时，AC 由硬件置"1"，否则 AC 位被清"0"。在 BCD 码的加法调整中也要用到 AC 位。

PSW. 5 为用户标志位 F0（Flag 0），是一个供用户定义的标志位，可以利用软件方法置

位或复位。

PSW.4/PSW.3 为寄存器组选择位 RS1/RS0（Register Selection），用于选择 CPU 当前使用的工作寄存器组，其对应关系见表 1-3。

表 1-3 寄存器组的映射表对应关系

RS1	RS0	寄存器组	片内单元
0	0	第 0 组	00H~07H
0	1	第 1 组	08H~0FH
1	0	第 2 组	10H~17H
1	1	第 3 组	18H~1FH

这两个选择位的状态是由程序设置的，被选中的寄存器组即为当前寄存器组。单片机上电或复位后，RS1/RS0=00，即默认的工作寄存器组是第 0 组。

PSW.2 为溢出标志位 OV（Overflow）。在带符号数的加减运算中，OV=1 表示加减运算超出了累加器 A 所能表示的符号数有效范围（-128~+127），即产生了溢出，表示 A 中的数据只是运算结果的一部分；OV=0 表示运算正确，即无溢出产生，表示 A 中的数据就是全部运算结果。在乘法运算中，OV=1 表示乘积超过 255，即乘积分别在 B 与 A 中；否则，OV=0，表示乘积只在 A 中。在除法运算中，OV=1 表示除数为 0，除法不能进行；否则，OV=0，除数不为 0，除法可正常进行。

PSW.1 为用户标志位 F1（Flag 1），也是一个供用户定义的标志位，与 F0 类似。

PSW.0 为奇偶标志位 P（Parity），表示累加器 A 中"1"的个数奇偶性。如果 A 中有奇数个"1"，则 P 置"1"，否则置"0"，即完全由累加器的运算结果中"1"的个数为奇数还是偶数决定。注意标志位 P 并非用于表示累加器 A 中数的奇偶性。凡是改变累加器 A 中内容的指令均会影响标志位 P。标志位 P 对串行通信中的数据传输有重要的意义。在串行通信中常采用奇偶校验的办法来校验数据传输的可靠性。

（4）数据指针（DPTR）

DPTR 为 16 位寄存器。编程时，DPTR 既可以按 16 位寄存器使用，也可以按两个 8 位寄存器分开使用，即 DPTR 的高位字节 DPH 和 DPTR 的低位字节 DPL。

在系统扩展中，DPTR 作为程序存储器和片外数据存储器的地址指针，用来指示要访问的 ROM 和片外 RAM 的单元地址。由于 DPTR 是 16 位寄存器，因此，通过 DPTR 可寻址 64KB 的地址空间。

（5）堆栈指针（SP）

堆栈是一个特殊的存储区，用来暂存系统的数据或地址，它是按"先进后出"或"后进先出"的原则来存取数据的，系统对堆栈的管理是通过 8 位的 SP 寄存器来实现的，SP 总是指向最新的栈顶位置。堆栈的操作分为进栈和出栈两种。

由于 MCS-51 系列单片机的堆栈设在片内 RAM 中，SP 是一个 8 位寄存器。系统复位后，SP 的初值为 07H，但堆栈实际上是从 08H 单元开始的。由于 08H~1FH 单元分别属于工作寄存器 1~3 区，20H~2FH 是位寻址区，如果程序要用到这些单元，最好把 SP 值改为 2FH 或更大的值。一般在片内 RAM 的 30H~7FH 单元中设置堆栈。SP 的内容一经确定，堆栈的位置也就跟着确定下来。由于 SP 可初始化为不同值，因此堆栈的具体位置是浮动的。

（6）P0~P3 寄存器

P0~P3 是和输出/输入有关的 4 个特殊寄存器，实际上是 4 个锁存器。每个锁存器加上相应的驱动器和输入缓冲器就构成一个并行口，为单片机外部提供 32 根 I/O 引脚，命名为 P0~P3 口。

前面提到的程序计数器（PC）是一个 16 位的加 1 计数器，其作用是控制程序的执行顺序，而其内容为将要执行指令的 ROM 地址，寻址范围是 64KB。它并不在片内 RAM 的高 128B 内。

1.2.5　特殊功能寄存器

特殊功能寄存器是通过专门规定而且具有特定用途的 RAM 单元，它是单片机内部很重要的部件。特殊功能寄存器能综合反映单片机系统内部的工作状态和工作方式。包含部分专用寄存器在内，其中一部分控制程序运行，另一部分控制内部部件，如定时器/计数器和串行口的控制，改变控制寄存器的状态就可以改变这些部件的工作方式。

1. 特殊功能寄存器标示符

51 系列单片机内部堆栈指针（SP）、累加器（A）、程序状态字（PSW）、I/O 锁存器、定时器、计数器以及控制寄存器和状态寄存器等都是特殊功能寄存器，和片内 RAM 统一编址，分散占用 80H~FFH 单元，共有 21 个，增强型的 52 系列单片机则有 26 个。表 1-4 列出了单片机的特殊功能寄存器名称、标识符和对应的字节地址，其中含有 52 系列的寄存器 T2、T2CON 等。在单片机 C 语言编程应用中，单片机的特殊功能寄存器标识符经常用到。下面只介绍其中部分寄存器，一些控制寄存器会在单片机内部资源编程应用中详细介绍。

表 1-4　单片机的特殊功能寄存器及其地址

特殊功能寄存器名称	标识符	字节地址
并口 0	P0	80H
堆栈指针	SP	81H
数据指针（低 8 位）	DPL	82H
数据指针（高 8 位）	DPH	83H
电源控制寄存器	PCON	87H
定时器/计数器控制	TCON	88H
定时器/计数器方式控制	TMOD	89H
定时器/计数器 0（低 8 位）	TL0	8AH
定时器/计数器 1（低 8 位）	TL1	8BH
定时器/计数器 0（高 8 位）	TH0	8CH
定时器/计数器 1（高 8 位）	TH1	8DH
并口 1	P1	90H
串行口控制寄存器	SCON	98H
串行数据缓冲器	SBUF	99H

（续）

特殊功能寄存器名称	标识符	字节地址
并口 2	P2	A0H
中断允许控制寄存器	IE	A8H
并口 3	P3	B0H
中断优先控制寄存器	IP	B8H
定时器/计数器 2 控制	T2CON（52）	C8H
定时器/计数器 2 自动重装载（低 8 位）	RCAP2L（52）	CAH
定时器/计数器 2 自动重装载（高 8 位）	RCAP2H（52）	CBH
定时器/计数器 2（低 8 位）	TL2（52）	CCH
定时器/计数器 2（高 8 位）	TH2（52）	CDH
程序状态字	PSW	D0H
累加器	ACC	E0H
B 寄存器	B	F0H

2. 特殊功能寄存器的位操作

在程序设计过程中，单片机的功能发挥很多情况下是设置和检测单片机内部的特殊功能寄存器来实现的，如果采用汇编设计程序，必须牢记单片机内部通用寄存器和特殊功能寄存器的作用，所以要求设计者必须有更多的硬件基础。如果采用 C 语言设计单片机的程序，因为程序中的数据处理和分配是由编译软件自动完成的，通用寄存器在程序设计过程中就可以忽略，并且也不需要记住特殊功能寄存器的地址，只需要记住特殊功能寄存器和每个功能寄存器的位标识符和作用就可以了。

在单片机 C 语言程序设计中，对特殊功能寄存器的操作很简单，只需对某个寄存器或位标识符赋值即可。比如，PSW = PSW&0x7f 与 CY = 0 结果一样，前一个语句是字节操作，后一个语句是位操作。单片机 C 语言程序设计中常用于控制的特殊功能寄存器的位标识符和位地址表见表 1-5，其中 T2CON 为增强 51 系列。

表 1-5 特殊功能寄存器位标识符和位地址表

特殊功能寄存器	MSB	位地址						LSB
	D7	D6	D5	D4	D3	D2	D1	D0
PSW	D7H	D6H	D5H	D4H	D3H	D2H	D1H	D0H
	CY	AC	F0	RS1	RS0	OV	F1	P
TCON	8FH	8EH	8DH	8CH	8BH	8AH	89H	88H
	TF1	TR1	TF0	TR0	IE1	IT1	IE0	IT0
TMOD	GATE	$C/\overline{T}$	M1	M0	GATE	$C/\overline{T}$	M1	M0
PCON	SMOD				GF1	GF0	PD	IDL

（续）

特殊功能寄存器	MSB	位地址						LSB
	D7	D6	D5	D4	D3	D2	D1	D0
SCON	9FH	9EH	9DH	9CH	9BH	9AH	99H	98H
	SM0	SM1	SM2	REN	TB8	RB8	TI	RI
IP	—	—	BDH	BCH	BBH	BAH	B9H	B8H
			PT2	PS	PT1	PX1	PT0	PX0
IE	AFH	AEH	ADH	ACH	ABH	AAH	A9H	A8H
	EA	—	ET2	ES	ET1	EX1	ET0	EX0
P3	B7H	B6H	B5H	B4H	B3H	B2H	B1H	B0H
	P3.7	P3.6	P3.5	P3.4	P3.3	P3.2	P3.1	P3.0
P2	A7II	Λ6H	Λ5H	A4H	A3H	A2H	A1H	A0H
	P2.7	P2.6	P2.5	P2.4	P2.3	P2.2	P2.1	P2.0
P1	97H	96H	95H	94H	93H	92H	91H	90H
	P1.7	P1.6	P1.5	P1.4	P1.3	P1.2	P1.1	P1.0
P0	87H	86H	85H	84H	83H	82H	81H	80H
	P0.7	P0.6	P0.5	P0.4	P0.3	P0.2	P0.1	P0.0
T2CON	CFH	CEH	CDH	CCH	CBH	CAH	C9H	C8H
	TF2	EXF2	RCLK	TCLK	EXEN2	TR2	C/$\overline{T2}$	CP/$\overline{RL2}$

不是所有的特殊功能寄存器都可以进行位的编程操作，对于没有定义位标识符或位标识符重复的寄存器，用户无法对位直接访问，如 TMOD，由于其高 4 位和低 4 位标识符同名，只能采用字节操作。如要设定低 4 位为 0001B，只需使 TMOD＝0xf1 & TMOD。特殊功能寄存器有很多用来控制单片机内部各个部件的运行状态，这些寄存器都有针对性的应用，如单片机中断需要 IE、IP 等寄存器控制。

定时器/计数器、并行 I/O 口、串行口、中断系统等部件是单片机内部重要的硬件资源，这些资源在以后的学习过程中将通过应用项目重点介绍。另外，特殊功能寄存器是学习单片机程序设计的基础，其应用会在以后章节的相关项目中详细说明。

1.3　单片机最小系统

单片机系统包括硬件和软件两部分，其中软件包括单片机程序以及系统所需的各种软件开发平台，硬件指系统所需的电路以及系统控制所需的执行部件等。单片机系统的电路由单片机与外部器件通过合理的布局和布线连接而成，复杂的单片机系统都是在单片机最小系统电路的基础上进行扩展设计。

单片机最小系统由单片机芯片外加一些分立器件组成，是单片机可以运行程序的基本电路，也是一个基本的微机硬件系统，如图 1-10 所示。复杂的单片机系统是对单片机最小系统的扩展设计。图 1-10 中，单片机的型号为 STC89C51，电路包括电源、振荡电路、复位电路、CPU。

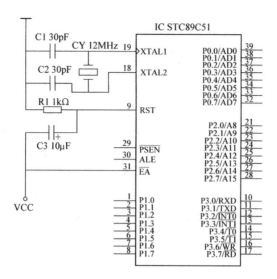

图 1-10　单片机最小系统

1.3.1　单片机系统的工作电路

1. 振荡电路

单片机内部的高增益反相放大器与单片机 XTAL1、XTAL2 引脚外接的晶体构成一个振荡电路，为 CPU 提供时钟脉冲，如图 1-11 所示。XTAL1 为振荡电路输入端，XTAL2 为振荡电路输出端，同时 XTAL2 还是内部时钟发生器的输入端。片内时钟发生器对振荡脉冲进行二分频，为控制器提供一个两相的时钟信号，产生 CPU 的操作时序。MCS-51 系列单片机时钟电路中常用 6MHz、12MHz、11.0592MHz 的石英晶体。电容 C1 和 C2 为石英晶体振荡器的负载电容，对振荡频率有微调作用，容量范围是 5~30pF。在设计印制电路板时，晶振和电容应尽量靠近单片机芯片，以减少寄生电容以及干扰。

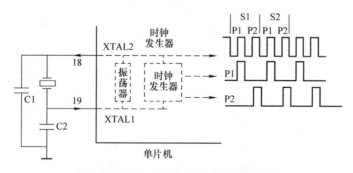

图 1-11　MCS-51 系列单片机的时钟电路

2. 复位电路

单片机复位能使 CPU 和系统中的其他功能单元处在一个特定的初始状态，并从这个状态开始工作。复位后 PC 为 0000H，单片机从 ROM 的第一个单元取指令。在实际应用中，MCS-51 系列单片机在刚接上电源或发生故障时都要复位，所以要掌握单片机的复位电路和复位后的状态。

在复位引脚 RST 端加上两个机器周期（即 24 个振荡周期）的高电平脉冲即可让单片机进行复位操作，完成对 CPU 的初始化处理。如果单片机的时钟频率为 12MHz，每个机器周期即为 1μs，让 RST 引脚保持 2μs 以上的高电平就能完成复位。复位操作是单片机系统正常运行前必须进行的一个环节。如果 RST 持续为高电平，单片机就处于循环复位状态，无法执行用户程序。

在实际应用中，复位操作通常有上电自动复位、手动复位和看门狗复位 3 种方式。上电自动复位要求在接通电源后，由电路自动实现复位操作。常用的上电自动复位电路图如图 1-12a 所示，其中电容和电阻对 +5V 电源构成微分电路。系统上电后，单片机的 RST 端会得到一个时间很短的高电平脉冲。在实际应用系统中，一般还要用按键进行手动复位，如图 1-12b 所示，其中电容为 4.7~10μF 的电解电容，电阻取 1~10kΩ。

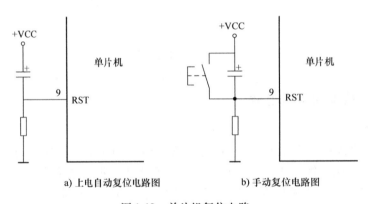

a) 上电自动复位电路图　　　　　　b) 手动复位电路图

图 1-12　单片机复位电路

看门狗（Watchdog Timer，WDT）是监视定时器的俗称，部分增强型的 MCS-51 单片机中集成有 WDT。WDT 复位是一种程序检测复位方式，可采用编程方法产生复位操作。单片机复位以后，片内 RAM 状态不受影响，P0~P3 口输出高电平，SP 为 07H，PC 被清 0，相关特殊功能寄存器的复位状态都被初始化，具体状态见表 1-6。

表 1-6　特殊功能寄存器复位状态表

特殊功能寄存器	复位状态	特殊功能寄存器	复位状态
ACC	00H	TMOD	00H
B	00H	TCON	00H
PSW	00H	TH0	00H
SP	07H	TL0	00H
DPL	00H	TH1	00H
DPH	00H	TL1	00H
P0~P3	FFH	SCON	00H
IP	00H	SBUF	不定
IE	00H	PCON	0XXXXXXXB

3. 节拍、状态、机器周期和指令周期

MCS-51 系列单片机的工作时序单位有 4 个，从小到大依次是节拍、状态、机器周期和指令周期。

（1）节拍与状态

晶体振荡信号的一个周期称为节拍，用 P 表示。振荡脉冲经过二分频后，就是单片机的状态周期，用 S 表示，即一个状态包含两个节拍，前半周期为节拍 1，记作 P1，后半周期为节拍 2，记作 P2，如图 1-13 所示。CPU 以 P1、P2 为基本节拍，控制单片机的各个部分协调工作。

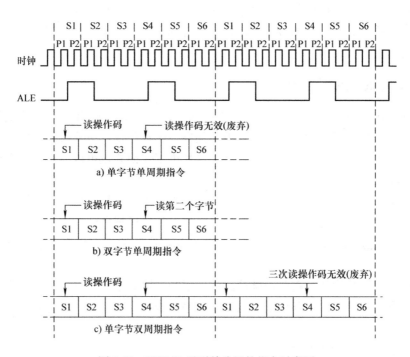

图 1-13　MCS-51 系列单片机的指令时序图

（2）机器周期

MCS-51 系列单片机采用定时控制方式，具有固定的机器周期。一个机器周期的宽度为 6 个状态，依次为 S1~S6。一个状态包括两个节拍，一个机器周期共有 12 个节拍，分别记为 S1P1，S1P2，…，S6P2。实际上，一个机器周期由 12 个振荡周期组成，机器周期是振荡脉冲信号的十二分频。

外接的石英晶体频率为 12MHz 时，一个机器周期为 $1\mu s$；石英晶体频率为 6MHz 时，一个机器周期为 $2\mu s$。

（3）指令周期

单片机执行一条指令所需要的时间称为指令周期。指令周期是单片机最大的工作时序单位，不同的指令所需要的机器周期数也不相同。如果单片机执行一条指令需要一个机器周期，这条指令就是单周期指令，如简单的数据传送指令；如果一条指令执行时需要两个机器周期，则称为双周期指令，如加减运算指令。单片机的运算速度与程序执行所需的指令周期有关，占用机器周期数越少的指令则运行速度越快。在 MCS-51 系列单片机的 111 条汇编指令中，共有单周期指令、双周期指令和四周期指令 3 种。四周期指令只有乘法指令和除法指令两条，其余均为单周期指令和双周期指令。

单片机执行单周期指令的时序如图 1-13a 和 b 所示，其中图 1-13a 为单字节单周期指令，图 1-13b 为双字节单周期指令。单字节和双字节指令都在 S1P1 期间由 CPU 读取指令，将指令码读入指令寄存器，同时 PC 自动加 1。在 S4P2 期间，单字节指令读取的下一条指令被丢弃，PC 值仍加 1；如果是双字节指令，CPU 在 S4P2 期间读取指令的第二个字节，同时 PC 自动加 1。两种指令都在 S6P2 结束时完成。

单片机执行单字节双周期指令的时序如图 1-13c 所示。双周期指令在两个机器周期内产生 4 次读操作码操作，第 1 次读取操作码，PC 自动加 1，后 3 次读取都无效，自动丢弃，PC 的值不变化。

1.3.2 单片机系统的工作模式

根据单片机的工作状态，单片机的工作模式分运行模式、待机模式和掉电保护模式 3 种，单片机的工作模式可以利用编程或人为干预方式相互转换。单片机的工作模式与电源有很大关系，在不同的工作环境和电源条件下，单片机工作模式也可以通过程序设定。

1. 运行模式

单片机的运行模式是单片机的基本工作模式，也是单片机最主要的工作模式。单片机在实现用户设计的功能时通常采用这种工作模式。在单片机运行期间，单片机一旦复位，程序计数器（PC）总是从 0000H 开始，依次从程序存储器中读取指令代码，单片机开始顺序执行相关程序。

单片机运行时，程序执行在时钟脉冲的作用下统一协调运行，也可以在单步脉冲的作用下单步执行。利用单片机的外部中断可以实现程序单步执行，这种情况主要用于程序调试和检验程序运行结果。

2. 待机模式和掉电保护模式

待机模式和掉电保护模式是两种单片机的节电工作方式。具有低功耗特性的 MCS-51 系列单片机，在 $V_{cc}=5V$、$f_{osc}=12MHz$ 的条件下，待机模式时电流约为 2mA。掉电保护模式时电流小于 $0.1\mu A$。这两种工作模式特别适合以电池为工作电源的单片机系统。两种低功耗工作模式由单片机内部的电源控制（PCON）寄存器确定。PCON 的 8 位格式为

SMOD	—	—	—	GF1	GF0	PD	IDL

其中，SMOD 为波特率倍增控制位（在串行通信中使用）；GF1、GF0 为通用标志位；PD 为掉电保护模式控制位，PD=1，进入掉电保护工作模式；IDL 为待机模式控制位，IDL=1，进入待机工作模式。

（1）待机模式

待机模式的进入方法非常简单，只需用指令将 PCON 寄存器的 IDL 位置 1 即可。单片机进入待机模式时振荡器继续工作，中断系统、串行口和定时器/计数器等功能单元正常运行，CPU 停止工作，进入睡眠状态。片内 RAM 及所有特殊功能寄存器的状态都保持不变，各引

脚保持进入待机模式时的状态，ALE 和$\overline{\text{PSEN}}$保持为高电平。

退出待机状态的方法有中断和硬件复位两种。在待机状态下，任何一个中断源产生中断请求信号后，在单片机响应中断的同时，PCON.0 位（即 IDL 位）被硬件自动清 0，单片机退出待机模式，进入正常的工作状态。另一种退出待机状态的方法是硬件复位，在 RST 引脚加上两个机器周期的高电平即可，复位后的状态如前所述。

（2）掉电保护模式

掉电保护模式的进入类似于待机模式，只需使用指令将 PCON 寄存器的 PD 位置 1 即可。进入掉电保护模式后，振荡电路停振，单片机的一切工作全部停止，只有片内 RAM 单元的内容被保存。I/O 引脚状态和相关特殊功能寄存器的内容相对应，ALE 和$\overline{\text{PSEN}}$为低电平。

硬件复位或外部中断请求可使单片机退出掉电保护模式。复位后特殊功能寄存器的内容被初始化，但 RAM 的内容仍然保持不变。

📖 思考题

1-1 单片机的定义是什么？请举出几个单片机应用的例子，并说明单片机在系统中的作用。

1-2 请登录 STC 单片机官网下载最新系列单片机的封装外形图片，如 SOP8、SOP16、SOP20、PQFP32、PQFP44 等。

1-3 P0 寄存器和 P0 端口有什么关系？原理符号上引脚标注的 P0.0 符号与内部 P0.0 位有什么关系？

1-4 单片机的 P3 口为双特性 I/O 口，请叙述每一个端口的作用。

1-5 单片机内部常用的特殊功能寄存器有哪些？哪些可以进行位的操作？

1-6 单片机最小系统由哪些器件组成，在单片机最小系统中，EA 端口为什么接高电平？

1-7 叙述单片机节拍、状态、机器周期、指令周期的关系。

1-8 如果单片机使用的外部晶振为 11.0592MHz，请问内部时钟周期为多少微秒，多少毫秒，多少秒？

第 2 章

单片机系统仿真与调试

单片机系统设计与开发是一个综合复杂的过程，初学者可以利用单片机的开发平台先进行系统仿真调试，利用软件开发平台验证程序设计的正确性、完整性和可靠性。软件仿真是一种依靠 PC 资源进行的硬件模拟、指令模拟和运行模拟，在软件仿真和调试过程中，不需要任何在线的硬件和目标板就可以完成单片机的系统设计过程。

在单片机最小系统电路的基础上，本章将讲述系统的仿真与调试过程，让初学者了解和掌握单片机开发常用的软硬件平台。

1）单片机系统电路仿真。

2）单片机编程平台。

3）单片机系统硬件与程序下载。

2.1 单片机系统电路仿真

仿真与调试是单片机开发过程的必要环节，单片机开发常用的仿真调试工具软件为 Proteus，该软件是由英国 Lab Center Electronics 公司开发的 EDA 工具软件。Proteus 主要由 ARES 和 ISIS 两个程序组成，前者主要用于自动或人工 PCB 布线，后者用于原理图设计并进行相应的仿真。Proteus 电路仿真过程简单直观，可直接在原理图上进行仿真调试。系统提供各种仿真器件，如芯片、按钮、键盘、LED、液晶显示等部件，同时配合虚拟工具如示波器、逻辑分析仪等进行相应的测量和观测。

2.1.1 Proteus ISIS 的工作界面

Proteus 是标准的 Windows 安装程序，完成授权认证之后，可以运行 ARES 8 Professional 或者 ISIS 8 Professional，其中 Proteus ISIS 8 Professional 主要应用在对电子电路、单片机的电路原理图进行设计和仿真。ISIS 启动后工作界面如图 2-1 所示。工作区域主要分为标题栏、主菜单、标准工具栏、绘图工具栏、状态栏、对象选择按钮、预览对象方位控制按钮、仿真进程控制按钮、预览窗口、对象选择器窗口、图形编辑窗口等。

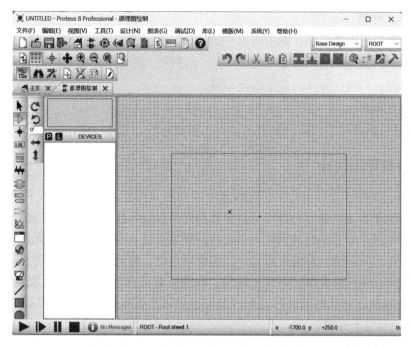

图 2-1　Proteus ISIS 8 Professional 启动后工作界面

（1）预览窗口

预览窗口可显示两个内容，整个图纸或者一个元件原理图。当鼠标在此区域单击左键后，鼠标图形变为 ⊕，显示整张原理图的缩略图，并会显示一个绿色的方框，绿色方框里面的内容就是当前原理图窗口中显示的内容，此时绿框跟随鼠标移动，在适当位置再次单击鼠标左键就可以改变右边原理图的可视范围。当选择一个元件列表中的元件时，该区域则显示该元件的原理图。

（2）原理图编辑窗口

原理图编辑窗口是主要工作区域，主要用来绘制原理图。蓝色方框内为可编辑区，各种元件都要放置在蓝色区域中。

（3）模型选择工具栏

该区域分为 Main Modes（主要模型）、Gadgets（配件）、2D Graphics（二维图形）3 个部分，在运行界面的左排从上到下，为了显示方便在此改为了横排版，如图 2-2 所示。

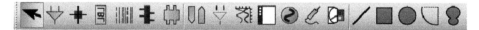

图 2-2　模型选择工具栏

主要模型包括：选择、元件、放置连接点、放置标签、放置文本、绘制总线、放置子电路、即时编辑元件参数。

配件包括：终端接口（电源、接地、输出、输入等接口）、元件引脚、仿真图表（各种分析）、录音机、信号发生器、电压探针（用于仿真图表）、电流探针、虚拟仪表（示波器等）。

二维图形包括：直线、方框、圆、圆弧、多边形、文本、符号、画原点。

（4）元件选择器

元件选择器用于选择已经在库中调出来的元件、终端接口、信号发生器、仿真图表等。单击 **P** 按钮会打开挑选元件对话框，选择一个元件后，该元件会在元件列表中显示，以后要用到该元件时，只需在元件列表中选择即可。

（5）仿真控制栏

仿真控制栏 ▶ ▶ ▌▌ ■ 分别表示运行、单步运行、暂停、停止。

2.1.2　电路原理图设计

利用 Proteus ISIS 8 设计单片机仿真原理电路图的过程简单分为放置元件和连线两个步骤。需要注意原理图编辑窗口的操作不同于常用的 Windows 应用程序，正确的操作是单击鼠标左键放置元件，单击右键选择元件，双击右键删除元件，右键拖选多个元件，先右键后左键编辑元件属性，先右键后左键拖动元件，连线用左键，删除用右键，改连接线，先右击连线，再左键拖动；中键或者滚轮缩放原理图。软件仿真首先要把单片机系统电路设计完整，下面以项目 1 为例叙述软件的使用过程，参考电路以单片机最小系统为基础，把一个 LED 接在 P0.0 口，低电平有效。

1. 元件选择与放置

（1）元件选择

单击工具箱的元件按钮，使其选中，再单击 ISIS 对象选择器左边中间的置 P 按钮，出现"Pick Devices"对话框，或者在编辑窗口单击右键后选择放置元件，弹出的元件库如图 2-3 所示。图中左边栏分别为搜索关键字、元件类别、元件子类别和制造商。可以先从类别中选取后，到子类别点选。在实际操作中应该了解计划放置的元件的类型和型号才能在软件的元件库中找到，如要放置一个 LED，需要先单击类别中的"Optoelectronics"，然后再在子类别中单击"LEDS"。"Pick Devices"对话框中间区域是元件型号以及主要参数。右边是所选元件的预览图和 PCB 引脚图。

图 2-3　元件库

当不知道元件类别的时候也可以从搜索关键字处查询。在这里单片机可搜索"AT89C51"或"80C51"，将出现如图 2-4 所示的对话框。选择 AT89C51 双击左键就添加到元件列表中。照此方法可以一次添加所需要的全部元件，也可以根据需要逐个调用元件库进行添加。

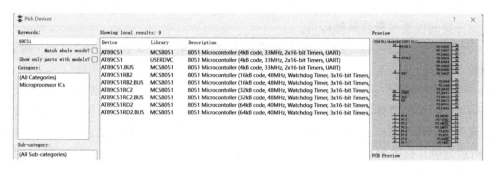

图 2-4　搜索 AT89C51 单片机的对话框

LED 在类别"Optoelectronics"下的 LEDs 子类中，可在元件库中选择 LED-BIRG（发光二极管）。在全部选择完毕以后单击确定，关闭元件库，元件列表如图 2-5 所示。

（2）放置元件

在左边的对象选择器选定这个元件。单击一下这个元件，然后把鼠标指针移到右边的原理图编辑区的适当位置，单击鼠标的左键，就把相应的元件放到了原理图区。比如，在元件列表中单击左键选取 AT89C51 后再在原理图编辑窗口中单击左键，AT89C51 单片机就会被放到原理图编辑窗口中，同样放置 LED-RED 等元件。

（3）放置电源及接地符号

许多元件原理符号中隐藏了 VCC 和 GND 引脚，在使用的时候可以不用再加电源，如单片机芯片、LCD 的 VSS、VDD、VEE 均不需连接电源，默认 VSS = 0V、VDD = 5V、VEE = −5V、GND = 0V。如果需要添加电源可以单击工具箱的接线端按钮 ，这时对象选择器将出现一些接线端，如图 2-6 所示。鼠标在选择器里左键单击 POWER，再把鼠标移到原理图编辑区，左键再单击一下即可放置电源正极符号，默认为 5V 电源。同理也可以把接地符号 GROUND（0V）放到原理图编辑区。

图 2-5　元件列表

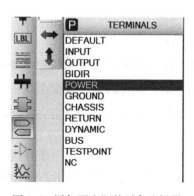

图 2-6　添加了电源的对象选择器

（4）元件编辑

调整元件的位置、方向以及改变元件的属性等，如选中、删除、拖动等基本操作，可以通过鼠标右键单击元件，弹出右键菜单进行操作。

1）拖动标签：一般放置元件有一个或多个属性标签附着。可以通过移动这些标签使电路图看起来更美观。如要移动元件的一个标签，首先单击右键选中这个标签，然后用鼠标左键拖动到需要的位置再释放鼠标即可。

2）元件旋转：元件可以通过鼠标右键弹出的菜单或利用小键盘的"＋""－"键旋转或镜像翻转。

3）编辑对象的属性：对象一般都具有文本属性，这些属性可以通过一个对话框进行编辑。编辑单个对象的具体方法是：先用鼠标右键单击选中对象，然后用鼠标左键单击对象，此时出现属性编辑对话框。也可以单击工具箱的按钮，再单击对象，也会出现编辑对话框。图2-7所示为单片机的编辑对话框，这里可以改变元件位号、元件值、PCB封装、时钟频率、隐藏等，修改完毕，单击"OK"按钮即可。

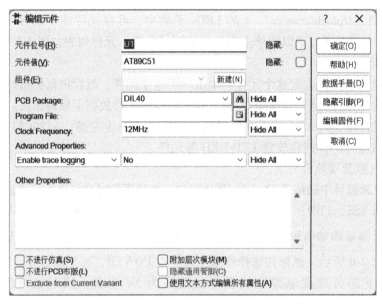

图2-7　单片机的编辑对话框

2. 导线绘制

（1）画导线

Proteus的智能化可以在你想要画线的时候进行自动检测。当鼠标的指针靠近一个对象引脚的连接点时，鼠标的指针就会出现一个符号，鼠标左键单击引脚的连接起点，移动鼠标到需要连接的连接点后再单击一次即可。连接导线如图2-8所示。

（2）画总线

为了简化原理图，也可以用一条导线代表数条并行的导线，这就是所谓的总线。当电路中多根数据线、地址线、控制线并行时经常使用总线设计。首先单击工具箱的总线按钮，即可在编辑窗口画总线。单击开始绘制，双击左键结束本段绘制。

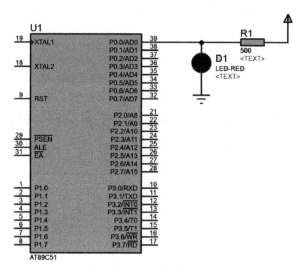

图 2-8 连接导线

（3）放置网络标号

网络标号是元件电气连接特性标记，相同标号认为具有导线连接关系。鼠标左键单击工具栏中的"LBL"可以放置导线的网络标号。多个导线的网络标号，有些具有一定的编号顺序，当单独放置繁琐时可采用快速设置的方式，即鼠标左键单击工具栏中的"LBL"后，再按下键盘的"A"（英文输入法）键，系统弹出属性赋值工具对话框，如图 2-9 所示。如输入"net=P2.#"，其中 net=是固定形式，P2.#是自定义名称，#表示数值累加，默认从 0 开始，增量为 1。设置完成之后回到画图窗口，单击导线将会自动添加网络标号，如图 2-10 所示。

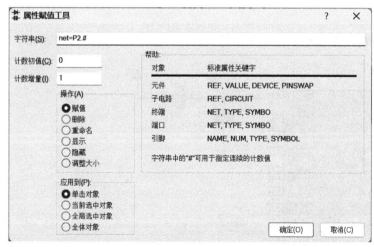

图 2-9 属性赋值工具对话框   图 2-10 添加网络标号

（4）放置线路节点

ISIS 在画交叉导线时能够智能地判断是否要放置节点，如果在导线交叉的地方需要电路连接，首先单击工具箱的节点放置按钮 ✛，当把鼠标指针移到编辑窗口的一条导线时，会出现一个""符号，单击左键就能放置一个节点。

2.1.3 仿真与调试

1. 添加仿真文件

此时左键双击 AT89C51，在弹出的图 2-11 所示的属性对话框的 Program File 内添加一个程序编译生成的 HEX 文件。在 Program File 中单击按钮 ⬛ 出现文件浏览对话框，找到 .hex 文件，单击确定完成添加文件，在 Clock Frequency 中把频率改为 12MHz，单击"OK"退出。

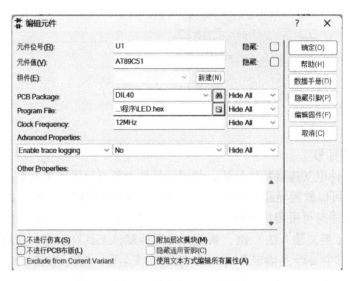

图 2-11 创建 HEX 文件

2. 仿真运行

单击 ▶ ▶ ⏸ ⏹ 按钮中的运行按钮，程序开始仿真运行，运行效果如图 2-12 所示。

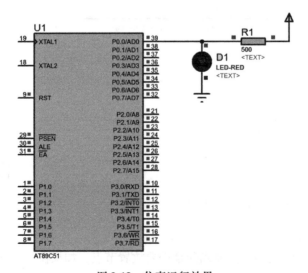

图 2-12 仿真运行效果

红色代表高电平，蓝色代表低电平，灰色代表不确定电平。运行时，在 Debug 菜单中可以查看单片机的相关资源。例如可以打开 Debug 菜单下的"Watch Window"窗口，通过右键添加观察对象，此时观察的是 P0 口的数值输出，如图 2-13 所示。

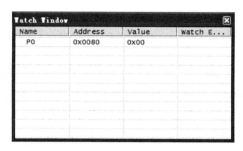

图 2-13　仿真运行时的 P0 口数值输出

2.2　单片机编程平台

Keil 是美国 Keil Software 公司推出的兼容 51 单片机 C 语言软件开发系统，目前使用较多的版本为 Keil Vision4 和 Vision5。该软件集可视化编程、编译、调试、仿真于一体，支持 51 单片机汇编语言、可编程逻辑控制器（Programmable Logic Controller，PLC）和 C 语言的混合编程，具有功能强大的编辑器、工程管理器以及各种编译工具，包括 C 编译器、宏汇编器、链接/装载器和十六进制文件转换器等。本节以 Keil Vision4 应用为例，介绍单片机程序设计的工程建立、编程等操作过程。

2.2.1　Keil 工作界面

Keil μVision4 软件在计算机中安装之后，用户可以在桌面或者开始菜单中找到 Keil μVision4 并运行。Keil μVision4 软件启动后的界面如图 2-14 所示，分为菜单栏、工具栏、项目工作区、源码编辑区和输出提示区。

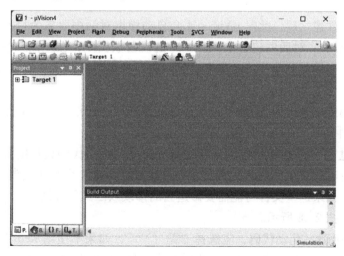

图 2-14　Keil μVision4 软件启动后的界面

Keil 为用户提供了可以快速选择命令的工具栏和菜单栏以及源代码窗口、对话框窗口。菜单栏提供各种操作命令菜单,用于编辑操作、项目维护、工具选项、程序调试、窗口选择以及帮助。另外,工具栏按钮和键盘快捷键允许快速执行命令。下面将通过项目 1 叙述 Keil 的使用过程。

2.2.2 Keil 应用步骤

针对单片机的程序设计,可以把 Keil 应用分为工程文件的创建、新建源文件并添加到工程中、程序编写、编译调试 4 个基本步骤。为了便于说明各个过程,这里以 LED 闪烁项目为例,简单介绍 Keil 的使用过程。图 2-15 所示为项目 1-单片机 I/O 口驱动 LED 闪烁电路。

1. 创建工程文件,选择单片机芯片

单击 Keil 菜单中的"Project-New μVision Project"菜单项,μVision 4 将打开对话框,输入工程名称后即可创建一个新的工程。注意,新建工程要使用独立的文件夹。需要在新建工程对话窗口上新建一个文件夹,文件名为你熟悉的名字,比如"项目 1-LED 闪烁";然后输入项目名称,比如"LED 闪烁"。在 Project Workspace 区域的 Files 选项卡里可以查阅项目结构,如图 2-16 所示。

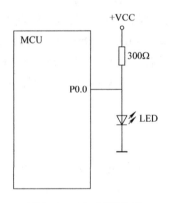

图 2-15　LED 闪烁电路　　　　　　图 2-16　工作空间项目结构

当确定工程文件建立后,此时 μVision 4 会自动弹出对话框要求为目标工程选择单片机型号,如图 2-17 所示。对话框包含了 μVision4 的设备数据库,在左侧一栏选定公司和机型以后会在右侧一栏显示对此单片机的基本说明,选择将会为目标设备设置必要的工具选项,通过这种方法可简化工具配置。

如果我们使用的单片机为 STC89C51,其内核为 8051,应选择 Atmel 的 AT89C51 或 Intel 的 8051,这些器件与 STC89C51 有相同的内核。

程序需要通过 CPU 的初始化代码来配置目标硬件。启动代码负责配置设备微处理器和初始化编译器运行时的系统。对于大部分设备来说,μVision4 会提示复制 CPU 指定的启动代码到工程中去。如果这些文件可能需要做适当的修改以匹配目标硬件,应当将文件复制到工程文件夹中,如图 2-18 所示。

工程中需要使用这些启动代码,应选择"是(Y)",如果不使用 Keil 编写启动代码可以选择"否(N)"。因为本项目采用 C 语言程序设计,在这里单击"否(N)"完成工程建立。

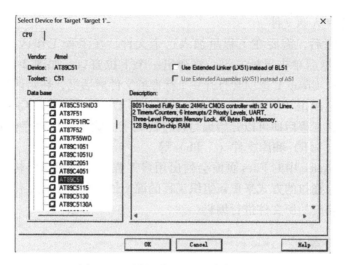

图 2-17　选择目标工程的单片机型号

图 2-18　是否加入启动代码的对话框

2. 创建新的 C 源文件并添加在工程中

（1）新建一个 C 源文件

选择 File 菜单"New"或单击 图标以创建一个新的源文件，选项会打开一个空的编辑窗口，也就是编写程序的页面，用户就可以在此窗口里输入源代码。然后单击 File 菜单"Save"命令，以扩展名 .c 保存文件，如图 2-19 所示。这里保存的文件名为 main. c。

图 2-19　创建 main. c 文件

（2）在工程里加入源文件

C 源文件创建完后，需要在工程里加入这个文件。在工程工作区中，移动鼠标选择
"Source Group 1"，然后单击鼠标右键，将弹出一个下拉窗口，如图 2-20 所示。选择 Add
Files to Group' Source Group 1'选项会打开一个标准的文件对话框，在对话框里选择前面所创
建的 C 源文件，然后单击 "Add"，此时文件被添加到工程，再单击 "Close" 关闭该对话框
即可。文件被添加到工程后即可以开始编写程序代码了。除了添加程序代码文件到工程外，
还可以添加头文件（*.h）和库文件（*.lib）等。

在 Project Workspace 中的 Files 页面会列出用户工程的文件组织结构，如图 2-21 所示。
用户可以通过用鼠标拖拉的方式来重新组织工程的源文件。双击工程工作空间的文件名，可
以在编辑窗口打开相应的源文件进行编辑。

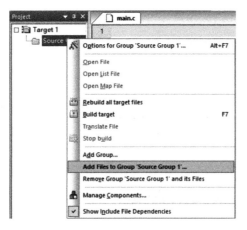

图 2-20　添加文件到工作组中　　　　　　图 2-21　文件组织结构

3. 程序编写

在程序设计页面输入以下语句或指令，其中 reg51.h 为 51 系列单片机内部资源的头文
件，含各个特殊功能寄存器和可寻址位的地址定义等。"//" 符号后面为对指令的说明。程
序清单如下：

```
/*预处理*/
#include<reg51.h>          //包含头文件,文件内包含了 51 系列单片机的功能
                             定义
sbit LED=P0^0;             //位声明,P0.0 在 Keil 应写成 P0^0,LED 接 P0.0
                             口,位 P0.0 可寻址
void delay(unsigned int x) //延时子函数
{
    while(x--);
}
/*主函数*/
void main(void)
{
```

```
    while(1)
    {
        LED=1;           //LED 这时亮
        delay(50000);    //延时,大约延时 450ms
        LED=0;
        delay(50000);
    }
}
```

上面的程序是利用单片机的 1 个 I/O 口驱动一个 LED 闪烁程序。利用 C 语言编写单片机程序,不用考虑单片机内部数据在单片机内部怎样运行,只需了解单片机执行程序的过程即可。

单片机程序在格式上要求严谨,结构层次比较清晰。为了提高程序的规范性,所有函数没有返回值就用 void 声明,没有形参也需要写 void。另外,为了避免程序编写错误,算术逻辑运算符号、左移右移、比较等符号左右留有一个空格,每一条命令占用一行,在程序中"{"与"}"上下对齐,在"{"下一行命令要插入一个水平制表符"Tab"键。

4. 编译调试,并创建 Hex 文件

(1) 编译工程

单击 ![icon] 按钮让 Keil 对程序进行编译,同时也对程序进行保存,图 2-22 所示为编译结果显示窗口。如果程序有错误,会在"Build Output"窗口提示,鼠标双击错误提示,将会看到一个箭头指向程序的错误处,便于修改。

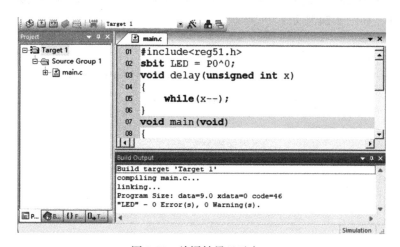

图 2-22　编译结果显示窗口

(2) 工程配置

编写的程序最终要在单片机内部运行,因此要求下载到单片机内部的程序为二进制格式。编译过程的主要目的是让 Keil 自动创建一个十六进制文件,可通过单击目标工具栏图标 ![icon] 或 Project 菜单下的"Options for Target",在弹出的 Target 选项卡中可设置目标硬件和所选择设备片内组件的相关参数,如图 2-23 所示。

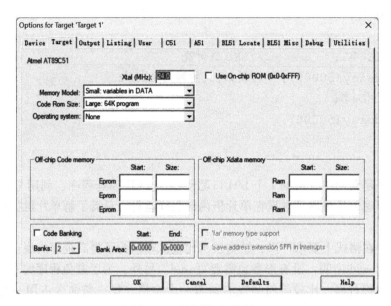

图 2-23 目标设置对话框

在 Target 选项卡中，Xtal 为设置单片机的晶振频率，可依据硬件设备的不同设置其相应的值；Operating system 为选择一个实时操作系统；On-chip ROM/RAM 为定义片内的内存部件的地址空间以供链接器/定位器使用。

（3）创建 HEX 文件

在 Options for Target->Output 中选择 "Create HEX File" 选项，软件会在编译过程中同时产生 HEX 文件，如图 2-24 所示。

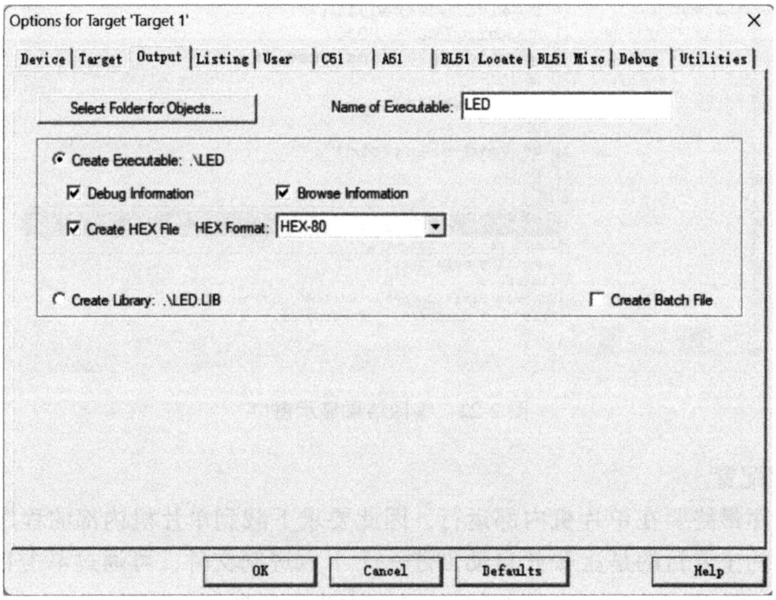

图 2-24 创建 HEX 文件对话框

2.2.3　调试程序

Keil 调试器可用于调试应用程序，调试器提供了在 PC 上调试和使用评估板/硬件平台进行的目标调试。工作模式的选择在图 2-25 所示的 Options for Target→Debug 选项卡内进行。

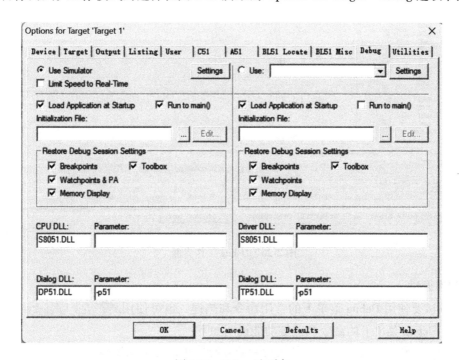

图 2-25　Debug 选项卡

在没有目标硬件的情况下，可以使用仿真器将 μVision4 调试器配置为软件仿真器。它可以仿真微控器的许多特性，还可以仿真许多外围设备，包括串口、外部 I/O 口及时钟等。所能仿真的外围设备在为目标程序选择 CPU 时就被选定了。在目标硬件准备好之前，可用这种方式测试和调试嵌入式应用程序。

μVision4 已经内置了多种高级 GDI 驱动设备，如果使用其他的仿真器则需要首先安装驱动程序，然后在此列表里面选取。在此也可配置与软件 Proteus 的接口，使两个软件联合工作。

1. 启动调试模式

通过菜单命令 Debug-Start/Stop Debug Session 或者工具栏 图标，可以启动/关闭 μVision4 的调试模式，如图 2-26 所示。

在调试过程中，若程序执行停止，则 μVision4 会打开一个显示源文件的编辑窗口或显示 CPU 指令的反汇编窗口，下一条要执行的语句以黄色箭头指示。

在调试时，编辑模式下的许多特性仍然可用。如可以使用查找命令、修改程序中的错误等，应用程序中的源代码也在同一个窗口中显示。

但调试模式与编辑模式有所不同：调试菜单与调试命令是可用的，其他的调试窗口和对话框，工程结构或工具参数不能被修改，所有的编译命令均不可用。

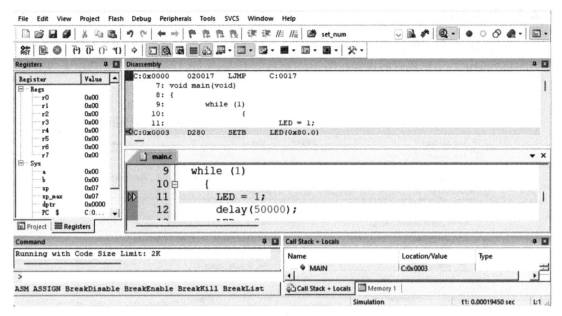

图 2-26 Debug 工作界面

2. 程序调试

程序调试要使用 Debug 菜单下的常用命令和热键，也可使用 按钮进行。Debug 菜单下的命令和热键功能说明如下：

Run、键盘 F5：全速运行，直到运行到断点时停止，等待调试指令。

Step Into、键盘 F11：单步运行程序。每执行一次，程序运行一条语句。对于一个函数，程序指针将进入函数内部。

Step Over、键盘 F10：单步跨越运行程序。与单步运行程序很相似，从不同点跨越当前函数，运行到函数的下一条语句。

Step Out of Current Function、键盘 Ctrl+F11：跳出当前函数。程序运行到当前函数返回的下一条语句。

Run to Cursor Line、键盘 Ctrl+F10：运行到当前指针。程序将会全速运行，运行到光栅所在语句时将停止。

Stop Running：停止全速运行。停止当前程序的运行。

设置断点的作用是当程序全速运行时，需要程序在不同的地方停止运行，然后进行单步调试，可以通过设置断点来实现。断点的设置只能在有效代码处设置，如图 2-27 所示的侧栏中的有效代码深灰色（实际上是红色）长方块处。

将鼠标移到有效代码处，然后双击鼠标左键就会出现一个红色标记，表示断点已成功设置；鼠标在红色标记处又双击鼠标左键，红色标记消失，表示断点已成功删除。当程序运行到设置的断点的位置就停止运行。

此时，可以打开 View-Watch & Call Stack Window 窗口，对程序中的数值进行监视，例如对 x 的值进行监视，如图 2-28 所示。每按下一次"Step Into"按钮，x 的数值会减小一次。数值 Value 可以在十六进制和十进制之间选择。

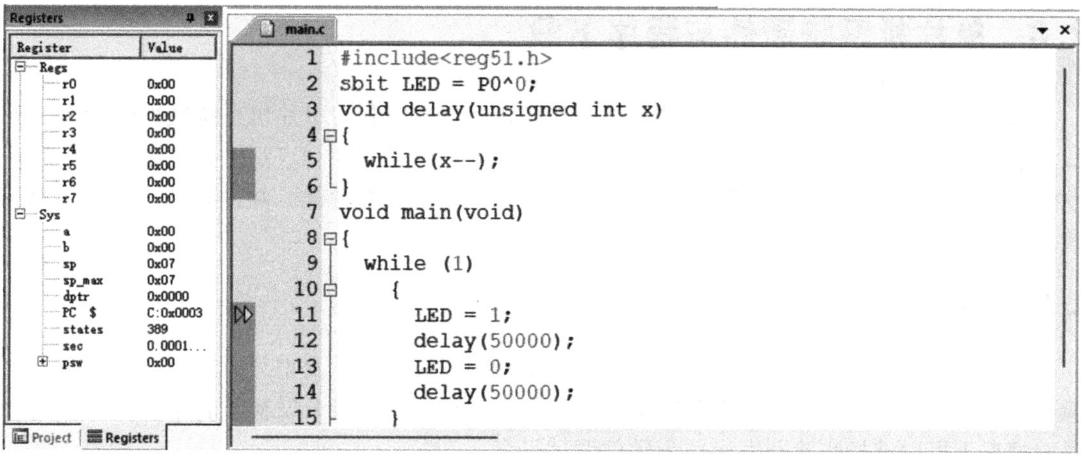

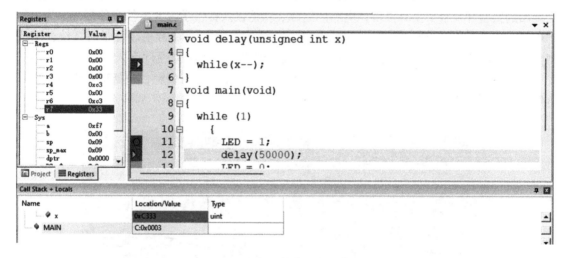

图 2-27　断点的设置

图 2-28　对数值 x 的监视

同时也可以在 Project Workspace 的 Registers 内看到运行时间，如图 2-29 所示。利用 delay(x) 函数延时，调整闪烁的时间间隔只需调整函数的形参的取值。但利用延时函数不能做到精确地延时，在本例中的 delay(x) 函数中 x＝50000 时，延时约一点几秒。

利用 Keil μVision4 进行单片机程序设计时，从项目的创建到编译结束共包含 4 个步骤，其中程序设计是整个项目设计的关键，也是系统设计过程中占用时间最长、投入精力最多的环节。程序设计工作结束后，还要对程序进行调试、电路仿真和实际运行，以检测程序设计的正确性、稳定性。

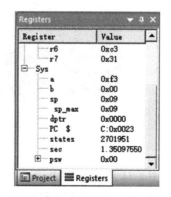

图 2-29　仿真运行时间

2.3　单片机系统硬件与程序下载

单片机系统设计和开发可以通过软件仿真调试，也可以利用单片机系统硬件进行实际测试。硬件测试能够反映单片机系统运行的实际效果，具有真实性和直观性，是单片机产品开发的重要过程。本节将介绍一种与本书项目配套的实验开发板硬件，并说明单片机程序的下载过程。

2.3.1　单片机开发板

单片机开发常见的硬件实验平台有单片机实验箱、实验板以及单片机实验教学系统。实验开发板具有体积小、功能强以及携带方便等特点，对于单片机开发初学者来说，在投资有限的情况下可以选择实验开发板作为硬件调试平台。

1. 实验开发板简介

有许多从事单片机教学、开发的人员或培训机构都有能力设计实验开发板系统，因此网上推出的实验开发板类型有很多，电路的组成、功能以及提供学习的软件多种多样。为了便于单片机初学者更加直观地学习，这里介绍一种通用的 B107 型单片机硬件学习系统，B107型实验开发板实物如图 2-30 所示。结合单片机系统设计，该实验硬件引入了单片机产品开发、单片机教学以及相关竞赛中常用的外部器件，其附带的学习资料，包括项目程序、仿真电路与本书项目要求一致。

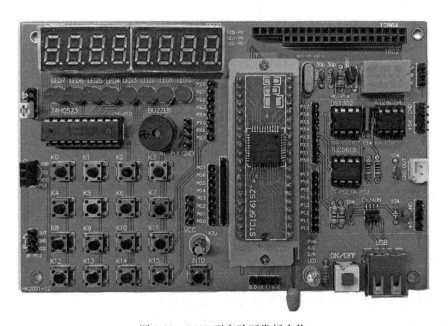

图 2-30　B107 型实验开发板实物

图 2-31 所示为 B107 型通用实验开发板的电路原理图，该实验开发板利用 USB 接口下载程序和通信，可直接对 STC 系列单片机进行硬件调试。板载资源有 USB 下载电路或接口、数码管显示电路、LED 显示电路、字符型显示器 1602 接口、汉字显示屏 12864 接口、数字

温度传感器 DS18B20 接口、数据红外通信电路或接口、矩阵键盘、继电器驱动、蜂鸣器驱动等，实验板还集成了单片机系统常用的外部部件，如 AT24C04、DS1302 等。

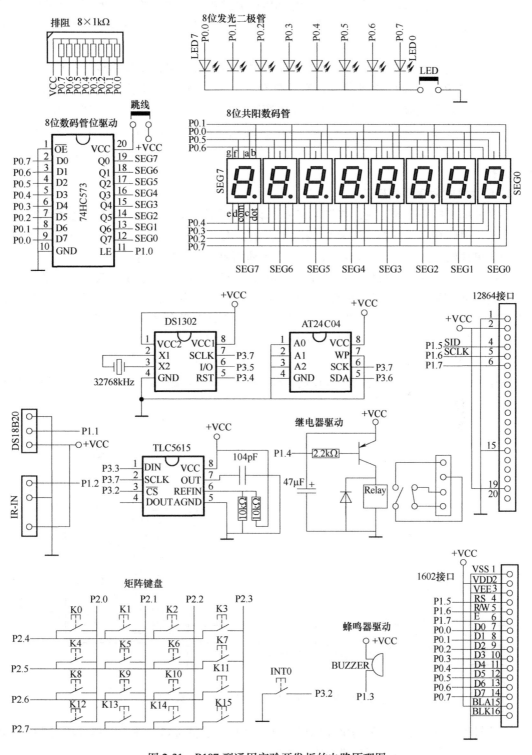

图 2-31 B107 型通用实验开发板的电路原理图

B107 型实验开发板使用的单片机为传统 DIP40 封装的引脚排列，如 STC89C51 系列、STC90C51 系列。STC 单片机的其他系列如 12C、15F 系列单片机，其 DIP40 引脚排列与传统 51 系列不一致，可通过转接板转换为传统 DIP40 引脚顺序再在实验板上使用。实验开发板更接近于产品开发的实际硬件，为了便于创新设计和项目开发测试，开发板利用插针引出了单片机的 32 个 I/O 口。

为了便于初学者入门，在本书列举的项目中，电路大多采用了精简设计，读者可以依照电路原理快速实现项目的程序设计和软件仿真，简单项目可以通过程序下载过程，利用实验开发板观察实际运行效果。在单片机实际应用和开发过程中，有些器件占用 I/O 较多，如数码管显示、液晶等，需采用接口电路连接，初学者需要在掌握此类项目设计原理的基础上，依照思考题的要求对相应项目的程序进行修改，并在实验板上完成程序下载和运行。

2. 单片机的程序下载接口

要完成单片机程序的下载，首先需有一个单片机程序烧写器。单片机的实验板大多支持在线下载，因此在有单片机实验板的情况下，还要有一个能在 PC 上运行的下载工具或软件。由于单片机无法直接与 PC 联机，程序下载还需要一个接口电路。

不同厂商的单片机下载端口相差较大，如 AT89S51 采用 API 总线下载，需要通过专用接口电路与 PC 的并行口连接。STC 系列单片机支持串口下载方式，但单片机的串行传输数据电平与 PC 串口（COM）不兼容，需要专用的接口电路进行电平转换。一些芯片如 PL2303、CH341、CH340 等可以把 PC 的一个 USB 接口模拟成一个串口，这样就可以很方便地实现 STC 单片机程序的 USB 接口下载。图 2-32 所示为 STC 系列单片机常用的 USB 下载电路，图中的 USB 接口通过数据线接 PC 的 USB 总线接口，电路 CH340N 的 RXD、TXD 分别接单片机的 RXD、TXD 引脚。

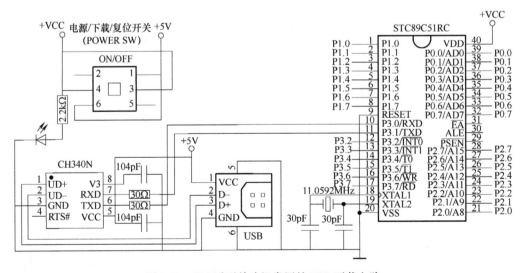

图 2-32　STC 系列单片机常用的 USB 下载电路

单片机程序下载接口实际是单片机与计算机之间的通信接口，在学习单片机与 PC 通信项目中，还需要利用到这些接口进行串口通信。

2.3.2　程序下载软件

程序下载的过程是把 Keil 软件生成的 HEX 文件，通过下载软件从 PC 写入单片机的内部程序存储器中。在单片机开发过程中，单片机程序可以先通过 Proteus 软件进行仿真和调试，最后还要把程序下载到单片机中进行硬件平台测试，从而验证程序在实际运行时的功能以及可靠性和稳定性。

STC 系列单片机支持在系统可编程（ISP），因此利用 USB 转串口电路和相关的 ISP 软件就可以直接对 STC 系列单片机编程下载。STC 单片机使用的下载工具软件为 STC-ISP V4.85，也可以使用支持较高性能单片机的下载软件，如 STC-ISP V6.86。用户可以从宏晶公司网站上直接下载。

STC-ISP V6.86 为绿色软件，下载完毕后可以直接打开，即出现如图 2-33 所示的界面。程序的界面主要分为两个部分：左面部分为软件的烧录部分，右面部分提供了一些常用的工具以及软件的设置，初学者可以只学习怎样使用该软件下载程序。

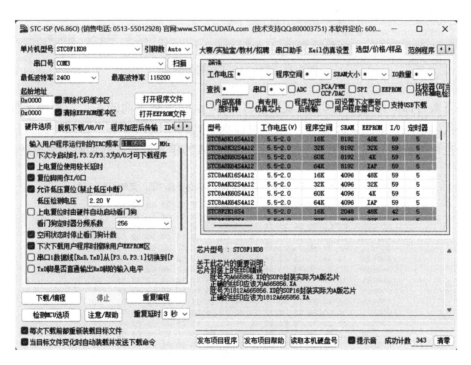

图 2-33　STC-ISP V6.86 界面

（1）PC 与实验开发板连接

利用 B107 型实验开发板下载单片机程序时，首先要做一些准备工作，如在计算机安装 CH340G 芯片驱动程序、确定要下载的项目程序等。当 USB 数据线连接开发板和 PC 时，只要数据线连接无误，PC 会自动识别到新硬件并加载驱动，并在 PC 硬件的端口中增加一个串口，用户可以在计算机"我的电脑"属性下的硬件管理器中查看，如 COM5。同时，STC-ISP V6.86 软件会自动识别串口号并在界面上显示连接状态，用户可观察下载软件界面左边"串口号"位置是否有连接显示，如显示"USB-SERIAL CH340（COM5）"信息则为正确连接。

（2）下载软件设置

运行 STC-ISP 软件，首先在界面左上方的"单片机型号"栏中选择使用的单片机型号，如 STC89C51RC；然后单击"打开程序文件"按钮，在弹出的对话框中寻找要下载的 HEX 文件；观察"硬件选项"位置，在应用中选择合适的项，如采用外部 11.0592MHz 晶振时，可以在"选择使用内部 IRC 时钟"前去掉选项。STC-ISP 功能比较多，初学者可以先不管其他选项。

（3）程序下载

STC-ISP 下载操作区域如图 2-34 所示，程序下载时首先单击 STC-ISP 软件左下角的"下载/编程"按钮，然后再打开实验开发板的"POWER-SW"电源开关，让单片机重新上电冷启动，然后用户就可在软件的右边看到程序下载的过程。一般情况下，每次需要写入的时候都需要遵守先"下载"后"上电"的顺序操作。

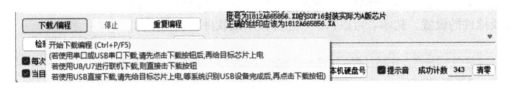

图 2-34　STC-ISP 下载操作区域

如果下载目标单片机为 STC15F 系列，STC-ISP 会在下载界面的左边的程序文件窗口中显示程序代码情况，如图 2-35 所示。用户可以观察代码长度以了解自己编写的程序占用空间大小，也可以通过设置"填充区域"改变程序写入的单片机程序存储器的首地址。

图 2-35　程序文件

单片机项目完整设计一般包括电路设计、程序设计、电路仿真、PCB 设计和硬件组装与调试，除电路 PCB 设计与电路组装调试以外，本书所列举的项目包含了系统开发的大部分过程，并且从简单到复杂，从入门到精通。一个复杂的单片机系统所包含的技术会涉及软件与硬件的许多方面，因此在程序设计完成后，应尽量通过软件仿真和硬件调试实现项目的功能和要求，并在条件允许的情况下，选择有兴趣的项目或扩展应用实现项目的完整设计。

思考题

2-1　练习安装 Keil、Proteus 软件，分别叙述两种软件的使用过程或步骤。

2-2　在 Keil 软件中打开 reg51.H 文件，观察这个头文件包含的内容，单片机 P3 口复用，除了可以进行位寻址以外，第二功能如何？

2-3　Proteus 的元件库元件较多，请找出电阻、电容、二极管、晶体管、80C51 单片机、发光二极管、数码管、继电器、电池所在大类和子类别。

2-4　详细叙述 STC89C51 单片机程序下载过程。

2-5　完成书中 LED 闪烁项目的设计过程，包含仿真电路设计、程序设计、电路仿真、程序下载、实验板运行。

第 3 章

程序设计基础

在简单了解单片机原理和 C 语言的基础上，初学者可以采用 C 语言试着编写一些单片机的入门程序，完成简单的项目设计。本章将主要学习单片机 I/O 口输入与输出程序设计；I/O 口的输出程序设计先从驱动单只 LED 驱动入手，然后讨论多个 I/O 口的驱动问题；I/O 口的输入也先从最简单的一个按键输入开始研究，然后讨论多个按键输入程序设计方法。在这些单元实例完成的基础上，最后用两个数码管实现 4×4 按键矩阵的程序设计。本章中每个项目的程序利用 Keil 软件编写，电路原理图采用 Proteus 软件设计，通过软件仿真来验证程序设计的完整性。本章将要完成的项目有：

项目 1-单片机 I/O 口驱动 LED 闪烁；

项目 2-流水灯程序设计；

项目 3-单只数码管驱动；

项目 4-按键输入：

 4-1 按键按下后抬起有效；

 4-2 按键按下即有效；

 4-3 4×4 矩阵键盘；

 4-4 按键调整（思考题 3-7）；

项目 5-心形灯设计（思考题 3-6）。

3.1 单片机的 C 语言

单片机 C 语言程序的可读性、模块化和资源共享方面与汇编相比有明显优势，因此单片机程序开发和项目设计越来越多地采用 C 语言程序。51 单片机编程所用的 C 语言，在 Keil 集成开发环境中称为 Keil C51，简称为 C51，即用于 8051 单片机的 C 程序。Keil C51 语言在兼容 ANSI C 的基础上，又增加很多与 51 单片机硬件资源相关的关键字、库函数和编译特性，使得开发 8051 系列单片机程序变得更为方便和快捷。由于标准 C 语言数据、运算以及函数同样也可以在 Keil 中使用，因此本节将重点介绍单片机程序包含的标准 C 语言部分。

3.1.1　C51 的特点

与标准 C 语言相比，C51 程序在头文件、数据类型、数据的存储类型、中断处理以及库函数等方面都有一定的差异，主要原因是单片机程序更服从于硬件系统。

1. 单片机程序的头文件

不同厂家生产的 8051 系列单片机的差异在于内部资源，如定时器、中断、I/O 口数量以及内部功能部件的数量。对于使用者来说，只需要将相应功能寄存器的头文件加载到程序内，就可以实现所具有的功能。因此，Keil C51 系列的头文件集中体现了各系列芯片的不同资源及功能。例如 MCS-51 架构的 8051 单片机系统头文件为 reg51.h，增强型 51 单片机由于内部增加了定时器 T2，因此要用到的头文件为 reg52.h，STC 系列单片机的头文件为 stc.h。在程序设计时，程序必须包含头文件。

2. 数据类型

8051 单片机具有位操作空间和位操作指令，单片机片内寄存器也可以由用户定义，因此 Keil C51 在标准 C 语言数据类型的基础上增加了 bit、sbit、sfr、sfr16 4 种数据类型的声明，以便能够灵活地进行操作。

另外，8051 单片机有片内、外程序存储器，还有片内、外数据存储器。C 语言最初是为通用计算机设计的，在通用计算机中只有一个程序和数据统一寻址的内存空间，标准 C 语言并没有提供这部分存储器的地址范围的定义，因此 Keil C51 中又增加了数据存储类型操作指令。

3. Keil C51 的库函数

由于标准 C 语言中部分库函数不适用于单片机或嵌入式处理器系统，因此许多库函数没有被 Keil C51 直接采用，一些可以在 Keil C51 继续使用的 C 语言库函数，均针对 51 单片机的硬件特点来做出相应的调整，并且与标准 C 语言库函数的构成与用法有很大区别。例如在标准 C 语言中，库函数 printf 和 scanf 通常用于屏幕打印和接收字符，而在 Keil C51 中它们主要用于串行口数据的收发。

4. 单片机的程序结构

在 Keil C51 中还定义了与单片机中断处理有关的关键字。由于 51 单片机的硬件资源有限，编译系统不允许太多的程序嵌套，Keil C51 也不支持标准 C 语言所具备的递归特性，因此在 C51 中要使用递归特性，必须用 reentrant 进行声明才能使用。

从数据运算操作、程序控制语句以及函数的使用上来说，Keil C51 与标准 C 语言几乎没有明显的差别，只要程序设计人员具备一定的标准 C 语言编程知识，了解 8051 单片机的硬件结构，就能快速掌握 Keil C51 的编程技巧。

3.1.2　C51 的数据

1. 数据类型

在 C 语言中，数据类型指的是用于声明不同类型的变量或函数的一个广泛的系统。变量的类型决定了变量存储占用的空间大小以及存储的模式。数据类型用于定义变量和函数的参数以及返回值的类型，每种数据类型都有特定的内存大小和范围以及适用的操作和约束条件。

Keil C51 支持的数据类型见表 3-1。根据 8051 单片机的硬件特点，C51 在标准 C 语言的基础上，扩展了 4 种数据类型（见表中最后 4 行），这 4 种数据类型不能使用指针对它们存取。下面对扩展的 4 种数据类型进行说明。

表 3-1　Keil C51 支持的数据类型

数据类型	位数	字节数	取值范围
char	8	1	−128~+127，有符号字符变量
unsigned char	8	1	0~255，无符号字符变量
int	16	2	−32768~+32767，有符号整型数
unsigned int	16	2	0~65535，无符号整型数
long	32	4	−2147483648~+2147483647，有符号长整型数
unsigned long	32	4	0~+4294967295，无符号长整型数
float	32	4	±3.402823E+38，浮点数（精确到 7 位）
double	64	8	±1.175494E+308，浮点数（精确到 15 位）
*	24	1~3	对象指针
bit	1		0 或 1
sfr	8	1	0~255
sfr16	16	2	0~65535
sbit	1		可进行位寻址的特殊功能寄存器的某位的绝对地址

（1）位变量 bit

bit 用于声明 1 位变量，这个变量的值被随机地保存在单片机 RAM 中。bit 声明的变量的值不是逻辑"1"就是"0"，对应于单片机硬件系统处理中的高电平和低电平。

（2）特殊功能寄存器 sfr

8051 单片机内部特殊功能寄存器在片内 RAM 区的 80H~FFH 之间，sfr 声明的寄存器数据类型占用 1B 内存单元，利用它可访问 8051 单片机内部的所有特殊功能寄存器。例如：sfr P1=0x90，语句定义 P1 端口在片内的寄存器所占用 RAM 的存储单元地址为 0x90。

（3）特殊功能寄存器 sfr16

sfr16 的数据类型占用 2B。sfr16 和 sfr 一样用于操作特殊功能寄存器，所不同的是它用于操作 2B 的特殊功能寄存器。例如 sfr16 DPTR=0x82 语句定义了片内 16 位数据指针寄存器 DPTR，其低 8 位字节地址为 82H，在后面的语句中可以对 DPTR 进行操作。

（4）特殊功能位 sbit

sbit 是指 8051 单片机片内特殊功能寄存器的可寻址的位。例如：

```
sfr PSW=0xd0;  /*定义 PSW 寄存器地址为 0xd0*/
sbit led=P2^0; /*定义一个位变量 led 代表 P2 端口寄存器的 P2.0 位*/
```

符号"∧"的前面是特殊功能寄存器的名字,"∧"后面的数字定义特殊功能寄存器可寻址位在寄存器中的位置,取值必须是 0~7。比如,如果一个按键接在单片机的 P2.0 端口上,可使用"sbit key=P2∧1;"声明,即定义按键变量代替 P2 寄存器的 P2.1 位。

注意,不要把 bit 与 sbit 混淆。bit 用来定义一个随机的位变量,而 sbit 定义的变量是特殊功能寄存器的可寻址位。

此外,在 51 单片机中还可以使用结构体、数组等复合数据类型。这些数据类型可以根据需要进行声明和使用,以实现对不同类型数据的存储和处理。

2. 数据的存储类型

C51 完全支持 51 单片机硬件资源。在单片机内部,程序存储器与数据存储器是完全分开的,且分为片内和片外两个独立的寻址空间。特殊功能寄存器与片内 RAM 统一编址,数据存储器与 I/O 口统一编址。C51 编译器通过将变量、常量定义成不同存储类型的方法,从而将它们定义在不同的存储区中。C51 存储类型与 51 单片机的实际存储空间的对应关系见表 3-2。

表 3-2　C51 存储类型与 51 单片机的实际存储空间的对应关系

存储类型	与存储空间的对应关系	数据长度/bit	取值范围
data	片内 RAM 直接寻址区,位于片内 RAM 的低 128 字节	8	0~255
bdata	片内 RAM 位寻址区,位于 20H~2FH,允许位与字节访问	8	0~255
idata	片内 RAM 间接寻址区	8	0~255
pdata	片外 RAM 的一个分页寻址区,每页为 256B	8	0~255
xdata	片外 RAM 的全部空间,大小为 64KB	16	0~65535
code	程序存储器的 64KB	16	0~65535

片内 RAM 可分为 3 个区域,分别为 data、bdata、idata。data 指片内直接寻址区,位于片内 RAM 的低 128 字节;bdata 为片内位寻址区,位于片内 RAM 位寻址区 20H~2FH;idata 为片内间接寻址区,片内 RAM 所有地址单元 00H~FFH。变量声明时前面加上 data、bdata、idata 就能指明变量的存储位置。

pdata 指向片外数据存储器页,每页为 256B。xdata 为片外数据存储器 RAM 的 64KB 空间。

code 指向外部程序存储器的 64KB 空间。对于单片机编程,正确地定义数据类型以及存储类型,是所有编程者在编程前都需要首先考虑的问题。在资源有限的条件下,如何节省存储单元并保证运行效率是对开发者的一个考验。只有非常熟练地掌握 C51 中的各种数据类型以及存储类型,才能运用自如。

在程序设计时,变量的大小和正负决定相应存储空间的大小。由于单片机的 ROM 有限,一般情况下,变量的声明尽量选择 8 位即一个字节的 char 型,正整数用 unsiged char 声明。对于 51 单片机而言,浮点类型变量将明显增加运算时间和程序长度,如果允许,尽量使用灵活巧妙的算法来避免浮点变量的引入,或者直接使用具有浮点运算功能的增强型 8051 单片机。

只要条件满足,则尽量选择内部直接寻址的存储类型 data,然后选择 idata 即内部间接寻址。对于那些经常使用的变量要使用内部寻址。在内部数据存储器数量有限或不能满足要求的情况下才使用外部数据存储器。选择外部数据存储器可先选择 pdata 类型,最后选择 xdata 类型。

扩展片外存储器虽然原理简单,但在实际开发中将会遇到许多不必要的麻烦,如会增加成本、降低系统稳定性、拉长开发和调试周期等,因此系统开发最好选用片内带有较大存储空间的单片机,如 STC16G、32G 系列。另外,通常的单片机应用都是面对小型的控制,代码比较短,对于程序存储区的大小要求很低,常常是片内 RAM 很紧张而片内 Flash ROM 很富裕,因此如果实时性要求不高,可考虑使用宏定义,或将一些常量数据放置在程序存储区。当程序运行时,进入子函数动态调用下载至 RAM 即可,退出子函数后立即释放该内存空间。

3. 数据指针

在 C 语言中,数据指针是一种特殊的变量类型,用于存储内存地址。通过指针可以直接访问和操作内存中的数据。以下是一些关于 C 语言中数据指针的重要概念和操作:

1)声明指针变量:在 C 语言中,可以声明指针变量来存储相应数据类型的内存地址。例如,int * ptr;声明了一个指向整数类型的指针变量。

2)取址操作符(&):通过使用取址操作符(&),可以获取变量的内存地址。例如,int num = 10;int * ptr = #将指针 ptr 指向变量 num 的地址。

3)解引用操作符():通过解引用操作符(),可以访问指针所指向的内存位置上存储的值。例如,int val = * ptr;将把指针 ptr 所指向的整数值赋给变量 val。

4)动态内存分配操作:在 C 语言中,可以使用 malloc() 函数来动态地分配内存空间。这样可以在程序运行时根据需要创建数组、结构体等动态数据结构。例如,int * arr = (int *) malloc(5 * sizeof(int));将分配足够的内存来存储包含 5 个整数的数组,并将其地址赋给指针 arr。

5)指针算术运算:指针可以进行算术运算,如指针加法、减法等。这对于在数组或缓冲区中移动指针非常有用。例如,ptr++将使指针向后移动一个元素的大小。

6)空指针:C 语言中的空指针是指未指向任何有效内存位置的指针。可以使用空指针来检测某个指针变量是否已分配了内存空间。空指针用 NULL 表示。

另外,在 C51 中还有几种指针类型,存储器类型修饰符:C51 提供了一些额外的存储器类型修饰符,用于限定指针变量的存储器类型。例如,idata 修饰符用于指向片内 RAM,xdata 修饰符用于指向扩展 RAM 等。数据指针寄存器(DPTR):C51 还提供了一个特殊的 DPTR,它可以用作通用数据指针。通过加载不同的值到 DPTR 中,可以直接访问片内和片外存储器。特殊功能寄存器(SFR)指针:C51 中的一些 SFR 是只读或只写的,不能像普通变量一样直接进行读写操作。为了和这些寄存器进行交互,可以使用 SFR 指针。

需要注意的是,在 C51 中,由于单片机的资源有限,对指针的使用要更加小心谨慎,避免出现越界、空指针等问题。同时,要根据具体的单片机型号和开发环境,参考相关的文档和手册,以了解各种指针的使用方式和限制。

3.1.3　C51 的运算符

程序要实现数据运算，首先要熟悉常用 C51 的运算符。C51 用到的运算符有算术运算符、逻辑运算符、关系运算符。除标准 C 语言运算符外，C51 中又补充了一些针对硬件特点的运算符，见表 3-3。

C51 所使用的运算符很多与标准 C 语言兼容，对于 "/" 和 "%" 往往会有疑问。这两个符号都涉及除法运算，但 "/" 运算是取整，而 "%" 运算为取余。例如 "5/3" 的结果为 1（整数），而 "5%3" 的结果为 2（余数）。

表 3-3 中的自增和自减运算符是使变量自动加 1 或减 1，自增和自减运算符放在变量前和变量后是不同的。如++i，--i；表示先使 i 值加（减）1 再使用 i。i++，i--表示先使用 i，之后再使 i 值加（减）1。

例如，若 i=4，执行 x=++i 时，先使 i 加 1，再引用结果，即 x=5，运算结果为 i=5，x=5。若执行 x=i++时，先引用 i 值，即 x=4，再使 i 加 1，运算结果为 i=5，x=4。

表 3-3　运算符

算术运算符		逻辑运算符		关系运算符	
符号	说明	符号	说明	符号	说明
+	加法运算	&&	逻辑与	>	大于
-	减法运算	||	逻辑或	<	小于
*	乘法运算	!	逻辑非	>=	大于或等于
/	除法运算	&	位逻辑与	==	相等
%	取模运算	|	位逻辑或	!=	不等
++	自增 1	^	位异或	=	赋值
--	自减 1	~	位取反	<<	位左移
				>>	位右移

3.1.4　C51 中常用的函数

从 C 语言程序结构上看，一个程序包含一个主函数 main()，主函数所在的程序为主程序。其他函数分为用户函数和库函数，可以包括在主程序或子程序中。C51 中主函数和用户函数结构与标准 C 语言中的函数结构相同，标准库函数功能也与标准 C 语言使用类似，但 C51 库函数除了支持所有的 ANSI C 的程序外，根据单片机资源又补充了一些本征库函数和非本征库函数。

1. 本征库函数

C51 的本征库函数包含在 intrins. h 中，共有 9 个函数。C51 的强大功能及其高效率的重要体现之一在于其丰富的可直接调用的库函数，多使用库函数可使程序代码简单、结构清晰、易于调试和维护，9 个函数功能见表 3-4。使用时必须包含#inclucle<intrins. h>。

表 3-4　intrins. h 中的库函数

序号	函数名	功能
1	_crol_( )	将 char 型变量循环向左移动指定位数后返回
2	_cror_( )	将 char 型变量循环向右移动指定位数后返回
3	_irol_( )	将 int 型变量循环向左移动指定位数后返回
4	_iror_( )	将 int 型变量循环向右移动指定位数后返回
5	_lrol_( )	将 long 型变量循环向左移动指定位数后返回
6	_lror_( )	将 long 型变量循环向右移动指定位数后返回
7	_nop_( )	相当于插入 NOP
8	_testbit_( )	相当于 JBC bitvar 测试该位变量并跳转同时清除
9	_chkfloat_( )	测试并返回源点数状态

2. 非本征库函数

（1）reg51. h

reg51. h 中包括了所有 8051 的专用寄存器 SFR 及其位定义，单片机程序在预处理时必须包括 reg51. h 头文件。在 reg51. h 头文件中被定义过的寄存器才能被系统识别。

（2）绝对地址头文件 absacc. h

在程序中，用 "# include < absacc. h >" 即可使用其中定义的宏来访问绝对地址。absacc. h 可对不同的存储区进行访问，该头文件的函数包括：CBYTE，访问 code 区，字符型；DBYTE，访问 data 区，字符型；BYTE，访问 pdata 区或 I/O 口，字符型；XBYTE，访问 xdata 区或 I/O 口，字符型；另外还有 CWORD、DWORD、PWORD、XWORD 四个函数，它们的访问区域同上，只是访问的数据类型为 int 型。

8051 片内的 4 个并行 I/O 口（P0~P3）都是 SFR，故对 P0~P3 采用定义 SFR 的方法。而 8051 在片外扩展的并行 I/O 口与片外扩展的 RAM 是统一编址的，即把一个外部 I/O 口当作外部 RAM 的一个单元来看待，可根据需要来选择为 pdata 类型或 xdata 类型。对于片外扩展的 I/O 口，根据硬件译码地址，将其看作片外 RAM 的一个单元，使用语句#define 进行定义。例如：

```
#include <absacc.h>  //可缺少
#define PORTB XBYTE[0xffc2]定义外部 I/O 口 PORTB 的地址为 xdata 区的
0xffc2,
```

也可把片外 I/O 口的定义放在一个头文件中，然后在程序中通过#include 语句调用。一旦在头文件或程序中通过使用#define 语句对片外 I/O 口进行了定义，在程序中就可以自由使用变量名来访问这些片外 I/O 口了。

C51 非本征库函数还有动态内存分配函数 stdlib. h、缓冲区处理函数 string. h 等，在复杂的单片机项目开发中使用这些函数会在一定程度上简化程序的结构，提高编程效率。

3.1.5　单片机 C 语言结构

程序结构上可把程序分为 3 类，即顺序、分支和循环结构。顺序结构是程序的基本结构，程序自上而下，从 main( ) 函数开始一直到程序运行结束，程序只有一条路可走，没有其他的路径可以选择。顺序结构比较简单且便于理解，下面将重点介绍分支结构和循环结构。

1. 分支结构程序

（1）if else 语句

if else 语句在只有两个条件控制的分支结构中使用，使用格式为

```
if(条件){分支 1}
else{分支 2}
```

（2）switch case 语句

switch case 语句主要用于多分支程序结构，如同多个开关，当条件满足时才执行对应的 case 分支。

```
switch(变量)
{
    case(0):语句;break;
    case(1):语句;break;
    …………
    case(n):语句;break;
    default:语句;break;
}
```

注意每个 switch 分支必须有一个 break 语句，否则程序将不会跳出 switch，就会继续执行 case 后面的 case 语句。

2. 循环结构程序

（1）for 循环

循环结构常用 for 循环，格式为

for（循环体初始化；循环体执行条件；循环体执行后操作）{……}，花括号 {} 中为循环体内容。

（2）while 循环

格式为

while（循环体执行条件）{……}，花括号 {} 中为循环体内容，当循环体执行条件为非 0 时执行，为 0 时跳出 while 循环。

（3）do while 循环

格式为

do {……} while，花括号 {} 中为循环体内容，while（循环体执行条件）。

前两种循环是先进行循环条件是否满足的判断，才决定循环体是否执行；而 "do while 循环" 是在执行完循环体后再判断条件是否满足，再决定循环体是否继续执行。3 种循环

中，经常使用的是 for 语句。

If、while 等语句是代码效率较高的语句，因此建议程序设计时尽量少用 switch case 之类的语句来控制程序结构，以提高程序编译后的代码率。

单片机程序是一种在无操作系统的控制器和处理器上运行的程序，程序顺序、循环执行，永远不会结束，有时把这些操作包含在一个 while(1) {……} 中。

单片机程序包括子程序模块、函数等，同一功能程序采用不同的编写方式会导致程序的效率不同。代码率是衡量 C51 程序编译生成汇编代码的效率，主要受存储模式和程序结构的影响。同样的功能，简单的程序其代码率低。结构越复杂，其所涉及的操作、变量、功能模块就越多，代码率就越高，程序运行效率就越低，程序的稳定性和可靠性也大大降低。

3.2　单片机驱动 LED 闪烁

单片机的 I/O 口可以直接驱动一些器件，通过运行程序，单片机就能对这些器件进行控制。例如 LED 是一种常用的显示器件，单片机的 I/O 口可以直接驱动。本节将讨论单片机的 I/O 口驱动问题，首先让单片机的一个 I/O 口驱动 LED 电路，设计程序使其闪烁，然后编程实现多个 I/O 口驱动多个 LED 闪烁。在完成项目的过程中，要求读者必须掌握单元项目设计的一般步骤，即仿真电路设计、程序设计、电路仿真、程序下载与实现。项目的学习重点为程序设计。

单片机项目开发包含 PCB 设计、组装、硬件与软件调试等，此过程是一种综合设计过程，时间周期较长。为了提高学习单片机开发技术效率，本书中的项目都以仿真为主，包括仿真电路设计、程序设计、仿真调试。程序下载需要单片机系统硬件支持，在项目学习过程中可利用实验开发电路板完成下载和运行过程的演示。

3.2.1　单片机 I/O 口输出与驱动原理

单片机对外部器件的控制，或接受外部器件的控制，都是通过 I/O 口实现的。DIP40 封装的 51 系列单片机有 P0、P1、P2、P3 4 组共 32 个双向 I/O 口，每组 8 个端口与各自对应的锁存器、输出驱动器和输入缓冲器连接，如 P0 口与单片机内部的 P0 寄存器连接，P0.0 端口与 P0 寄存器的 P0.0 连接。在具有片外扩展存储器的系统中，P2 口作为高 8 位地址线，P0 口分时作为低 8 位地址线和双向数据总线。

1. I/O 口的直接驱动负载

51 单片机的 4 组 I/O 口内部电路有很大差别，其中 P1、P2 和 P3 采用场效应管互补对称输出方式，输出的高低电平与 TTL 电平兼容；P0 口采用 OD 门输出，高电平输出时没有拉出电流，因此不具有高电平驱动能力。但 P0 口输出低电平时，灌入电流达到 5~20mA，具有较强的低电平驱动能力，在不加上拉电阻的情况下，P0 可以驱动低电平负载。

图 3-1a 所示的电路是 P0.0 口低电平驱动 LED 电路。直径为 3~5mm（φ3 或 φ5）的红色或橙色 LED，其正常工作电流一般在 10mA 以下，在使用中为了保证 LED 安全工作，电路中 LED 需要加限流电阻 R1 保护，R1 的取值一般在几百到几千欧姆之间。

由于 P0 输出漏极与电源正极之间开路，即使编程让 P0 输出高电平，但是实际只能输出低电平。如果利用高电平驱动门电路或 LED 这样的小功率负载，P0 必须加上拉电阻。

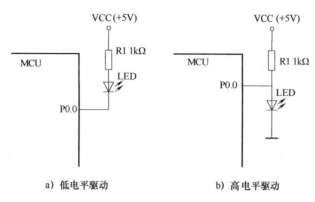

a) 低电平驱动　　　　　　　b) 高电平驱动

图 3-1　P0 口驱动 LED 电路

图 3-1b 所示为单片机 P0.0 口高电平驱动 LED 电路，P0.0 端口与电源之间接有一个电阻 R1。当 P0.0 口输出低电平时，LED 的正极为低电平，P0.0 口吸收了从电源正极出发经过电阻的电流，此时 LED 不亮；当 P0 口设置为高电平时，经过电阻 R1 的电流无法进入 P0.0 端口，只能通过 LED，此时 LED 亮。这里所指的高电平为电源正极 +5V 电压，低电平为 0V 或地（0 电势）。

根据管型和材料及功率的不同，LED 工作电流差别比较大。一般作为电平显示常用的 LED 工作电流很小，单片机的 I/O 口可以直接驱动；对于大功率 LED，比如超高亮 LED、大功率白光 LED、红外 LED、交通灯以及 LED 阵列汉字屏等，驱动电流需达几百毫安甚至更大，单片机如果驱动这些器件，需要利用缓冲器间接驱动。

2. I/O 口间接驱动

继电器、晶体管、蜂鸣器、数码管、电动机等都是单片机外部常用的受控部件。虽然单片机的 I/O 口低电平驱动能力比较强，但负载电流过大会引起单片机过热，从而使系统稳定性下降。为了提高系统的控制稳定性，对于较大电流的负载的驱动，单片机一般采用间接驱动方式。图 3-2a 所示的电路为蜂鸣器驱动电路，图 3-2b 为继电器驱动电路，图 3-2c 采用光电耦合器，继电器光隔离驱动。在这些电路的基础上，大功率负载可以通过继电器直接控制，交流负载可以通过光电晶闸管控制。由于单片机在起动时 I/O 口输出为高电平，为避免误操作，晶体管一般采用 PNP 型。晶体管基极限流电阻的大小选择，以满足端口输出低电平时能使 NPN 型晶体管饱和为准。

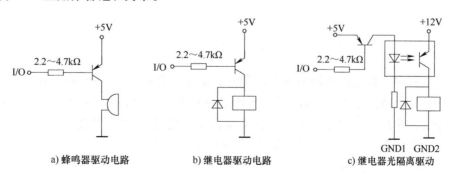

a) 蜂鸣器驱动电路　　　b) 继电器驱动电路　　　c) 继电器光隔离驱动

图 3-2　负载间接驱动

3.2.2　单片机 I/O 口驱动 LED 闪烁（项目1）

闪烁控制是安全灯、高层建筑、高空飞行器、警示灯等设备灯光闪烁控制的原理基础，也是单片机项目学习过程中最简单的项目。P0.0 口驱动 LED 闪烁已在第 2 章中作为 Keil 软件应用的典型例子说明，这里我们作为一个项目设计，详细叙述项目实现的基本过程。

1. 电路设计

电路硬件是单片机项目实现的基础，在项目设计过程中必须先设计项目的电路原理。为了提高程序和电路的联调效果，采用 Proteus 软件设计单片机项目的仿真电路，当程序设计完成后，可在仿真系统中直接加载程序以验证程序设计的完整性。

LED 闪烁电路可参考图 3-1b 中的高电平驱动方式。在项目设计时，应先根据项目的原理图利用 Proteus 软件设计仿真电路图，下面将重新说明 Proteus 的使用过程。

（1）首先打开 Proteus 软件的 ISIS 程序并保存文件

一个项目包含程序和电路两个部分，因此在使用 Proteus 软件设计电路时，应首先考虑仿真电路文件的目录。在学习项目设计过程中，建立科学的项目目录结构对于养成良好的项目开发习惯有很多益处。项目 1 所在的目录结构如图 3-3 所示。

图 3-3　项目 1 所在的目录结构

在操作过程中，首先打开 Proteus ISIS 程序，鼠标左键单击 "File-Save Design As"，在弹出的窗口中选择合适的路径，然后单击 "创建新文件夹" 并命名为 "项目 1-LED 闪烁"；然后进入这个文件夹后，再创建一个新文件夹命名为 "电路"；再一次进入 "电路" 文件夹中，这时才对要保存的电路文件进行命名，比如 "LED 闪烁"。

（2）Proteus ISIS 设计电路

Proteus 原理图设计的主要操作有放置器件和连线两个步骤。本项目所使用的单片机型号虽然为 STC89C51，但在 Proteus 中只要是 51 内核的单片机都可以使用。这里选择 Micropocessor Ics-8051 Family 中的 80C51。Proteus 原理图中的单片机电路符号含有完整的单片机最小系统模型，并且电源默认连接完好。项目 1 的仿真电路设计如图 3-4 所示，为了使 LED 达到显示效果，上拉电阻 R1 取值为 470Ω，实际应用时要取值大一些。在电路设计完成后，再次保存设计，下面就可以设计程序了。

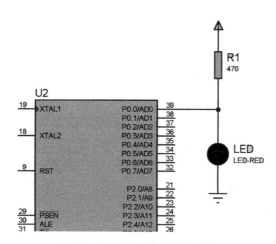

图 3-4 项目 1 的仿真电路设计

2. 程序设计

本项目采用 Keil 程序设计，基本操作共 4 个步骤，分别是创建一个项目、新建 C 文件、程序设计、生成 HEX 文件。创建项目和新建 C 文件比较简单，这里不再详细说明，但要注意，在打开 Keil 软件时，新建的工程必须保存在项目 1 目录下的程序中，新建一个 C 文件，应保存为 main. c，并加载到工程中。

（1）程序设计

P0. 0 引脚输出了 P0. 0 位的状态，由于单片机内部的 P0~P3 寄存器都可以进行位操作，因此在程序设计过程中，可以利用程序对 P0. 0 位直接操作即可控制 LED 的闪烁。

C51 定义 P0. 0 为 P0^0，因此在利用 C 语言程序设计时，要想让 P0. 0 引脚输出高低电平，比如 P0. 0 引脚输出低电平，则在程序中编写 P0^0 = 0 即可。为了使程序简单明了，也可以利用 sbit LED = P0^0 语句，让一位变量 LED 代替 P0^0。

在程序编写过程中，项目程序设计的一般顺序是先写#include<reg51. h>，然后编写主函数，用到 LED 时，才在程序的预处理区写 "sbit LED = P0^0;"，用到延时函数时才在主函数前面写 void delay（unsigned int x）函数。初学者学习编程时千万不要按照程序提供的清单一步一步地照抄，如果这样做的话，编程思路就没有了。本项目的程序清单为

```
#include<reg51.h>              //包含头文件
sbit LED=P0^0;                 //LED 接 P0.0。在 Keil C51 软件中,定义 P0.0
                               //  为 P0^0
void delay(unsigned int x)     //延时函数
{
```

```
    while(x--);
}
void main(void)          //主函数
{
    LED=0;               //P0.0 输出低电平,LED 灭
    delay(50000);        //调用延时函数,延时一段时间,约 0.3s,不精确
    LED=1;               //P0.0 输出高电平,LED 亮
delay(50000);
}
```

（2）程序说明

1）本项目中，单片机的型号为 STC89C51，因此程序包含 reg51.h 文件，reg51.h 文件定义了 51 单片机所有特殊功能寄存器的名称定义和相对应的地址值。

2）单片机程序顺序执行程序，先执行主函数，在主函数内可以调用子函数，子函数可以调用子函数，但子函数不能调用主函数。单片机程序从主函数入口依次执行每一条指令，执行完毕后返回到主函数入口进行下次循环。

3）延时函数

延时的过程是程序执行了一个延时函数 delay( )。在主函数调用延时的过程中，如果单片机没有中断发生，则单片机只能忙于执行这个延时函数。

单片机在执行延时函数相关指令时，每一条指令都会占用一定数量的机器周期，执行完延时函数的所有指令，浪费或占用的时间就是调用延时函数所获得的延时时间，但执行延时函数不能得到精确的延时时间。

4）利用位定义命令 sbit，让一位变量 LED 等价于 P0.0 位，程序执行 LED=1 后，单片机内部位寄存器 P0.0 位就设置为高电平，同时 P0.0 端口就会输出高电平。单片机的所有 I/O 口都可位操作，也可以字节操作。

5）利用 C 语言编写单片机程序时，每个人都有自己的风格。虽然 C 语言格式自由，但作为单片机的程序语言，其具有一定的书写格式。为了提高单片机 C 语言的可读性，增加程序页的层次感，一般情况下，函数的字符左边距为 0，函数体每条语句前留一个"tab"键空格；算术逻辑符号的左右各留一个空格，关键语句要有中文或英文注释，关键函数有时需要用"/ * *…* */"说明，并把主函数所在的程序命名为 main.c。

6）在应用中，把 LED 换成继电器或其他驱动电路，就可以实现单片机大功率的负载驱动，如驱动一个额定电压为交流 220V、200W 的红色的灯泡闪烁。图 3-5 所示为高层楼安全灯闪烁驱动电路，双向光电晶闸管型号为 MOC3061，再加上一级（晶闸管），则可以实现更大功率的负载驱动。

3. 程序编译并创建 HEX 文件

程序编译是检验程序设计格式或代码错误的过程。如果程序在编译过程中出错，则会在 Keil 的编译结果栏中进行提示。程序的调试修改过程一般先用鼠标左键双击最上面的错误提示，然后修改，接着再编译，直到无错误提示为止。

HEX 文件是单片机可以执行的二进制文件，程序编译无误后可以利用 Keil 创建一个

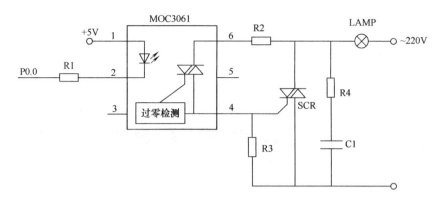

图 3-5　高层楼安全灯闪烁驱动电路

HEX 文件。在工具栏中 Project-Options For Target 'target 1'-Output 窗口中选中 "Create HEX Fi"，在编译时，Keil 即可创建一个 HEX 文件，这个文件自动保存在项目程序目录下。Keil 软件创建的 HEX 文件直接下载到实验开发板上单片机的程序存储器中运行，也可以加载到仿真电路中的单片机内运行。

4. 软件仿真

软件仿真是在没有硬件条件下的一种单片机系统测试，利用 Proteus 进行软件仿真可以快速检验单片机程序设计的正确性。本项目在仿真时，需要利用 Proteus 先画出项目参考的电路，然后把本项目程序创建的 HEX 文件加载到单片机中，最后单击运行即可看到本项目 LED 闪烁的效果。

Proteus 是单片机程序设计的重要仿真工具，但软件仿真不能测试软件的安全性和可靠性，也不能测试电路电气特性的完整性。单片机的程序设计或相关产品开发必须有相关的软件和硬件实验支撑。本项目中，为了进一步验证程序的可靠性，可以把程序下载到实验开发板或实验箱中的单片机内进行实际运行。

本项目比较简单，初学者在了解项目的设计过程后一定要进行练习，如自己亲自动手设计电路并编写程序，仿真成功后，再把程序下载到实验开发板上运行。如果你能看到成功的结果，一定会有成就感，这就是项目设计的乐趣所在。

在完成了 P0.0 驱动 LED 闪烁项目程序设计后，就可以在此基础上增加一些器件，利用 P0 驱动 8 只 LED 按照一定次序闪烁，进一步学习单片机 I/O 口的输出控制原理。

3.2.3　流水灯程序设计（项目 2）

流水灯又叫跑马灯，简单的应用电路一般采用 8 只灯泡控制，依次点亮达到流水灯效果，流水灯是最基本的单片机 I/O 口输出控制，该项目设计也是彩灯控制器、霓虹灯产品开发的基础。

1. 参考电路

单片机控制流水灯电路如图 3-6 所示，单片机的 P0 口通过接上拉电阻的方式提高引脚高电平驱动能力。P0 口对应引脚输出高电平时，对应引脚的 LED 被点亮。电路采用 Proteus 软件设计，用于程序仿真。

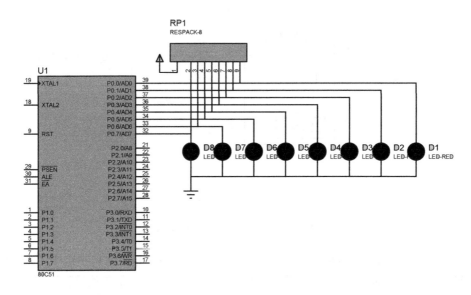

图 3-6　单片机控制流水灯电路

2. 程序设计

51 单片机的特殊功能寄存器 P0 共 8 位，可一次存放 1 字节数据。P0 寄存器的每位输出对应 P0.0~P0.7 引脚，其中 P0.0 为 P0 端口的低位引脚，P0.7 为高位引脚。P0 引脚输出高低电平与寄存器 P0 存放数据一致，如程序中，P0 = 0x01 时，则只有 P0.0 输出高电平，其他引脚输出低电平。为了实现流水灯效果，程序设计让 P0 的 8 个引脚依次输出高电平即可。如先让 P0 = 0x01，LED1 点亮，然后让 P0 = 0x02，LED2 点亮，依次往下操作，P0 = 0x80 时，LED8 被点亮。每次点亮一只 LED 后，通过延时函数调整下一个 LED 被点亮的时间间隔。程序清单如下：

```
/*预处理*/
#include<reg51.h>
void delay(unsigned int x)
{
    while(x--);
}
/*主函数*/
void main(void)
{
    P0=0x01;delay(30000);
    P0=0x02;delay(30000);
    P0=0x04;delay(30000);
    P0=0x08;delay(30000);
    P0=0x10;delay(30000);
    P0=0x20;delay(30000);
```

```
    P0=0x40;delay(30000);
    P0=0x80;delay(30000);
}
```

通过电路仿真，LED 可以实现从右到左的依次点亮。但此程序看起来很烦琐，重复语句太多。如把 P0 所取的 8 个数值放在一个数组里，这样就可以从数组依次取值，程序就得到了精简。程序修改为

```
/*预处理*/
#include<reg51.h>
unsigned char code LED[ ]={0x01,0x02,0x04,0x08,0x10,0x20,0x40,
0x80};
/*延时函数*/
void delay(unsigned int x)
{
    while(x--);
}
/*主函数*/
void main(void)
{
    while(1)
    {
        P0=LED[i];
        delay(30000);
        i++;            //循环 1 次,变量加 1
        if(i>=9)i=0;
    }
}
```

该程序与原程序仿真运行结果是一样的，但利用数组精简了程序的冗余项，更加符合软件的编程思想。读者也可以增加数组元素，设定不同的显示方式，增加流水灯的花样。如果把本项目的 LED 位置换成光电晶闸管电路，利用单片机间接驱动交流 220V 彩灯负载，即可实现彩灯控制。

3.2.4　数组与应用

对各个变量的相同操作可以利用循环改变下标值来进行重复的处理，使程序变得简明清晰。C 语言把具有相同类型的若干变量或常量用一个带下标的数组定义。带下标的变量由数组名称和用方括号括起来的下标共同表示，称为数组元素。通过数组名和下标可直接访问数组的每个元素。

在项目 2 的程序中，流水灯显示数据为一组有规律的同类型数据，为了处理方便可以用数组定义。使用数组可以方便地对一组数据进行管理和操作，常见的操作包括插入、删除、

查找、排序等。数组在算法和编程中被广泛应用，是一种重要的数据结构。数组的主要特点包括：

1）随机访问：可以通过索引值快速访问数组中的元素，时间复杂度为 O（1）。

2）连续存储：数组的元素在内存中是连续存储的，这也是实现随机访问的基础。

3）相同类型：数组中的元素必须是相同类型的，可以是基本数据类型或者自定义的数据类型。

4）大小固定：数组在创建时需要指定大小，一旦创建后，大小就不能改变。

1. 一维数组

在 C 语言中使用数组必须先进行定义或声明，一旦定义了一个数组，系统就将在内存中为其分配一个所申请大小的空间，该空间大小固定，以后不能改变。一维数组的定义格式为

数据类型 数组名［常量表达式］；

在 C 语言中规定，一个数组的名字表示该数组在内存中所分配的一块存储区域的首地址。因此，数组名是一个地址常量，不允许对其进行修改。"常量表达式"表示该数组拥有的元素个数，即定义了数组的大小，必须是正整数。例如：

usigned char seven_seg[10]={0xc0,0xf9,0xa4,0xb0,0x99,0x92,0x82,0xf8,0x80,0x90}；

在定义了一个数组后，系统会在内存中分配一块连续的存储空间用于存储数组。一个数组中的元素下标必须从 0 开始。所以，在定义数组时，若"常量表达式"指出数组长度为 n，数组元素下标只能从 0 到 $n-1$。"常量表达式"能包含常量，但不能包含变量。

在程序中，一维数组元素可以直接作为变量或常量直接使用，其引用格式为

数组名［下标］；

其中，"下标"可以是整型常量或是整型表达式。如 P0=seven_seg[i]，下标 i 是数组元素到数组开始的偏移量，第一个元素的偏移量是 0（亦称 0 号元素），第二个元素的偏移量是 1（亦称 1 号元素），依此类推。例如，seven_seg［5］表示引用数组的下标为 5 的元素，即 0x99。

每个数组元素可以表示一个变量，对数组的赋值也就是对数组元素的赋值。在定义数组的语句中，可以直接为数组赋值，这称为数组的初始化。数组的初始化方法是将数组元素的初值存放在由大括号括起来的初始值表中，每个初值之间由逗号隔开。

2. 二维数组

单片机程序还可以使用二维数组，如 16×16 汉字的字库数组，一个数组含有几个汉字的字型码，每个汉字又需要用到 32 字节数据。二维数组类型的一般形式为

类型说明符　数组名［常量表达式1］［常量表达式2］；

其中，常量表达式 1 表示第一维下标的长度，常量表达式 2 表示第二维下标的长度。如 unsigned char ziku[x][y]，说明了一个 x 行 y 列的数组，数组名为 ziku，其下标变量的类型为整型。该数组的下标变量共有 x×y 个。

二维数组初始化也是在类型说明时给各下标变量赋以初值。二维数组可按行分段赋值，也可按行连续赋值。

例如 8 * 8LED 点阵 0~9 显示数组编码，按行分段赋值形式为

```
unsigned char dianzhen[10][8]=
{
    {0x00,0x1C,0x22,0x22,0x22,0x22,0x22,0x1C},//0
    {0x00,0x08,0x18,0x08,0x08,0x08,0x08,0x3C},//1
    ......
    {0x00,0x1C,0x22,0x22,0x1C,0x02,0x02,0x1C},//9
};
按行连续赋值
unsigned char dianzhen[10][8]=
{
    0x00,0x1C,0x22,0x22,0x22,0x22,0x22,0x1C,//0
    0x00,0x08,0x18,0x08,0x08,0x08,0x08,0x3C,//1
    ......
    0x00,0x1C,0x22,0x22,0x1C,0x02,0x02,0x1C,//9
};
```

以上这两种赋初值的结果是完全相同的。在对二维数组初始化时，可以只对部分元素赋初值，未赋初值的元素默认为 0；如对全部元素赋初值，则第一维的长度可以不给出。

从本节所设置的项目 1 和项目 2 程序设计过程中可以看出，单片机 C 语言程序并不复杂，并且在 Keil C 中用到的很多关键字与标准 C 语言是通用的。因此对于没有学习过 C 语言的人在学习单片机 C 语言程序设计时并不会太困难，重点掌握单片机 C 语言书写格式和怎样用 C 语言控制单片机的硬件资源即可；另外，在编程时，还要有清晰的逻辑思维头脑和认真实践，由浅逐步深入学习，坚持到最后，你就能感觉到单片机 C 语言程序设计并不是一件很难的事情。

3.3　数码管驱动

数码管是单片机常用的数字、字符显示部件，本节的任务是让单片机 P0 口驱动一个共阳型数码管依次显示 0~9 并循环。让单片机驱动 1 个数码管显示是比较简单的单元项目，要求读者在项目设计过程中重点掌握数码管的字形编码和数码管的显示原理，并了解数组的应用和程序设计过程的程序优化技巧。

3.3.1　数码管的显示原理

1. 数码管结构原理

单片机系统常用的数码管有共阳型和共阴型两种类型，它是单片机常用的外围显示器件。两种类型的数码管外形和结构类似，只是数码管内部组成数码段和标点的 LED 接法有区别，两种极性的数码管内部电路结构如图 3-7 所示，其中图 3-7a 为数码管引脚排列。共阳型数码管的内部所有 LED 的正极接在一起为公共极引脚 COM，称为位选端；负极分别引出，依次命名为 a、b、c、d、e、f、g、dot，称为段选端。共阳型数码管使用时，其公共极接电源负极或加低电平，段选端分别接驱动电路，段选端加低电平时，对应段的发光二极管才亮。共阴型数码管与共阳型数码管接法刚好相反，由于内部所有 LED 的负极接在一起，所以数码管显示时需要在数码管的公共端接电源正极或加高电平，段选端高电平有效。

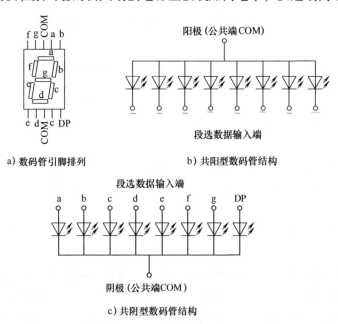

a) 数码管引脚排列　　　b) 共阳型数码管结构

c) 共阴型数码管结构

图 3-7　两种极性的数码管内部电路结构

2. 数码管的字型码

数码管可以显示 0~9 共 10 个数字，如果加上小数点的显示，驱动一个数码管显示的段选信号共需要 8 位数据。驱动数码管显示数字所需的 8 位段选数据编码见表 3-5 和表 3-6。其中表 3-5 为共阳型数码管数字编码，表 3-6 为共阴型数码管数字编码。表中 dot 为高位，a 为低位。在单片机系统中，一组 I/O 的输出（如 P0）刚好可以作为数码管的段选信号。

表 3-5　共阳型数码管数字编码

显示数字	dot	g	f	e	d	c	b	a	16 进制
0	1	1	0	0	0	0	0	0	0xc0
1	1	1	1	1	1	0	0	1	0xf9
2	1	0	1	0	0	1	0	0	0xa4
3	1	0	1	1	0	0	0	0	0xb0
4	1	0	0	1	1	0	0	1	0x99
5	1	0	0	1	0	0	1	0	0x92
6	1	0	0	0	0	0	1	0	0x82
7	1	1	1	1	1	0	0	0	0xf8
8	1	0	0	0	0	0	0	0	0x80
9	1	0	0	1	0	0	0	0	0x90

表 3-6　共阴型数码管数字编码

显示数字	dot	g	f	e	d	c	b	a	16 进制
0	0	0	1	1	1	1	1	1	0x3f
1	0	0	0	0	0	1	1	0	0x06
2	0	1	0	1	1	0	1	1	0x5b
3	0	1	0	0	1	1	1	1	0x4f
4	0	1	1	0	0	1	1	0	0x66
5	0	1	1	0	1	1	0	1	0x6d
6	0	1	1	1	1	1	0	1	0x7d
7	0	0	0	0	0	1	1	1	0x07
8	0	1	1	1	1	1	1	1	0x7f
9	0	1	1	0	1	1	1	1	0x6f

3. 数码管驱动原理

小尺寸数码管的每一段都是由 1 个 LED 组成的，段驱动电流一般较小，如 SM11050K 型 0.56in⊖的数码管每段电流在 5mA 左右即可点亮，其驱动与 LED 一样可以直接由单片机的 I/O 口驱动。利用 P0 口直接驱动共阳型数码管电路如图 3-8 所示。其中数码管的共阳极（位选端）接电源正极，段选端 a~dot 依次接 P0.0~P0.7，R0~R7 是限流电阻，一般取几百欧姆。只要段选端出现低电平，数码管对应的段就会亮，通过组合就可以形成一定的数字。例如，让数码管显示 1，即让数码管 b、c 段亮，程序控制让 P0 输出 0xbe 十六进制编码即可，因此共阳型数码管显示 0~9 十进制数字，需要把显示 0~9 的 10 个数字编码放在一个数组中，如 seven_seg[10] = {0xc0,0xf9, 0xa4,0xb0,0x99,0x92,0x82,0xf8,0x80,0x90}。

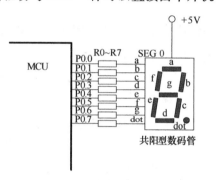

图 3-8　利用 P0 口直接驱动共阳型数码管电路

为了提高数码管的可控性，数码管共阳极可以利用门电路驱动。由于门电路高电平拉出电流有限制，因此可以省去数码管段选端的限流电阻。这样的电路连接有一个缺点，即每段的亮度会因为数字的不同而不同。比如显示数字"1"明显比显示其他数字亮。但这种电路连接简单，在简单的低成本的单片机系统中经常采用。图 3-9 所示为单片机驱动共阳型数码管电路，为 P2 口驱动反相器的情况，当 P2 = 0 时，数码管的阳极为高电平。

数码管的小数点在不用时一般不显示，需要显示时，对于共阳型数码管，只需让数字编码数据的最高位设置为有效电平即可。例如，共阳型数码管的小数点显示时，字形编码数据和 0x7f 与运算，就可让最高位为 0，而其他位数据不变。如果要让小数点 1s 闪烁一次，需要利用一个 1s 内状态变化一次的变量进行与运算。

为了尽可能少占用单片机的 I/O 口资源，多个数码管驱动显示时常采用数字电路，如移位寄存器 74HC595、锁存器 74HC573/373 等。图 3-10 所示为带有 74HC573 锁存器的 8 位共阳型数码管驱动电路，所有数码管的段选和位选信号都用 P0 提供。数码管工作时，P0 先输

⊖　1in = 0.0254m。——编辑注

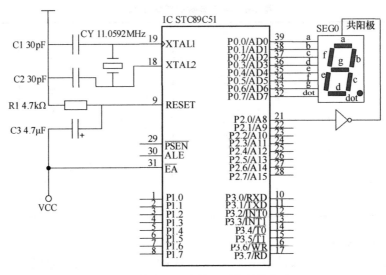

图 3-9　单片机驱动共阳型数码管电路

出位选信号，选择将要被点亮的数码管，用 74HC573 锁存器把位选信号锁存，然后 P0 再输出段选信号使数码管显示。图 3-10 中 74HC573 的使能端 $\overline{OE}$ 接有效低电平，锁存控制端 LE 受 P1.0 控制，上升沿锁存有效。如果只让某一个数码管显示，比如 SEG0 显示 "3"，程序设计步骤为

```
sbit P1_0=P1^0;
P0=0x01;      //P0 输出位选信号
P1_0=0;P1_0=1;P1_0=0;
//P1.0 输出上升沿,锁存输出 P0 数据,数码管 SEG0 位选为高电平
P0=0xb0;      //P0 输出"3"的段选数据
```

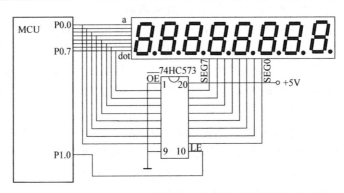

图 3-10　带有 74HC573 锁存器的 8 位共阳型数码管驱动电路

3.3.2　单只数码管驱动（项目 3）

数码管 0~9 数字显示电路参考图 3-8 利用 Proteus 软件设计，如图 3-11 所示。数码管显示过程中，数字的变化需要有一定的时间间隔，因此程序还要用到延时函数。在程序设计过

程中，可以把数码管的字形编码做在一个数组里面，为了让 P0 口依次输出 0~9 数字，让 P0 口的内容依次在数组中取值即可。

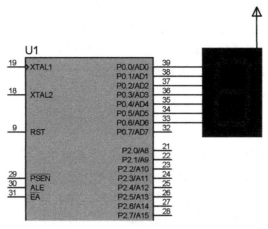

图 3-11　单片机驱动 1 个数码管

程序流程如下：

```
#include<reg51.h>
code unsigned char seven_seg[10]={0xc0,0xf9,0xa4,0xb0,0x99,0x92,
0x82,0xf8,0x80,0x90};//字形数组
void delay(unsigned int x)                          /* 延时函数 */
{
    while(x--);
}
void main(void)
{
    unsigned char i;            //变量 i 作为数组的 0~9 编号
    P0=1;                       //P0=0,加在数码管公共端上的电压为正,
                                  此时数码管全灭

    while(1)
    {
        P0=seven_seg[i];        //输出 0~9 到共阳七段显示器
        delay(50000);           //调用延时函数 delay()
        i++;
        if(i==10)
        {
            i=0;
        }
    }
}
```

当程序中使用常量数据时，如共阳型数码管数字显示编码、液晶显示器的汉字编码等，一般希望这些数据在程序下载到单片机时存放在单片机的 ROM 区，对此类数据声明前面需要加上关键字 code 或 const，如数码管的显示编码。

利用数码管也可以显示日期和时间，但是在本案例中，数字变化时间是由延时函数实现的，由于 C 语言程序经过编译后生成的汇编程序与直接采用汇编语言编写的程序区别很大，因此延时函数实现的延时并不准确，如果要得到准确的延时时间，需要用到单片机内部定时器/计数器这个重要部件。

3.3.3　函数调用

按照指令的执行顺序把单片机的程序设计在一个函数中，是一种最简单的单片机函数设计结构。采用顺序结构编程方法设计，程序具有一定的可读性，但一个函数超过几十行的时候，分析就会变得很复杂，可读性大大降低。为了简化函数设计结构，增加程序的可读性，经常会用到函数的调用。在应用函数调用过程中，需要注意函数类型和函数返回值。

1. 函数类型

程序中经常反复执行的部分可以写成一个函数，然后就可以在程序中反复地调用。函数的一般格式为

```
函数类型　函数名称(形参)
{
        函数的主体
}
```

其中函数类型用来设置一个函数被调用之后所返回数值的类型，如果用户希望写一个不返回任何数据的函数，为了增加程序的可靠性，需将函数类型设为 void。

2. 无返回值函数

本项目中 delay( )函数声明和调用情况为

```
void delay(unsigned int x)                   //没有返回值,含有形参
{
    unsigned int i;
    unsigned char j;
    for(i=0;i<x;i++)
    for(j=0;j=200;j++);
}
void main(void)
{
    .......
    while(1)
    {
        ........
```

```
        delay(1000);                    //调用延时函数,实参为1000
        ……
    }
}
```

3. 有返回值函数

如果函数中要返回数值时，必须使用 return 命令。并且返回值类型必须与函数类型一致。如把 8 位 8421 二进制码转换成 8421BCD 码函数。

```
unsigned char DEC_BCD_conv(unsigned char x)
{
    uchar bcd;
    bcd=  x%10;
    x=x/10;
    x=x<<4;
    bcd=bcd | x;
    return(bcd);//return 会返回 unsigned char 类型的数据
}
```

4. 函数调用

可以把一些具有一定功能的函数设计成独立的函数，用到此功能时直接调用即可。如在本节的几个程序中，主函数都调用了延时函数。函数的调用是单片机程序模块化设计的一个方法，函数的调用让单片机的 C 语言程序具有很强的可移植性，同时也大大简化了函数的结构。

函数调用比较简单，如项目 3 主函数中 delay(1000)语句就是一种函数调用，当单片机运行主函数的 delay(1000)语句时，其中 1000 为延时函数的实参，在含有形参函数中，实参必须与形参类型统一。项目 3 中如果 x 用 char 声明，则程序运行中会出错。另外，为了提高单片机程序的可靠性，在函数调用时，没有形参的函数也要用 void 声明。

Keil 为单片机的 C 语言程序提供了很多的库函数，在程序设计时，这些库函数可以很方便地被用户程序调用。例如，利用库函数实现的跑马灯程序为

```
/************* 跑马灯程序 *************/
#include<reg51.h>
#include<intrins. h>//库函数的头文件
void delay(unsigned int x)
{
    unsigned int i;
    for(i=0;i<x;i++)
    {
        _nop_();//空操作函数
        _nop_();
        _nop_();
        _nop_();
```

```
        _nop_();
    }
}
void main(void)
{
    unsigned char i=0x01;
    while(1)
    {
        P0=i;
        i=_crol_(i,1);   //循环左移函数,与 i=i<<1 有区别
        delay(20000);
    }
}
```

3.3.4 主程序与子程序

在复杂的单片机系统中,程序设计通常采用模块方法。程序模块化的基本思想为:项目程序可分为主程序和子程序,每个程序又由很多个函数组成;一个项目有很多个子程序,只有主程序含有主函数;主程序通过头文件包含的形式实现对子程序相应的函数调用。如#include 语句就是一种文件包含和文件关联的形式。

文件包含是指一个文件将另外一个文件的内容全部包含进来。如主程序 main.c 中包含另一个 C 文件;文件关联指的是主程序通过包含子程序对应.h 文件的方式,主程序和子程序之间通过包含的*.h 文件关联。文件关联不是包含子程序本身。如主程序 main.c 包含了 intrins.h,则把 main.c 和 intrins.h 的内部函数_nop_() 等关联了起来,即 main.c 可以调用 intrins.h 中声明的函数。

reg51.h 是 Keil 软件中定义 51 系列单片机内部资源的头文件,在编写单片机程序时,只要用到 51 单片机内部资源,程序前面就需要把此文件包含进来。

1. 文件包含

复杂的单片机系统,其程序经常用到文件的包含,文件包含最简单的应用是直接在主程序中包含子程序的 C 文件。

在项目 3 的程序中,可以把延时函数剪切到文档中并保存为一个 delay.c 文件,然后与主程序存放在同一个目录中。通过文件包含的形式就可以进行主程序调用,如

```
#include<reg51.h>    //包含 51 头文件
#include"delay.c"    //包含 delay.c 文件
```

2. 文件关联

如果把子程序 delay.c 文件替换为 delay.h 文件,delay.h 关联 delay.c 文件。主程序调用 delay.h 文件,则关联 delay.c 内部函数,如

```
#include<reg51.h>    //包含 51 头文件
#include"delay.h"    //包含 delay.h 文件
```

delay. h 的内容为

```
#ifndef __DELAY_H__
#define __DELAY_H__
extern void delay(unsigned char x);
#endif
```

1）条件指示符#ifndef 为预编译指令，这种编译称为条件编译。

2）ifndef 是 if no define 的简写。#ifndef__DELAY_H__ 和#define__DELAY_H__ 可以翻译为：如果前面没有定义__DELAY_H__，则定义__DELAY_H__，并声明到#endif 之间的内容；反之，如果定义了__DELAY_H__，则不再定义__DELAY_H__ 和声明#endif 之间的内容。

3）#endif 指示符是#ifndef 中 if 的结束标志。ifndef__DELAY_H__，#define__DELAY_H__，#endif 3 条语句可以用条件编译理解，也是著名的防重复包含的条件编译过程，防重复包含是模块化编程中很重要也是最基本的思想。

文件关联程序中包含 H 文件在复杂程序设计中经常采用，在程序编译链接过程中能大大提高程序的代码率。假如一个复杂的单片机程序中有 main. c、delay. c、ds1302. c、display. c 4 个文件，分别为主程序文件、延时子程序文件、DS1302 驱动子程序文件和数码管显示子程序文件，如果现在 main. c、ds1302. c 和 display. c 3 个文件都需要用到 delay. c 中的 delay 函数，则这 3 个文件中都要有#include "delay. c" 的语句，这样在预处理阶段头文件展开的过程中，就会把 delay. c 的全部内容都复制到包含它的文件中，链接之后可执行文件中就共同拥有 4 份一模一样的 delay. c 文件中的代码，大大浪费了本来就很小的单片机存储空间，并且在调试过程中可能会出现很多问题。而 H 文件只是对应 C 文件中的函数声明和有关定义，并且有防重复包含的编译指令。

3. 编译过程

一个高级语言程序从源代码到生成可执行文件的过程可大致分为预处理、链接、编译 3 个阶段。其中预处理阶段做的工作主要有头文件和宏定义的展开、去掉源代码中的空格、换行、注释等内容；编译过程主要是将高级语言源代码生成二进制机器码，经过编译之后生成的文件称为目标文件；如果程序由若干个文件组成，而各个文件在链接前的所有阶段都是相互独立的，也就是说每个文件到编译阶段之后都会有自己对应的目标文件，则可以认为链接阶段做的工作就是把各个目标文件按照一定的规则组合到一起生成一个可执行文件。

值得注意的是，即使程序只有一个文件也必须经过链接阶段，因为此阶段还有一个非常重要的工作就是链接程序中用到的一些库文件。从预处理到链接每个阶段都会生成对应的文件，其中预处理到编译阶段生成的文件叫作中间文件。单片机程序最终使用的是可执行代码 HEX 文件，我们很少注意 Keil 开发平台各个步骤生成的中间文件，所以在使用 Keil 编程时也很少关心中间文件生成的记录。

函数调用、头文件包含是任何 C 语言程序模块化设计的重要特点，不但增加了程序的可读性，而且提高了程序的共享性，在以后的项目设计中经常用到。

3.4　单片机系统的按键

按键是单片机系统常用的输入部件，也是人对单片机运行过程进行控制的一个重要器件。单片机常用的按键是一种点接触性按压开关，利用单片机的 I/O 口的输入功能可以实现按键状态输入。为掌握单片机按键程序的编程方法，先从按键的工作原理和电气特性分析入手，然后介绍按键输入的程序设计。本节的任务是先实现单个按键对 LED 的闪烁控制，然后通过按键扫描程序实现 4×4 键盘矩阵对数码管的显示控制。

3.4.1　按键抖动现象

当按键按下时，内部的金属触点在接触的一瞬间会因碰撞而产生振动，并发出轻微的撞击声响，这种现象称为按键抖动。按键抖动实际上是一种接触不良现象，如果不进行处理，则按键抖动会对系统电路或程序的运行产生意外的干扰。

为了研究按键抖动现象，首先通过一个实际的例子分析一下微触按键产生抖动对系统的影响。图 3-12 所示的电路是一个按键控制的加数计数小系统，加计数器的脉冲输入端 CP 为上升沿有效，数码管初始显示为 0。当按键不按时，CP = 0，加计数器不计数。一般认为，当按键按下，CP 端由低电平变为高电平，含有电平上升沿，加计数器应该加计数，并且每按下 1 次按键，加计数器加 1。但在实验中会发现，每次按键按下，加计数器不是加 1，而是跳跃一次性增加 3 或 4。

出现以上现象的主要原因是按键按下时，按键内部的触点出现了接触不良的振动。通过仪器观察，图 3-13 所示为按键按下过程中 CP 端实际电平改变情况。T1 为不按按键时刻，T2 为按键按下瞬间的抖动，T3 为按键按下稳定时刻，T4 为按键放开时刻瞬间，T5 为按键放开时刻。从图 3-13 中可以了解到，按键按下的瞬间由于撞击会使触点来回弹跳，虽然是一瞬间，但 CP 端获得了多个电平的上升沿。因此，按键不能直接作为加计数器的脉冲源 CP，数字电路常利用触发器消除按键抖动。

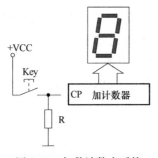

图 3-12　加数计数小系统

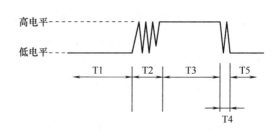

图 3-13　电平改变情况

按键抖动时间的长短由按键的机械特性决定，一般为 5~10ms。在单片机系统中，按键可以直接连接在单片机的 I/O 口上，可以利用程序延时操作消除按键抖动现象。

3.4.2　按键输入（项目4）

当单片机系统使用的按键数量不多时，可以直接把按键连接在单片机的 I/O 口与地之间，利用单片机 I/O 口高电平的易失性实现按键的输入。在单片机运行过程中，由于按键按下产生的抖动持续的时间很短，按键按下后程序先不对按键进行检测处理，可延时一段时间跳过按键的抖动时间，当按键按下达到稳定状态时再对按键的状态进行检测，从而实现按键的消抖。下面通过几个例子说明按键程序的处理过程。

利用延时函数消除按键抖动测试电路如图 3-14 所示，P2.1 口作为按键 Key1 输入，完成对 LED 的闪烁控制。程序运行时，要求每次按下按键，LED 闪烁一次。LED 受按键控制的方式有两种情况，一种是按键按下后抬起有效，另一种是按键按下即有效。

1. 按键按下后抬起有效（项目 4-1）

不同的人对按键按下的时间长短有很大差别，按键按下后抬起有效控制方式主要是为了避免按键按下所停留（黏滞）时间对控制结果的影响。程序设计时，按键按下后抬起有效控制编程需要注意几个方面：首先，按键抖动时间一般在 10ms 以内，按键按下需要消除抖动；第二，按键按下不管时间有多长，LED 不受控制；第三，按键抬起瞬间 LED 状态才发生改变。按键按下后抬起有效控制 LED 闪烁的程序处理过程如图 3-15 所示。

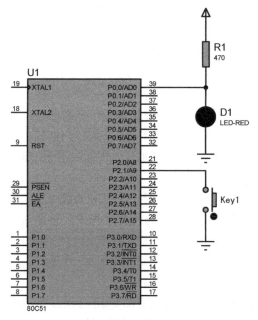

图 3-14　利用延时函数消除按键
抖动测试电路

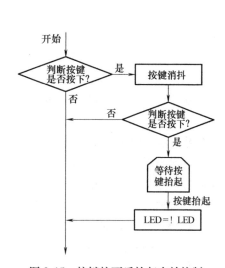

图 3-15　按键按下后抬起有效控制
LED 闪烁的程序处理过程

根据按键按下后抬起控制有效的处理过程，可以编写下列程序：

```
/************* 按键按下后抬起有效 *************/
#include<reg51.h>
sbit key1=P2^1;                    //key1 接 P2.1
sbit LED=P0^0;                     //LED 接 P0.0
void delay(unsigned int x)         //延时函数
{
    while(x--);
```

```
    }
void key(void)
{
    if(key1==0)                      //如果按键按下
    {
        delay(300);                  //延时消除按键抖动,大约20ms
        while(key1==0);              //如果按键真的按下,等待按键抬起
        LED=!LED;
    }
}
void main(void)
{
    P0=0x00;                         //让LED全灭
    while(1)
    {
        key();                       //调用按键函数
    }
}
```

本项目程序共含有3个函数,主函数调用按键函数,按键函数又调用了延时函数。在按键函数中,程序检测到按键按下后并不是马上处理,而是经过延时后再重新检测处理。程序设计完成后可以利用软件仿真验证。在仿真电路中,单片机采用80C51,按键采用Switches & Relays下的Button。

在系统对时间要求不是很精确的情况下,延时时间可通过运行一个延时函数得到,如项目中所用到的延时函数delay(unsigned int x),可以在Keil软件的调试过程中观察延时时间与确定的x之间的大致关系。受C语言编译效率、系统执行速度等因素影响,利用确定的x去设置延时时间误差一般很大,如delay(300)实现的延时并不是delay(30)的10倍。

2. 按键按下即有效（项目4-2）

根据人的控制习惯,按键按下即有效的程序一般要求:①按键按下需要消除抖动;②按键按下立即改变LED状态,每按一次改变一次,速度不能限制;③按键长时间被按压,LED先在按键按下瞬间改变一次,然后等待一段时间后自动改变LED状态;④按键抬起时不对LED控制。按键按下即有效的程序设计可以在项目4-1的基础上实现,但本项目按键处理程序要比项目4-1复杂。下面通过分解本项目功能,分别说明按键处理程序设计方法。

1）按键按下经过消抖后就应该立即控制LED的状态。

```
if(key1==0)
{
    delay(300);                  //等待一段时间
    if(key1==0)LED=!LED;         //如果按键真的按下了,LED状态变化
    while(key1==0);              //等待
}
```

2）按键一直按压先等待一段时间后，LED 状态自动转换，不受按键控制。

```
while(key1==0)              //如果按键按下不抬起
{
    i++;//累计等待时间
    if(i>=7)LED=!LED;          //按下累计等待时间到了,按键状态变化
    delay(20000);              //长按按键后,利用延时控制 LED 状态变换速度
}
```

由于单片机的程序是顺序执行的过程，程序运行时按键检测速度很快，按键按下即可对 LED 控制，因此把以上处理过程结合起来即可实现按键按下即有效控制。项目完整的程序为

```
/************按键按下即有效************/
#include<reg51.h>
sbit key1=P2^1;
sbit LED  =P0^0;
#define uint unsigned int
void delay(uint x)
{
    while(x--);
}
void key(void)
{
    uint i=0;
    if(key1==0)                //如果按键按下
    LED=!LED;                  //LED 状态改变 1 次
    while(key1==0)             //如果按键按下不抬起,等待
    {
        i++;//累计等待时间
        if(i>=7){LED=!LED;i=0;}  //按下累计等待时间到了,按键状态变化
        delay(20000);            //长按按键后,控制 LED 状态变换速度
    }
}
void main(void)
{
    while(1)
    key();
}
```

程序设计完成后，程序的运行情况可以利用 Proteus 仿真验证，这个过程请读者自己进行。采用按键接地的输入方法在单片机系统中经常用到，缺点是一个按键需要占用一个 I/O

口资源，并且利用延时函数消除抖动以及确定等待时间降低了程序运行的效率。在复杂的单片机系统中，单片机的 I/O 口资源一般很紧张，为了减少按键对 I/O 口的占用，多按键输入常利用键盘编码器或采用矩阵键盘输入。

3.4.3　4×4 矩阵键盘（项目 4-3）

4×4 矩阵键盘在多按键单片机系统中经常采用。本项目设计的矩阵键盘共有 16 个按键，按照"线与"的交叉连接方式排列，即 16 个按键分别连接在 4 行 4 列导线的交叉点上。由于采用矩阵连接方式，16 个按键只占用了 8 个 I/O 口，相对节省了单片机系统 I/O 口资源。

1. 电路原理

本项目的目的是系统检测并让数码管显示这个按键的编号。单片机 4×4 矩阵键盘仿真电路如图 3-16 所示，电路采用 Proteus 软件设计。图中 16 个按键占用 P2 的 8 个端口，其中 P2 的低 4 位连接列线，高 4 位连接行线；两个共阳型数码管段选端连接 P0 口，公共端分别连接 P1.0 和 P1.1；网络标号相同的引脚具有连接关系。

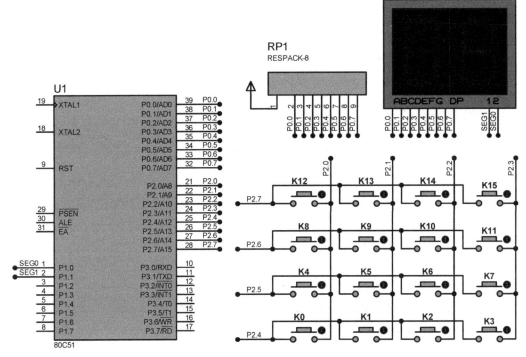

图 3-16　单片机 4×4 矩阵键盘仿真电路

4×4 矩阵键盘程序采用 I/O 口扫描与检测原理，其步骤是先让某一个行线设置为低电平，再检测列线上的按键是否按下，如果此时某个按键按下，与之连接的列线也被拉低。比如当行线 P2.4 设置为低电平时，如果按下按键 K0、K1、K2、K3 中的某一个，即可以拉低 P2.0、P2.1、P2.2、P2.3 中对应的端口，此时通过查询 P2 的状态，系统就可以获知是哪一个按键实际按下。

2. 程序设计

在按键程序处理过程中，P2 先输出让行线依次出现低电平扫描数据，如 0x7f、0xbf、

0xdf、0xef。如果扫描过程中列线上某一个按键按下，检测 P2 就可以得到与按键对应的键值。16 个按键对应的键值数据分别为 0xee、0xed、0xeb、0xe7、0xde、0xdd、0xdb、0xd7、0xbe、0xbd、0xbb、0xb7、0x7e、0x7d、0x7b、0x77。

为了显示按键的编号，该项目采用两位数码管快速交替显示即动态显示方法，关于动态显示原理将在第 4 章重点学习。本项目程序清单如下：

```
/********************* 4×4 矩阵键盘 *************************/
#include<reg51.h>
#define uchar unsigned char
uchar k;
code   P2_scan[]={0x7f,0xbf,0xdf,0xef};//行线扫描,依次出现低电平
code key_temp_value[]={0xee,0xed,0xeb,0xe7,0xde,0xdd,0xdb,0xd7,
                       0xbe,0xbd,0xbb,0xb7,0x7e,0x7d,0x7b,0x77};
                                        //16 个键值
code uchar seven_seg[10]={0xc0,0xf9,0xa4,0xb0,0x99,0x92,0x82,
0xf8,0x80,0x90};
/************* 延时函数 **************/
void delay(uchar x)
{
    while(x--);
}
/*********** 键盘扫描函数 ********/
uchar key_scan(void)
{
    uchar i,j;
    for(i=0;i<4;i++)                    //让键盘行线输出扫描数据
    {
        P2=P2_scan[i];
        if(P2!=P2_scan[i])
        {
            delay(200);                 //消除按键抖动后,有按键
                                          确实按下

            if(P2!=P2_scan[i])          //如果有按键按下,P2 口不
                                          是原来扫描的数据

            {
                for(j=0;j<16;j++)
                {
                    if(P1==key_temp_value[j]) //判断键值,是哪个按键
                                                按下
```

```
                    return(j);              //返回按键的编号
    }}}}
    return(88);//如果没有按键按下,输出标志"88"
}
/*********** 显示函数 ********** /
void display(uchar i)
{
    P0=0xff;                                //刷新 P0 口(软件仿真消隐)
    P1=0x01;                                //数码管 SEG0 位选为高电平
    P0=even_seg[i%10];                      //显示按键编号个位
    delay(300);                             //让个位显示一段时间
    P0=0xff;                                //刷新 P0 口(消隐)
    P1=0x02;                                //锁存位选,数码管 SEG1 位选为
                                              高电平
    P0=seven_seg[i/10];                     //显示按键标号的十位
    delay(300);                             //让十位显示一段时间
/* 显示函数也可以使用数组或 switch 语句进行书写,可以实现相同的效果并简
化程序 */
}
/*********** 主函数 *********** /
void main(void)
{
    uchar i;
    while(1)
    {
        i=key_scan();
        display(i);
    }
}
```

程序运行过程中,在没有按键按下的情况,数码管显示的数字"88"只是一个标记,读者也可以定义其他数据,只要与键值不同即可。

按键输入是单片机系统重要的人机对话途径,按键输入低电平有效很好地利用了单片机 I/O 口高电平易失特性,这种特性也是单片机 I/O 口接收数字信号输入的基本原理。

本章内容所包含的设计实例都是围绕单片机外部的引脚特性进行的,项目的设计过程主要包括电路设计、程序设计以及程序下载、仿真调试等,掌握设计步骤是学习单片机系统开发的最基本要求。单片机程序设计能力的提高是一个渐进的训练过程,简单的项目是复杂项目设计的基础,在单片机技术学习过程中,读者可以通过简单实例设计训练,逐步提高自己的编程能力。

思考题

3-1　单片机的 P0 口与其他 I/O 口有什么区别？

3-2　指令 sbit LED＝P0^0 中，LED 和单片机内部的 P0^0 位和 P0^0 引脚有什么关系？

3-3　在 Keil 的 intrins. h 头文件中包含一个循环左移_crol_( )函数，如果一个变量为 un-signed char i＝0x01；运行_crol_(i，1)后，i＝0x02。请使用这个函数实现流水灯的左移效果程序。

3-4　如果让 P0 口驱动共阴型数码管，电路应该怎样设计，显示效果如何？

3-5　P0 口驱动 1 个数码管显示为数码管的静态显示方式，利用这样的驱动方式，单片机最多能驱动几个数码管，请在 Proteus 软件中画出驱动电路。

3-6　（项目 5-心形灯设计）请使用 32 个发光二极管，外形排列上排成"心形"形状，并采用 STC89C51 单片机控制心形灯的闪烁。

3-7　（项目 4-4-按键调整）参考电路如图 3-17 所示，两只按键控制一个变量并用数码管显示。要求一只按键按下抬起后，显示数字加 1，另一只按下抬起后，数字减 1。请设计程序实现按键对数字的控制。

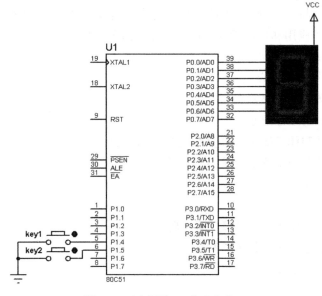

图 3-17　思考题 3-7 参考电路

3-8　B107 型实验开发板的数码管显示电路采用 74HC573 位选锁存，请参考实验板电路原理设计仿真电路，并更改项目 4-4 的程序，完成软件仿真后，把程序下载到实验板上观察实际运行效果。

第 4 章

单片机内部资源应用

单片机程序运行基于单片机内部功能部件，能够充分和有效地利用单片机内部资源，系统设计就能做到高效且精简。51 单片机的硬件资源除了程序存储器（ROM）、数据存储器（RAM）、特殊功能寄存器（SFR）外，还包含中断系统、定时器/计数器、串口通信等内部硬件资源。本章将主要介绍 51 单片机内部资源与工作方式的设置，利用简单的项目，学习单片机内部资源应用和程序设计方法，在经过简单项目的练习之后，最后实现电子表的设计。在本章将要完成的项目有：

项目 6-单片机外部中断应用；

项目 7-6 位数码管动态显示；

项目 8-8 位数码管动态显示：

    8-1　利用 74HC573 驱动 8 只数码管动态显示；

    8-2　利用 74HC595 驱动 8 只数码管动态显示；

项目 9-电子表设计；

项目 10-单片机串口通信；

项目 11-单片机定时器中断应用（思考题 4-11）；

项目 12-可变脉宽波形输出（思考题 4-12）；

项目 13-音乐程序分析（思考题 4-14）。

4.1　单片机的中断系统

中断资源的引入为单片机系统提供了更有效的事件处理和控制功能。51 单片机内部有 5 个中断，并且每个中断有完整的中断控制。本节将主要介绍单片机中断基本概念、中断系统的原理以及应用。

4.1.1　中断系统简介

1. 中断基本概念

在计算机系统运行过程中，当 CPU 正在处理某事件的时候，外部或者内部发生的某一事件请求，要求 CPU 迅速去处理，于是 CPU 会暂时中断当前的工作，转到运行请求的事件中。处理完请求的事件后，再返回到原来被中止的地方继续原来的工作，这个过程称为中断。中断响应过程如图 4-1 所示。

如果单片机没有中断系统，即无论是否有内部事件或外部事件发生，CPU 都必须去查询，这样 CPU 的大量时间会浪费在查询是否有内部事件或者外部事件的操作上。采用中断技术完全消除了 CPU 在查询方式中的等待现象，大大提高了单片机的工作效率和实时性。由于中断方式的优点极为明显，因此在单片机的硬件结构中都带有中断系统。

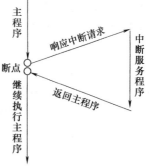

图 4-1　中断响应过程

2. 单片机中断组成原理

单片机中断系统的结构如图 4-2 所示，5 个中断分别有 5 个中断源，并提供 2 个中断优先级控制，能够实现两级中断服务程序的嵌套。单片机的中断系统通过 4 个相关的特殊功能寄存器 TCON、SCON、IE 和 IP 来进行管理，因此用户可以用软件实现对每个中断的开和关以及优先级的控制作用。

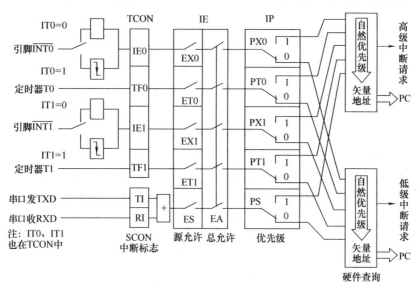

图 4-2　单片机中断系统的结构

定时器控制寄存器（TCON）用于设定外部中断的中断请求信号的有效形式及保存定时器/计数器 T0 和 T1 的中断请求标志位。串口控制寄存器（SCON）用于保存串行口（SIO）的发送中断标志和接收中断标志。中断控制寄存器（IE）用于设定各个中断源的开放或关闭。各个中断源的优先级可以由中断优先级寄存器（IP）中的相应位来确定，同一优先级中的各中断源同时请求中断时，由中断系统的内部查询逻辑来确定响应的顺序。

（1）中断源

单片机 5 个中断源都有自己的标志位，包括外部中断$\overline{INT0}$（P3.2）引脚接收的外部中断请求；外部中断$\overline{INT1}$（P3.3）引脚接收的外部中断请求；定时器/计数器 0（T0）溢出中断请求；定时器/计数器 1（T0）溢出中断请求；串行口完成一帧数据发送或接收中断请求源 TI 或 RI。

其中 INT0 和 INT1 一般称为外部中断，T0、T1 和串行口（SIO 的 TI 和 RI）则称为内部中断。在有中断请求时，由相应的中断标志位保存其中断请求信号，分别存放在特殊功能寄存器 TCON 和 SCON 中。增强型的 51 单片机，则比 51 单片机多一个中断源 T2。

（2）中断优先级

单片机的中断系统具有两级优先级控制，系统在处理时遵循中断级别优先原则，多个同级的中断源同时产生中断请求时，系统按照默认的顺序先后予以响应，5 个中断默认优先级见表 4-1。中断优先级从中断号 0~4 依次降低，即中断号为 0 的中断优先级最高，中断号为 4 的中断优先级最低。

表 4-1　单片机的中断默认优先级

中断源	中断地址入口	默认优先级与中断号	引发中断事件
外部中断 0（INT0）	0003H	0	P3.2 引脚输入低电平或脉冲下降沿
定时器/计数器 T0	000BH	1	计数器对脉冲计数溢出引发中断
外部中断 1（INT1）	0013H	2	P3.3 引脚输入低电平或脉冲下降沿
定时器/计数器 T1	001BH	3	计数器对脉冲计数溢出引发中断
串行口	0023H	4	发送/接收缓冲器 SBUF 数据交换

（3）中断系统使用的多功能寄存器

要使用 8051 单片机的中断功能，必须掌握 4 个相关的特殊功能寄存器中特定位的意义及其使用方法。下面分别介绍 4 个特殊功能寄存器对中断的具体管理方法。

1）TCON。定时器控制寄存器（TCON）是定时器/计数器 T0 和 T1 的控制寄存器，也用来锁存 T0 和 T1 的溢出中断请求 TF0、TF1 标志及外部中断请求源标志 IE0、IE1。TCON 的字节地址 88H，既支持字节操作，又支持位操作。位地址的范围是 88H~8FH，每一个位单元都可以用位操作指令直接处理。其格式如下：

TCON	D7	D6	D5	D4	D3	D2	D1	D0
位地址	8FH	8EH	8DH	8CH	8BH	8AH	89H	88H
位名称	TF1	TR1	TF0	TR0	IE1	IT1	IE0	IT0

IT0 为外部中断 0（INT0）触发方式控制位，用于设定 INT0 中断请求信号的有效方式。如果将 IT0 设定为 1，则外部中断 0 为边沿（脉冲）触发方式，CPU 在每个机器周期的 S5P2 采样 INT0 的输入信号（即单片机的 P3.2 脚）。如果在一个机器周期中采样到高电平，在下一个机器周期中采样到低电平，则硬件自动将 IE0 置为"1"，向 CPU 请求中断；如果 IT0 为 0，则外部中断 0 为电平触发方式。此时系统如果检测到 INT0 端输入低电平，则置位 IE0。采用电平触发时，输入 INT0 端的外部中断信号必须保持低电平，直至该中断信号被检测到。同时在中断返回前必须变为高电平，否则会再次产生中断。概括地说，IT0 = 1 时，INT0 的中断请求信号是脉冲后沿（负脉冲）有效，即 P3.2 从 1 变为 0 时系统认为 INT0 有中断请求；IT0 = 0 时，INT0 的中断请求信号是低电平有效，即 P3.2 保持为 0 时系统认为 INT0

有中断请求。

　　IE0 为外部中断 0 的中断请求标志位。如果 IT0 置 1，则当 P3.2 上的电平由 1 变为 0 时，由硬件置位 IE0，向 CPU 申请中断。如果 CPU 响应该中断，在转向中断服务时，由硬件将 IE0 复位。

　　可见，IT0 用于设定INT0中断请求的信号形式。设定了 IT0 后，如果INT0产生了有效的中断请求信号（P3.2 出现脉冲后沿或低电平），则由中断系统的硬件电路自动将 IE0 置位。单片机系统在工作过程的每一个机器周期的特定时刻（即 S5P2），通过检测INT0的中断请求标志位 IE0 是 1 还是 0 来确定INT0是否有中断请求，而不是通过检测 P3.2 上的中断请求信号来确定INT0的中断请求。IT0 = 1 时表示有中断请求，IT0 = 0 时则没有中断请求。关于INT1 的情况类似，不再重复说明。

　　IT1 为外部中断 1（INT1）的触发方式控制位，其意义和 IT0 相同。

　　IE1 为外部中断 1 的中断请求标志位，其意义和 IE0 相同。

　　TF0 为定时器/计数器 T0 的溢出中断请求标志位。当 T0 开始计数后，从初值开始加 1 计数，在计满产生溢出时，由硬件使 TF0 置位，向 CPU 请求中断，CPU 响应中断时，硬件自动将 TF0 清零。如果采用软件查询方式，则需要由软件将 TF0 清零。因此，系统是通过检查 TF0 的状态来确定 T0 是否有中断请求。TF0 = 1 表示 T0 有中断请求，TF0 = 0 时则没有中断请求。

　　TF1 为定时器/计数器 T1 的溢出中断请求标志位，其作用同 TF0。

　　TR0 和 TR1 分别是 T0 和 T1 的控制位，与中断无关。将在定时器/计数器应用内容中介绍。

　　2）SCON。SCON 为串行口控制寄存器，主要用于设置串行口的工作方式，同时也用于保存串行口的接收中断和发送中断标志。字节地址是 98H，既支持字节操作，又支持位操作。位地址的范围是 98H~9FH。8 位中只有最低的两位与中断有关，其格式如下：

SCON	D7	D6	D5	D4	D3	D2	D1	D0
位地址	9FH	9EH	9DH	9CH	9BH	9AH	99H	98H
位名称	SM0	SM1	SM2	REN	TB8	RB8	TI	RI

　　RI 为串行口的接收中断标志位。8051 单片机的串行口共有 4 种工作方式。在串行口的方式 0 中，每当接收到第 8 位数据时，由硬件置位 RI；在其他工作方式中，若 SM2 = 0，在接收到停止位的中间时置位 RI；若 SM2 = 1，仅当接收到的第 9 位数据 RB8 为 1 时，并且在接收到停止位的中间时置位 RI，表示串行口已经完成一帧数据的接收，向 CPU 申请中断，准备接收下一帧数据。但当 CPU 转到串行口的中断服务程序时，不复位 RI，必须由设计者在程序中用指令来清零 RI。简单地说，串行口在接收完一帧数据时自动将 RI 置位，向 CPU 申请中断。

　　TI 为串行口的发送中断标志位。在方式 0 中，每当发送完 8 位数据时由硬件置位。在其他方式中，在发送到停止位开始时置位 TI，表示串行口已经完成一帧数据的发送，向 CPU 申请中断，准备发送下一帧数据。要发送的数据一旦写入串行口的数据缓冲器 SBUF，单片机的硬件电路就立即启动发送器进行发送。CPU 响应中断时并不清零 TI，同样要在程序中用指令来清零。

3）中断控制寄存器（IE）。8051 单片机的 CPU 对中断源的开放或屏蔽（即关闭），是由片内的中断控制寄存器（也称为中断允许寄存器或中断屏蔽寄存器）控制的。IE 的字节地址是 A8H，既支持字节操作，又支持位操作。位地址的范围是 A8H~AFH。8 位中有 6 位与中断有关，剩下的两位没有定义。其格式如下：

IE	D7	D6	D5	D4	D3	D2	D1	D0
位地址	AFH	AEH	ADH	ACH	ABH	AAH	A9H	A8H
位名称	EA	—	—	ES	ET1	EX1	ET0	EX0

EA 为 CPU 的中断开放标志。EA=0 时，CPU 屏蔽所有的中断请求，此时即使有中断请求，系统也不会去响应；EA=1 时，CPU 开放中断，但每个中断源的中断请求是允许还是被禁止，还需由各自的控制位确定。

ES 为串行口的中断控制位。ES=1 时，允许串行口中断；ES=0 时，禁止串行口中断。

ET1 为定时器/计数器 1 的溢出中断控制位。ET1=1 时，T1 的中断开放，ET1=0 时，T1 的中断被关闭。

EX1 为外部中断 1 的中断控制位。EX1=1 时，允许外部中断 1 中断；EX1=0 时，禁止外部中断 1 中断。

ET0 为定时器/计数器 T0 的溢出中断控制位。ET0=1 时，允许 T0 中断；ET0=0 时，禁止 T0 中断。

EX0 为外部中断 0 的中断控制位。EX0=1 时，允许外部中断 0 中断；EX0=0 时，禁止外部中断 0 中断。

可见，EA=0 时，所有的中断都被屏蔽，此时 IE 低 5 位的状态没有任何作用。EA=1 时，可以通过对 IE 低 5 位的设置来开放或关闭相应的中断，在图 4-2 中可以很直观地看出来。单片机复位后，IE 被清零，所有的中断都被屏蔽。IE 中各个位的状态支持位寻址，用户根据要求用指令 SETB 置位或 CLR 清零，从而实现相应的中断源允许中断或禁止中断，当然也可以采用字节操作来实现。

例如，若要求开放外部中断，关闭内部中断，则可以用两条置位指令将 EA、EX0 和 EX1 置位，ES、ET1 和 ET0 保持为系统复位后的默认值 0。如果使用字节操作方式，则一条 MOV 指令即能实现，即 MOV IE，#1xx00101B。其中的两个 x 对应的是无关位，可以任意为 1 或 0。

4）IP。8051 单片机的中断系统有两个中断优先级。对于每一个中断请求源都可编程为高优先级中断或低优先级中断，实现两级中断嵌套。中断优先级是由片内的 IP 控制的。IP 的字节地址是 B8H，既支持字节操作，又支持位操作。位地址的范围是 B8H~BFH。8 位中有 5 位与中断有关，剩下的 3 位没有定义。其格式如下：

IP	D7	D6	D5	D4	D3	D2	D1	D0
位地址	BFH	BEH	BDH	BCH	BBH	BAH	B9H	B8H
位名称	—	—	—	PS	PT1	PX1	PT0	PX0

PS 为串行口的中断优先级控制位。PS=1 时，串行口被定义为高优先级中断源；PS=0

时，串行口被定义为低优先级中断源。

PT1 为定时器/计数器 T1 的中断优先级控制位。PT1 = 1 时，T1 被定义为高优先级中断源；PT1 = 0 时，T1 被定义为低优先级中断源。

PX1 为外部中断 1（INT1）的优先级控制位。PX1 = 1 时，外部中断 1 被定义为高优先级中断源；PX0 = 0 时，外部中断 1 被定义为低优先级中断源。

PT0 为定时器/计数器 T0 的中断优先级控制位，其功能同 PT1。

PX0 为外部中断 0（INT0）的优先级控制位，其功能同 PX1。

IP 的各位都由用户置位或复位，可用位操作指令或字节操作指令更新 IP 的内容，以改变各中断源的中断优先级，单片机复位后 IP 全为 0，各个中断源均为低优先级中断。

4.1.2　中断服务函数

当某一个中断允许执行时，单片机将自动执行中断服务，但单片机响应中断需要有几个前提条件：首先，中断源发出中断请求信号，其次是该中断允许并有一定的优先级。中断执行程序可以用一个中断服务函数担当，中断服务函数又叫中断子程序。

在利用 Keil C51 设计程序时，单片机的 5 个中断需要事先对相应的特殊功能寄存器进行设定，如允许中断、设置优先级等，当中断响应时，单片机系统自动跳到相对应的中断服务子程序执行服务。中断服务子程序函数有一定的编写格式，如

void 中断函数名_isr(void)　interrupt x

其中，"interrupt" 为关键字；"x" 为中断对应的中断号或中断向量。

Keil 软件对单片机 5 个中断的中断号关键字已经设定，并在头文件 reg51.h 中定义了这些常量。如

```
#define IE0_VECTOR    0     /*外部中断 0 */
#define TF0_VECTOR    1     /*定时器/计数器 0 */
#define IE1_VECTOR    2     /*外部中断 1 */
#define TF1_VECTOR    3     /*定时器/计数器 1 */
#define SIO_VECTOR    4     /* 串口 */
```

因此用户只要使用以上所定义的常量即可，下面的实例是设置 timer0 的溢出中断服务程序。其中中断函数的名称是用户自定义，但是最好与中断资源名称相一致。如 T0 中断服务函数书写格式为

```
void timer0_isr(void)interrupt 1
{
    …
    …
}
```

对于增强型 51 而言，由于多出了一个定时器 T2，其中断号是从 0~5 的数字，为了方便起见，在包含文件 reg52.h 中定义了这些常量。reg52.h 内容为

```
#define IE0_VECTOR 0     /* 0x03 外部中断 0 */
#define TF0_VECTOR 1     /* 0x0B 定时器/计数器 0 */
```

```
#define IE1_VECTOR 2   /* 0x03 外部中断 1 */

#define TF1_VECTOR 3   /* 0x1B 定时器/计数器 1 */

#define SIO_VECTOR 4   /* 0x23 串口 */

#define TF@_VECTOR 5   /* 0x2B 定时器/计数器 2 */

#define EX2_VECTOR 5   /* 0x2B 外部中断 2 */
```

应用中断需要注意以下几点：

1）中断函数没有返回值，如果定义了一个返回值，将会得到不正确的结果。因此建议在定义中断函数时，将其定义为 void 类型，以明确说明没有返回值。

2）中断函数不能进行参数传递，如果中断函数中包含任何参数声明都将导致编译出错。

3）在任何情况下都不能直接调用中断函数，否则会产生编译错误。因为中断函数的返回是由指令 RETI 完成的。RETI 指令会影响单片机的硬件中断系统内不可寻址的 IP 的状态。如果在没有实际的中断请求的情况下直接调用中断函数，就不会执行 RETI 指令，其操作结果有可能产生一个致命的错误。

4）如果在中断函数中再调用其他函数，则被调用的函数所使用的寄存器区必须与中断函数使用的寄存器区不同。

4.1.3　单片机外部中断应用（项目 6）

利用外部中断实现按键的输入是外部中断的简单应用。在图 4-3 所示的电路中，单片机 P0.0 口驱动 1 只 LED0，按键 INT0 接至单片机外部中断脉冲输入引脚 P3.2。当按下 INT0 后，改变 LED0 的状态。

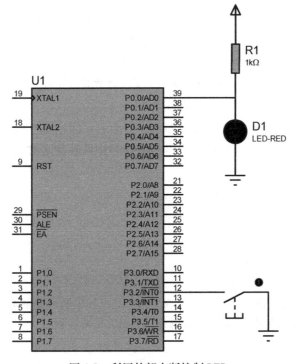

图 4-3　利用外部中断控制 LED

程序代码如下：

```
/********************************************************/
/*预处理*/
#include<reg51.h>
sbit LED0=P0^0;
/*外部中断服务函数*/
void int0_isr(void)interrupt 0
{
    LED0=!LED0;
}
/*主函数*/
void main(void)
{
    IT0=1;      //TCON 中控制 INT0 触发方式位,INT0 下降沿触发中断
    EA=1;       //总中断允许
    EX0=1;      //中断允许
    while(1);   //等待 INT0 中断
}
/********************************************************/
```

中断是单片机内部重要的系统资源。在程序运行过程中，子函数被主函数调用，但中断服务函数被系统自动调用。在单片机 C 语言程序设计时，用户可以不考虑中断的断点和中断现场的保护，只需要注意控制中断的寄存器和中断处理函数的用途。把中断作为一个模块化的处理程序，不用关心程序的堆栈与出栈问题，单片机汇编程序是无法实现的。

4.2　51 单片机的定时器

定时器/计数器是单片机内部的一个重要部件，本节将主要介绍单片机内部定时器/计数器的基本工作原理和控制使用的寄存器，并以秒记数和动态显示为例，学习 T0 的初始化以及中断的设置与应用技巧。

4.2.1　单片机的定时器/计数器结构

单片机内部含有两个定时器/计数器，分别是 T0 和 T1，在增强型 51 系列单片机中，如 STC89C51RC 内部除了含有 T0 和 T1 外，还有 T2 定时器/计数器。定时器/计数器主要用于定时精确，也可用于对外部脉冲进行计数以及作为串行通信的波特率发生器。定时器/计数器不同的功能是通过对相关特殊功能寄存器的设置和程序设计来实现的。

定时器/计数器组成

单片机的两个定时器/计数器部件主要由 T0、T1、工作方式控制寄存器（TMOD）、定时器/计数器控制寄存器（TCON）组成。

（1）T0 与 T1

T0 由两个 8 位寄存器 TH0、TL0 组成，其中 TH0 是 T0 的高 8 位，TL0 是 T0 的低 8 位。T1 的结构与 T0 一样，只是组成它的两个 8 位寄存器分别为 TH1、TL1。T0 与 T1 都是二进制加 1 计数器，即每一个脉冲来到时都能使计数器的当前值加 1，可以实现最大 16 位二进制加计数。脉冲来源有两种，一个是利用外部在单片机 P3.4、P3.5 端口输入脉冲信号，另一个是单片机晶体振荡频率的 12 分频产生的。

（2）TMOD

TMOD 为定时器/计数器的工作方式控制寄存器，共 8 位，分为高 4 位和低 4 位两组，其中高 4 位控制 T1，低 4 位控制 T0，分别用于设定 T1 和 T0 的工作方式。TMOD 不支持位操作，其格式为

位序	D7	D6	D5	D4	D3	D2	D1	D0
位符号	GATE	$C/\overline{T}$	M1	M0	GATE	$C/\overline{T}$	M1	M0
	控制 T1				控制 T0			

GATE 为门控位，控制定时器启动操作方式，即定时器的启动是否受外部脉冲控制。当 GATE=1 时，计数器的启停受 TRx（x 为 0 或 1，下同）和外部引脚 $\overline{INTx}$ 外部中断的双重控制，只有两者都是 1 时，定时器才能开始工作。$\overline{INT0}$ 控制 T0 运行，$\overline{INT1}$ 控制 T1 运行。当 GATE=0 时，计数器的启停只受 TRx 控制，不受外部中断输入信号的控制。

$C/\overline{T}$ 为定时器/计数器的工作模式选择位。$C/\overline{T}$=1 时，为计数器模式；$C/\overline{T}$=0 时，为定时器模式。

M1、M0 为定时器/计数器 T0 和 T1 的工作方式控制位，M1、M0 控制定时器/计数器的工作方式见表 4-2。

表 4-2　M1、M0 控制定时器/计数器工作方式

M1　M0	工作方式	功能
0　　0	方式 0	13 位计数，由 THx 的 8 位和 TLx 的低 5 位组成
0　　1	方式 1	16 位计数，由 THx 的 8 位和 TLx 的 8 位组成
1　　0	方式 2	利用 TLx 的 8 位计数，当 TLx 计数溢出时，自动重装 THi 的数据，TLx 在此基础上继续计数
1　　1	方式 3	两个 8 位计数器，仅适用 T0，T1 停止计数

（3）TCON

TCON 是定时器/计数器控制寄存器，也是 8 位寄存器，其中高 4 位用于定时器/计数器；低 4 位用于单片机的外部中断，低 4 位会在外部中断相关内容中介绍。TCON 支持位操作，其格式为

TCON	D7	D6	D5	D4	D3	D2	D1	D0
位名称	TF1	TR1	TF0	TR0	IE1	IT1	IE0	IT0

TR1 为定时器 T1 的启停控制位。TR1 由指令置位和复位，以启动或停止定时器/计数器

开始定时或计数。

除此以外，定时器的启动与 TMOD 中的门控位 GATE 也有关系。当门控位 GATE＝0 时，TR1＝1 即启动计数；当 GATE＝1 时，TR1＝1 且外部中断引脚$\overline{INT1}$＝1 时才能启动定时器开始计数。

TF1 为定时器 T1 的溢出中断标志位。在 T1 计数溢出时，由硬件自动将 TF1 置 1，向 CPU 请求中断。CPU 响应时，由硬件自动将 TF1 清零。TF1 的结果可用来程序查询，但在查询方式中，由于 T1 不产生中断，TF1 置 1 后需要在程序中用指令将其清零。

TR0 为 T0 的计数启停控制位，功能同 TR1。当 GATE＝1 时，T0 受 TR0 和外部中断引脚$\overline{INT0}$的双重控制。

TF0 为 T0 的溢出中断标志位，功能同 TF1。

4.2.2 定时器的工作方式

51 单片机的定时器/计数器 T0、T1 具有 4 种工作方式，分别由多功能寄存器 TMOD 和 TCON 控制，下面分别介绍 4 种工作方式的工作原理。

1. 方式 0

当 M1、M0 为 00 时，定时器 T0、T1 设置为工作方式 0。方式 0 为 13 位的定时器/计数器，由 TLx 的低 5 位和 THx 的高 8 位构成。在计数的过程中，TLx 的低 5 位溢出时向 THx 进位，THx 溢出时置位对应的中断标志位 TFx，并向 CPU 申请中断，T0、T1 工作在方式 0 情况一样，下面以 T0 为例说明工作方式 0 的具体控制。T0 工作在方式 0 时的逻辑结构如图 4-4 所示。

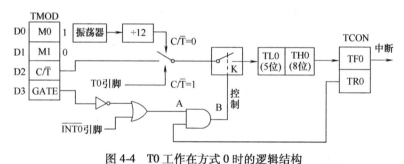

图 4-4　T0 工作在方式 0 时的逻辑结构

当 C/$\overline{T}$＝0 时，电子开关接到上面，Tx 的输入脉冲信号由晶体振荡器的 12 分频得到，即每一个机器周期使 T0 的数值加 1，这时 T0 用作定时器。

当 C/$\overline{T}$＝1 时，电子开关接到下面，计数脉冲是来自 T0 的外部脉冲输入端单片机 P3.4 的输入信号，P3.4 引脚上每出现一个脉冲，都使 T0 的数值加 1，这时 T0 用作计数器。

当 GATE＝0 时，A 点为"1"，B 点电位就取决于 TR0 状态。TR0 为"1"时，B 点为高电平，电子开关闭合，计数脉冲就能输入 T0，允许计数。TR0 为"0"时，B 点为低电平，电子开关断开，禁止 T0 计数。即 GATE＝0 时，T0 或 T1 的启动与停止仅受 TR0 或 TR1 控制。

当 GATE＝1 时，A 点受$\overline{INT0}$（P3.4）和 TR0 的双重控制。只有$\overline{INT0}$＝1 且 TR0 为"1"时，B 点才是高电平，使电子开关闭合，允许 T0 计数。即 GATE＝1 时，必须满足 INT0 和

TR0 同时为 1 的条件，T0 才能开始定时或计数。

在方式 0 中，计数脉冲加到 13 位的低 5 位 TL0 上。当 TL0 加 1 计数溢出时，向 TH0 进位，当 13 位计数器计满溢出时，溢出中断标志 TF0＝1，向 CPU 请求中断，表示定时器计数已溢出，CPU 进入中断服务程序入口时，由内部硬件清零 TF0。

2. 方式 1

当 M1、M0 为 01 时，定时器/计数器工作于方式 1。方式 1 与方式 0 差不多，不同的是方式 1 的计数器为 16 位，由高 8 位 THx 和低 8 位 TLx 构成。定时器 T0 工作于方式 1 的逻辑结构如图 4-5 所示。方式 1 的具体工作过程和工作控制方式与方式 0 类似，这里不再重复说明。

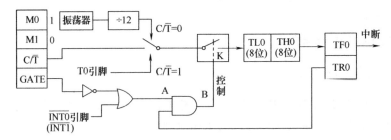

图 4-5　定时器 T0 工作于方式 1 的逻辑结构

3. 方式 2

当 M1、M0 为 10 时，定时器/计数器工作于方式 2。方式 2 为 8 位定时器/计数器工作状态。TLx 计满溢出后，会自动预置或重新装入 THx 寄存的数据。TLx 为 8 位计数器，THx 为常数缓冲器。当 TLx 计满溢出时，使溢出标志 TFx 置 1。同时将 THx 中的 8 位数据常数自动重新装入 TLx 中，使 TLx 从初值开始重新计数。定时器 T0 工作于方式 2 的逻辑结构如图 4-6 所示。

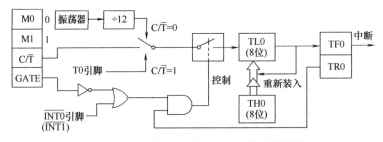

图 4-6　定时器 T0 工作于方式 2 的逻辑结构

这种工作方式可以省去用户软件重装常数的程序，简化定时常数的计算方法，可以实现相对比较精确的定时控制。方式 2 常用于定时控制。如希望得到 1s 的延时，若采用 12MHz 的振荡器，则计数脉冲周期即机器周期为 $1\mu s$，如果设定 TL0＝56，TH0＝56，$C/\overline{T}=0$，TLi 计满刚好 $200\mu s$，中断 5000 次就能实现。另外，方式 2 还可用作串行口的波特率发生器。

4. 方式 3

当 M1、M0 为 11 时，定时器工作于方式 3。方式 3 只适用于 T0。当 T0 工作于方式 3 时，TH0 和 TL0 分为两个独立的 8 位定时器，可使 51 系列单片机具有 3 个定时器/计数器。

定时器 T0 工作于方式 3 的逻辑结构如图 4-7 所示。

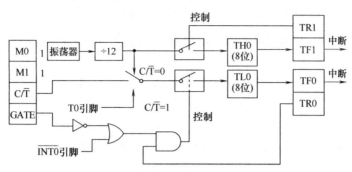

图 4-7　定时器 T0 工作于方式 3 的逻辑结构

此时，TL0 可以作为定时器/计数器用。使用 T0 本身的状态控制位 C/$\overline{T}$、GATE、TR0、$\overline{INT0}$和 TF0，它的操作与方式 0 和方式 1 类似。但 TH0 只能作 8 位定时器用，不能用作计数器方式，TH0 的控制占用 T1 的中断资源 TR1 和 TF1。在这种情况下，T1 可以设置为方式 0~2。此时定时器 T1 只有两个控制条件，即 C/$\overline{T}$、M1M0，只要设置好初值，T1 就能自动启动和记数。在 T1 的控制字 M1、M0 定义为 11 时，它就停止工作。通常，当 T1 用作串行口波特率发生器或用于不需要中断控制的场合，T0 才定义为方式 3，目的是让单片机内部多出一个 8 位的计数器。

T0（P3.4）和 T1（P3.5）两个引脚，作为计数输入端。外部输入的脉冲在出现从 1 到 0 的负跳变时有效，计数器进行加 1。计数方式下，单片机在每个机器周期的 S5P2 拍节时对外部计数脉冲进行采样。如果前一个机器周期采样为高电平，后一个机器周期采样为低电平，即为一个有效的计数脉冲。在下一机器周期的 S3P1 进行计数。即采样计数脉冲需要 2 个机器周期，即 24 个振荡周期。因此，计数脉冲的频率最高为振荡脉冲频率的 1/24。

4.2.3　定时器/计数器的初始化

定时器初始化是对定时器中断有关参数的设定，包括定时工作方式设定、定时器初值设定、定时器中断设定等。

1. 初始化的步骤

1）确定定时器工作方式，主要对 TMOD 设置操作。如只利用定时器 T0，工作方式 1，则可设定 TMOD = 0x01；如果不影响 T1 的工作方式，则有 TMOD = TMOD & 0xf1；TMOD 不能位操作，因此只能对整个寄存器赋值。

2）设置定时器或计数器的初值。可直接将初值写入 TH0、TL0 或 TH1、TL1 中。定时器工作于方式 1 时，16 位计数初值须分高 8 位和低 8 位两次写入对应的计数器，并且中断服务函数中需再次写入初值；工作于方式 2 时，只在初始化过程中装入初值即可，高 8 位写入初值作为缓存。

3）根据要求是否采用中断方式。如果启用定时器中断，直接对 IE 位赋值，首先 EA = 1，然后设置定时对应的中断允许位，如允许 T0 中断，则 ET0 = 1。

4）启动定时器。若 T0 或 T1 设置为软启动，即 GATE 设置为 0 时，单片机内部两个定时器可使用 TR0 = 1 或者 TR1 = 1 启动，指令执行后，定时器即可开始工作。若 GATE 设置为 1 时，且当$\overline{INT0}$或$\overline{INT1}$引脚为高电平时，以上指令执行后定时器方可启动工作。

2. 计数初值的计算

若设最大计数值为 2^n，n 为计数器位数，则方式 0：$n = 13$，$2^n = 8192$；方式 1：$n = 16$，$2^n = 65536$；方式 2：$n = 8$，$2^n = 256$；方式 3：$n = 8$，$2^n = 256$，定时器 T0 分成 2 个独立的 8 位计数器，所以 TH0、TL0 的最大计数值均为 256。

单片机中的 T0、T1 定时器均为加 1 计数器，当加到最大值 0xff 或 0xffff 时，再加 1 计数就会产生溢出，定时器溢出会将中断标志位 TF0 或者 TF1 位置 1，同时发出溢出中断，因此计数器初值 X 的计算式为 $X = 2^n -$ 计数值。

（1）计数工作方式

计数工作方式时，对外部脉冲进行计数，其计数初值为 $X = 2^n -$ 计数值。

（2）定时工作方式

定时工作方式时，对机器周期进行计数，故计数脉冲频率为 $f_{cont} = f_{osc}/6$，计数周期 $T = 1/f_{cont}$，定时工作方式的计数初值为 $X = 2^n -$ 计数值 $= 2^n - t/T = 2^n - (f_{osc} \times t)/(12$ 或 $6)$。

4.2.4 单片机定时器中断应用

我们先用一个简单的例子说明定时器中断应用技巧，电路采用图 4-3，利用定时器 T0 中断产生秒信号，然后让单片机的 P0 口驱动一只数码管显示秒计数。

如果单片机的晶振频率为 12MHz，则内部机器周期为 1μs，即内部脉冲频率为 1 MHz。假如定时器对内部脉冲计 5000 个（5ms）就引发中断，定时器 T0 为工作方式 1，则初值应为 60536，T0 发生 200 次中断就能累计 1s。

T0 中断的应用首先要对 T0 定时器进行初始化设定，通过一个初始化函数完成，包括设定 T0 工作方式、设定初值、设定中断允许和优先级，最后启动 T0。设定所涉及的特殊功能寄存器有 TMOD、TCON、IP、IE。T0 初始化程序设计流程如图 4-8 所示。

T0 中断的执行利用中断服务函数完成。由于 T0 工作在方式 1 时不能自动装初值，所以中断执行过程中需要先对 T0 装初值，然后通过一个记录中断次数变量得到秒数据。程序流程如图 4-9 所示。

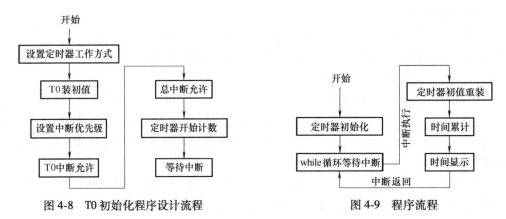

图 4-8 T0 初始化程序设计流程　　　　图 4-9 程序流程

1. 程序设计

程序包含主函数、定时器 T0 初始化函数、T0 中断服务函数。显示语句放在中断服务函数内，程序清单如下：

```
/******************************************************/
/*预处理*/
#include<reg51.h>
code unsigned char seven_seg[10]={0xc0,0xf9,0xa4,0xb0,0x99,0x92,
0x82,0xf8,0x80,0x90};
unsigned char cp,i;                  //全局变量
/* timer0 中断服务函数 */
void timer0_isr(void)interrupt 1     //timer0 中断服务函数
{
    TL0=0x78;                        //TL0 重新预置
    TH0=0xec;                        //TH0 重新预置
    cp++;                            //timer0 中断 1 次,变量 cp 加 1
    if(cp>=200)                      //中断 200 次,时间刚好为 1s
    {cp=0;i ++;}
    if(i==10)i=0;
    P0=seven_seg[i]                  //P0 输出显示数据
}
/* timer0 中断初始化函数 */
void timer0_init(void)
{
    TMOD=0x01;                       //设置计时器模式控制寄存器,time0
                                       工作在定时方式 1
    TL0=(65536-2000)%256;            //TL0 预置,60536 十六进制低 8 位
    TH0=(65536-2000)/256;            //TH0 预置,60536 十六进制高 8 位
    EA=1;                            //打开中断总开关
    ET0=1;                           //设置中断允许寄存器 IE 中 ET0 的位,
                                       开启中断小开关
    TR0=1;                           //开始计数
}
/*主函数*/
void main(void)
{
    timer0_init();                   //timer0 初始化,为中断做好准备
    P2=0;                            //采用共阳型数码管,共阳极与 P2.0 之
                                       间有反向器,需设置 P2.0=0
    while(1);                        //等待中断
}
/******************************************************/
```

2. 程序说明

如果单片机的振荡频率为 f、振荡周期 $t=1/f$，则机器周期 $T=12/f$。如 $f=12$MHz，则 $T=1\mu s$。

利用定时器/计数器定时中断时，在程序中首先设置工作模式，并计算它的初装值，初装值不好计算，常利用计算机中的计算器工具辅助。timer0 工作在模式 1 可以最大 65536μs 中断 1 次，如工作模式 2，最大 256μs 中断 1 次。对 T0 初值设定也可以采用下列方式，如

```
TL0 = 0x78
TH0 = 0xec
或
#defined TEMOR0_COUNT 0xec78
TL0 = TEMOR0_COUNT & 0x00ff;      //取 TEMOR0_COUNT 的低字节并装入 TL0
TH0 = TEMOR0_COUNT>>8;            //TEMOR0_COUNT 左移 8 位,并将低字节装入
                                   TEMOR0_COUNT
```

从以上程序中可以看出，数码管显示语句放在了 timer0 中断服务函数里面，由于 5ms 中断 1 次，因此数码管显示的数据会每 5ms 更新 1 次。1s 内更新 200 次，更新过程是把原来的数据覆盖，但显示数据 1s 内变化 1 次。

4.2.5　6 位数码管动态显示（项目 7）

在上节的定时器应用例子中，数码管采用静态显示方式，1 个数码管占用 8 个 I/O 口。如果有多个数码管显示仍采用静态显示方式，则占用较多的 I/O 口，造成单片机资源的浪费。多个数码管显示要采用动态显示方式，即利用较少的 I/O 口驱动，通过分时控制每个数码管轮流显示，根据人眼视觉暂留特性实现多个数码管同时显示方式。

在图 4-10 所示的电路中，6 只共阳型数码管的段选端并联在一起分别连接 P0 口的相应端口，P2 通过 74HC04 反相器驱动数码管的阳极，6 只共阳型数码管可以显示小时、分钟和秒信息。

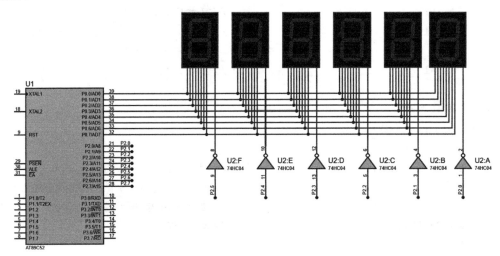

图 4-10　6 位数码管动态显示

1. 动态显示原理

如果让数码管的最低位（秒个位）显示，P2.0 输出低电平，P2 的其他端口输出高电平，并且此时 P0 输出最低位段选数据；同理，如果让次低位显示，P2.1 输出低电平，P2 的其他端口输出高电平，并且此时 P0 输出次低位段选数据；以此循环到最高位数码管显示，然后回来再显示最低位。这种利用 P2 分时控制实现的多位数码管显示方式为动态显示。只要每个数码管显示的交替时间足够得快，根据人的视觉暂留特性，我们看到的结果是 6 个数码管同时显示。

在程序设计中，动态显示一般在定时器的中断完成。如果定时器 5ms 中断 1 次，每次中断只显示数码管的一位，每个数码管显示时间就占用 5ms 时间，则 6 位数码管显示 1 遍需要 30ms 的时间，因此在 1s 时间内，数码管动态循环显示了 33 次，人眼会看到所有的数码管都在同时显示。

动态显示驱动方式多应用在 LED 显示屏的显示控制中，通过 I/O 口对外部器件的动态扫描、查询和驱动是单片机控制外部设备的主要方式。

2. 程序设计

定时器初始化和中断的设定仍利用项目 6 中的设置，6 位数码管动态显示常显示时间的小时、分钟和秒信息。在程序中要通过秒计数得到分钟和小时信息，参考程序如下：

```
/*******************************************************/
/*预处理*/
#include<reg51.h>
unsigned char seven_seg[]={0xc0,0xf9,0xa4,0xb0,0x99,0x92,0x82,
0xf8,0x80,0x90};
unsigned char j,k,sec=30,min=30,hour=12;    //声明时间变量,设定初始
                                              //时间
unsigned char cp1,cp2,cp3,flash;
/*timer0中断服务函数*/
void timer0_isr(void)interrupt 1
{
    TH0=(65536-2000)/256;          //重装初值
    TL0=(65536-2000)%256;          //重装初值
    cp1++;                          //中断1次,变量加1
    if(i  >=  250)                  //0.5s到了
    {
        cp1=0;
        cp2++;
        flash=~flash;              //闪烁变量
    }
    if(cp2>=2)                      //1s到了
    {
        cp2=0;
```

```
            sec++;
        }
        if(sec>=60)
        {
            min++;
            sec=0;
        }
        if(min>=60)
        {
            hour++;
            min=0;
        }
        if(hour>=24)hour=0;
        P0=0xff;                                    //Proteus仿真需要消隐
        switch(cp3)
        {
            case 0:P0=seven_seg[sec%10];P2=~0x01;break;//数码管段选
                                                       //数码管位选
            case 1:P0=seven_seg[sec/10];P2=~0x02;break;
            case 2:P0=seven_seg[min%10]&(0x7f|flash);P2=~0x04;break;
                                                       //小数点闪烁
            case 3:P0=seven_seg[min/10];P2=~0x08;break;
            case 4:P0=seven_seg[hour%10]&(0x7f|flash);P2=~0x10;break;
                                                       //小数点闪烁
            case 5:P0=seven_seg[hour/10];P2=~0x20;break;
        }
        cp3++;
        if(cp3>=6)cp3=0;
}
/*********************timer0初始化函数*********************/
void timer0_init(void)
{
    TMOD=0x01;                  //T0工作方式1
    TH0=(65536-2000)/256;       //对机器脉冲计数2000个计满溢出引发中断
    TL0=(65536-2000)%256;
    EA=1;                       //开放总中断
    ET0=1;                      //开放T0中断
    TR0=1;                      //启动定时器T0
}
```

```
/ ************************ 主函数 ************************* /
void main(void)
{
    timer0_init();
    while(1);                    //等待中断
}
/ *********************************************************** /
```

3. 程序说明

（1）动态显示控制

项目 6 利用了 switch case 语句分时控制数码管显示。T0 第一次中断，cp3＝0，显示秒个位，5ms 后，timer0 第二次中断，cp3＝1，显示秒十位。以后随着中断的发生依次显示分和小时的个位和十位。

在"P0＝seven_seg[sec%10]；P2＝~0x01；break；"一行指令中，P0 输出秒个位段选数据。此刻 P2＝~0x01 即 P2＝0xfe，P2.0 输出低电平，P2 的其他引脚输出高电平，由于共阳型数码管经过非门反相驱动，此时只有秒个位数码管的共阳极加高电平，因此只有秒个位显示。

（2）小数点闪烁实现

flash 1s 内变化 1 次，当 flash 为 0xff（11111111）时，0x7f|flash 为 0xff，式子 seven_seg[hour%10]&(0x7f|flash) 运算后仍为 seven_seg[hour%10]，不影响显示效果；当 flash 为 0xff(00000000) 时，0x7f|flash 为 0x7f，式子 seven_seg[hour%10] &(0x7f|flash) 运算后，seven_seg[hour%10] 的最高位变为 0，此时小数点显示。

（3）变量的命名

程序中会使用很多变量，通俗易懂的变量名可提高程序的可读性。习惯上，小写的 i、j、k、x 等简单字符用于局部变量，全局变量一般采用与变量相同意义的英文小写缩写或中文拼音小写，尽量避免使用大小或没有意义的字母组合成冗长的字符串作为变量。

单片机的 CPU 在处理数据的同时可用软件启动定时器自动计数，通过中断让 CPU 去执行相应处理，增加了单片机系统运行效率。由于单片机不能实现多任务多进程处理，在时间控制有关的单片机系统中会经常用到定时器。

4.3　单片机常用的接口电路

为了实现系统输出、驱动以及接口匹配等，单片机外部常用到 TTL、CMOS 数字电路，如本书中所述的数码管动态显示驱动常使用的 74HC573 芯片，在万年历、交通灯显示屏和 LED 汉字显示屏等系统中，要采用 74HC595、ULN2003 等芯片驱动。本节将采用应用实例介绍几种常用的数字电路，包括器件功能、应用程序和应用电路仿真，掌握这些器件对于单片机硬件系统设计具有一定的指导意义。

4.3.1　并行锁存器

单片机外部常用的锁存器型号有很多，常见的有 74HC373、74HC573、74HC244 等，在单片机电路中, 此类器件主要用来端口功能扩展、负载驱动和数据隔离等。

1. 74HC373/573 简介

74HC373 为 74 系列三态输出的 8D 锁存器, 74HC 为高速 CMOS 类型, 同类型芯片有 54/74S373 和 54/74LS373。74HC373 具有 DIP20、窄体和宽体 SOP20 等封装外形, 引脚排列如图 4-11 所示。

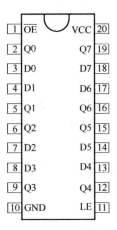

图 4-11　74HC373 引脚排列

74HC373 电源电压范围为 2~6V, 单端输出负载电流达 35mA, 常用于单片机系统数据锁存、接口扩展和同相电平驱动。其引脚功能说明见表 4-3。

表 4-3　74HC373 引脚功能说明

引脚序号	名称	功能
1	$\overline{OE}$	三态输出允许控制端, 低电平有效, 使用时可以与单片机 I/O 口连接, 也可接地
11	LE	数据锁存允许控制端, 高电平有效。LE=0 时, 输出不变
3、4、7、8、13、14、17、18	D0~D7	数据输入 D0~D7
2、5、6、9、12、15、16、19	Q0~Q7	数据输出 Q0~Q7

当三态允许控制端 $\overline{OE}$ 为低电平时, Q0~Q7 为正常逻辑状态, 可用来驱动负载或总线。当 $\overline{OE}$ 为高电平时, Q0~Q7 呈高阻态, 74HC373 与总线分离, 但锁存器内部的逻辑操作不受影响。在 $\overline{OE}=0$ 的情况下, 锁存允许端 LE 为高电平时, Q 随数据 D 变化。当 LE 为低电平时, Q 被锁存, 输出不变, 但此间建立 D 触发的数据电平。

74HC573 与 74HC373 的功能完全一样, 只是器件的引脚排列更加人性化, 如图 4-12 所示。

2. 74HC573 端口扩展

74HC573 早期多用于单片机系统的存储器址扩展, 由于近年来增强 51 单片机内部存储空间的增加, 单片机系统电路设计使用 74HC573 主要作为 I/O 口扩展和外部件的驱动, 如本书中采用 74HC573 驱动共阳型数码管。图 4-13 所示为一种彩色液晶驱动电路, 利用一片 74HC573 可以把 8 位 I/O 口扩展为 16 位驱动的彩色液晶显示屏, 应用中 P0 应接上拉电阻,

74HC573 锁存控制端应接单片机的 1 个 I/O 口控制。

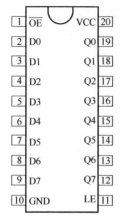

图 4-12　74HC573 引脚排列

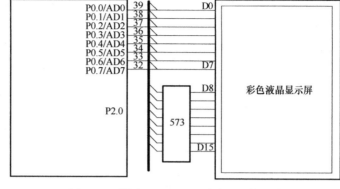

图 4-13　利用 74HC573 驱动共阳型数码管

4.3.2　串行移位寄存器

串行移位寄存器可以把串行数据转换为并行数据，虽然数据输出的速度不及并行锁存器，但由于单片机 I/O 口资源有限，利用串行移位寄存器可以在使用较少 I/O 口的情况下实现单片机的 I/O 位扩展。常用的移位寄存器有 74HC164、74HC595 等。

1. 74HC164

74HC164 是一种高速 CMOS 串行输入并行输出的移位寄存器。该器件在电路中的应用与 74HC595 类似，不同的是该器件没有锁存控制，数据移位的同时直接输出，输出电平与 TTL 器件兼容。

图 4-14 所示为 74HC164 引脚排列，数据通过两个输入端 DSA 或 DSB 之一串行输入。DSA 和 DSB 是逻辑与关系，DSA、DSB 任一输入端可以用作电平门控使能端，低电平有效，用来控制另一输入端的数据输入。应用中两个输入端可以连接在一起，或者把不用的输入端接高电平。

$\overline{\text{MR}}$ 为输出清零控制端，低电平有效，设置低电平时会对所有寄存器清零，同时强制所有的输出为低电平。

CP 为移位脉冲输入端，上升沿有效。Q7 可以作为级联输出端。

在单片机系统应用中，只需把 74HC164 的 DSA（DSB）、CP 端与单片机的 I/O 口连接即可实现数据传输，主要用于串行数据到并行数据转换和小负载驱动。

74HC164 的移位脉冲输入端 CP 上升沿来到时，输出端 Q0 输出 DSA 状态，同时寄存器右移一位，当 CP 非上升沿期间，所有输出保持。

2. 74HC595

74HC595 是一款漏极开路输出的 8 位 CMOS 移位寄存器，输出端口为可控的三态输出端，亦能串行输出控制下一级级联芯片。该器件具有高速移位时钟频率 $F_{\max} > 25\text{MHz}$；标准串行（SPI）接口 CMOS 串行输出，可用于多个设备的级联；74HC595 引脚排列如图 4-15 所示。其中引脚 Q0~Q7 为并行数据输出端，具有三态输出功能；引脚 9 为串行级联输出引脚，输出内部移位寄存器 Q6 的状态；$\overline{MR}$ 为输出清零控制端，低电平有效；$\overline{OE}$ 为三态输出控制端，低电平有效；DS 为串行数据输入端，数据高位先入；SH-CP 为移位时钟脉冲输入端，上升沿有效，ST-CP 为锁存脉冲输入端，上升沿有效。74HC595 引脚功能见表4-4。

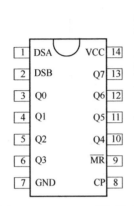

图 4-14　74HC164 引脚排列

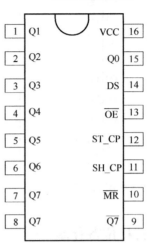

图 4-15　74HC595 引脚排列

表 4-4　74HC595 引脚功能

输入					输出		功能
SH_CP	ST_CP	$\overline{OE}$	$\overline{MR}$	DS	$\overline{Q7}$	Qn	
×	×	H	L	×	L	Z	清空移位寄存器，输出高阻态
×	×	L	↓	×	L	保持	输出不变
×	↑	L	L	×	L	L	输出清零
↑	×	L	H	D	Q6	保持	内部移位寄存器移位，输出不变
×	↑	L	H	×	NC	Qn′	移位寄存器数据锁存输出
↑	↑	L	H	×	Q6	Qn′	移位寄存器移位，把溢出的内容输出

74HC595 可以直接应用于单片机系统的数据串行输出和小功率显示器件驱动，如电子日历数码管驱动和 LED 汉字点阵驱动，本书中采用该芯片用于串入到并出数据的转换，利用较少 I/O 口的情况下，驱动 1602 字符液晶显示器正常工作。

4.3.3　8 位数码管动态显示（项目8）

在驱动数码管显示时，采用 I/O 口驱动显然比较浪费单片机的资源，下面将分别采用 74HC573 和 74HC595 两种芯片来驱动 8 位数码管。

1. 利用 74HC573 驱动 8 只数码管动态显示（项目8-1）

采用 74HC573 对 8 位数码管进行段选和位选，节省了单片机的 I/O 口。图 4-16 所示为 74HC573 驱动 8 位数码管的电路图。

其中单片机的 P3^0 口控制 74HC573 的数据锁存允许控制端 LE，进而控制数码管的段选和位选。程序清单如下：

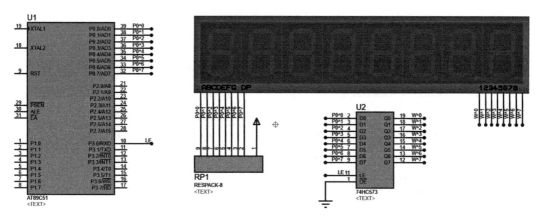

图 4-16　74HC573 驱动 8 位数码管的电路图

```
/ * * * * * * * * * * * * * * * * * * * * * * * /
#include<reg51.h>
unsigned char seven_seg[]={0xc0,0xf9,0xa4,0xb0,0x99,
                    0x92,0x82,0xf8,0x80,0x90};      //数字 0~9
unsigned char bit_s[]={0x01,0x02,0x04,0x08,
                    0x10,0x20,0x40,0x80};      //P0.0~P0.7 数码管位选
unsigned char hour=12,min=30,sec=30;
unsigned char c1,c2,c3,flash,dis_num[8];
sbit LE=P3^0;
/ * * * * * * * * * * * * * * * * * * * * * 中断初始化 * * * * * * * * * * * * * * * * * * * * * * * /
void timer0_init(void)
{
    TMOD=0x01;                //寄存器设定工作方式 1,16 位定时器/计数器
                              //模式
    TH0=(65536-2000)/256;     //高 8 位和低 8 位装入初值
    TL0=(65536-2000)%256;     //并设定 2ms 溢出 1 次
    EA=1;                     //开放总中断
    ET0=1;                    //允许 T0 请求中断
    TR0=1;                    //启动 T0 定时器
}
/ * * * * * * * * * * * * * * * * * * * * * 定时器中断 * * * * * * * * * * * * * * * * * * * * * * * /
void timer0_isr(void)interrupt 1
{
    TH0=(65536-2000)/256;
    TL0=(65536-2000)%256;
    c1++;                     //T0 溢出 1 次 c1 加 1
    if(c1>=250)               //T0 溢出 250 次即定时 500ms=0.5s
```

```
    {
        c1=0;
        c2++;                              //c2 每 0.5s 加 1
        flash=~flash;                      //控制闪烁
        if(c2>=2){sec++;c2=0;}             //c2 每加 2 次为 1s
        if(sec>=60){min++;sec=0;}          //60s,分加 1,秒归零
        if(min>=60){hour++;min=0;}
        if(hour>=24)hour=0;
    }
    P0=0xff;                               //数码管显示需要消隐
    P0=bit_s[c3];LE=0;LE=1;LE=0;           //锁存器控制数码管位选
    P0=dis_num[c3];                        //P0 寄存器控制数码管段选
    c3++;
    if(c3>=8)c3=0;
}
/*********************** 显示函数 *********************/
void display(void)
{
    dis_num[0]=seven_seg[hour/10];         //位选第 1 位显示时十位
    dis_num[1]=seven_seg[hour%10];         //位选第 2 位显示时个位
    dis_num[2]=0xbf | flash;               //显示间隔符号'-'每 1s 亮暗 1 次
    dis_num[3]=seven_seg[min/10];          //位选第 4 位显示分十位
    dis_num[4]=seven_seg[min%10];          //位选第 5 位显示分个位
    dis_num[5]=0xbf | flash;               //显示间隔符号'-'每 1s 亮暗 1 次
    dis_num[6]=seven_seg[sec/10];          //位选第 7 位显示秒十位
    dis_num[7]=seven_seg[sec%10];          //位选第 8 位显示秒个位
}
/*********************** 主函数 *********************/
void main(void)
{
    timer0_init();
    while(1)
    {
        display();
    }
}
/***************************************************/
```

2. 利用74HC595驱动8只数码管动态显示（项目8-2）

数码管动态显示方式占用的单片机I/O口仍然较多，并且当数码管数量增加时，动态显示将出现闪烁现象。在电子日历系统中，数码管数量达20只以上，需采用串行静态驱动方式才能满足实际需求。下面将分析利用两片74HC595驱动8只数码管电路原理，并设计驱动程序。

图4-17所示为74HC595驱动数码管电路，数码管为共阳型，第一片74HC595的3个数据输入端分别接单片机的P3.1、P3.0、P3.2。第二片的时钟与锁存控制端与第一片分别并联，数据端接收第一片的数据串出端DS_1，程序清单如下：

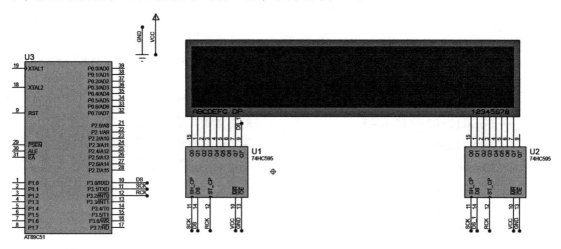

图4-17　74HC595驱动数码管电路

```c
/*************************/
#include<reg51.h>
typedef unsigned char uchar;
typedef unsigned int uint;
sbit DS=P3^0;          //控制串行数据输入
sbit SH_CP=P3^1;       //串行输入时钟
sbit ST_CP=P3^2;       //存储寄存器时钟
uchar smgduan[10]={0xc0,0xf9,0xa4,0xb0,0x99,
                0x92,0x82,0xf8,0x80,0x90};//共阳型数码管0~9显示
uint cp1,cp2,flash,hour=23,min=10,sec=45;
/****************************************************/
void Send(uchar byte)
{
    uchar a;
    SH_CP=0;                       //拉低时钟线为传送数据准备
    ST_CP=0;
    for(a=0;a<8;a++)
```

```
    {
        DS=byte & 0x80;                    //先发送数据的最高位
        byte<<=1;
        SH_CP=1;                           //拉高时钟线,移位寄存器 SH_CP 往后移
                                            动 1 位接纳新传送的 1 位数据
        _nop_();
        _nop_();
        SH_CP=0;                           //复位
    }
}
/ *********************************************************** /
void Send_zf(uchar Place,uchar Data)
{
    Send(0x01<<Place);                     //先发送数码管位选数据到移位寄存器
    Send(Data);                            //再发送数码管段选数据到移位寄存器
    ST_CP=1;                               //将移位寄存器的数据传输到存储寄存器
    _nop_();
    _nop_();
    ST_CP=0;                               //复位
}
/ *********************************************************** /
void Send_CP(uint place,uint Data)
{
    Send(0x01<<place);                     //先发送数码管位选数据到移位寄存器
    Send(smgduan[Data]);                   //再发送数码管段选数据到移位寄存器
    ST_CP=1;                               //将移位寄存器的数据传输到存储寄存器
    _nop_();
    _nop_();
    ST_CP=0;                               //复位
}
/ *********************** 中断初始化 ******************** /
void timer0_init(void)                     //中断初始化函数
{
    TMOD=0x01;
    TH0=(65536-2000)/256;
    TL0=(65536-2000)%256;
    EA=1;
    ET0=1;
```

```c
    TR0=1;
}
/ ************************ 定时器中断 ******************** /
void timer0_isr(void) interrupt 1    //利用中断对数码管上显示的数据进行刷新
{
    TH0 = (65536-2000)/256;
    TL0 = (65536-2000)%256;
    cp1++;
    if(cp1>=250)                      //0.5s 运行 1 次
    {
        cp1=0;
        cp2++;
        flash = ~flash;
    }
    if(cp2>=2)
    {
        cp2=0;
        sec++;
    }
    if(sec>=60){min++;sec=0;}
    if(min>=60){hour++;min=0;}
    if(hour>=24){hour=0;}
}
/ ************************ 显示函数 ******************** /
void display(void)                    //数码管的显示
{
    Send_CP(0,hour/10);
    Send_CP(1,hour%10);
    Send_zf(2,0xbf |flash);
    Send_CP(3,min/10);
    Send_CP(4,min%10);
    Send_zf(5,0xbf |flash);
    Send_CP(6,sec/10);
    Send_CP(7,sec%10);
}
/ ************************ 主函数 ******************** /
void main(void)
{
    timer0_init();
```

```
    while(1)
    {
        display();
    }

}
/ ************************************************************** /
```

注意：在实现以上电路时，由于 74HC595 直接驱动数码管的电流较大，导致 74HC595 发热严重，需要在 74HC595 与数码管之间加上 200Ω 左右的限流电阻。这样更有利于保护元件，使其具有良好的运行状态。

本节重点学习了并行锁存器和串行移位寄存器的引脚特性以及功能，当读者在熟悉需要练习的项目时，只要对其端口所控制的功能分配合理、编写思路清晰，并且可以使用以上锁存器和寄存器，就可以独立完成 8 位数码管动态显示的设计。更有利于读者培养其单片机的基础编程思想。

4.4 电子表设计（项目 9）

单片机的定时器中断能够产生精确的时间，因此利用单片机很容易实现电子表的设计。本节内容是在 6 位动态显示的基础上加上按键完成的，也是单片机技术学习过程中最典型的实训项目。本节实现的电子表基本要求如下：

利用 6 位数码管显示时分秒，4 个按键调整。具有自动精确走时，调时调分调秒、定时定闹，定闹输出可驱动蜂鸣器发出声响，或驱动继电器吸合。

4.4.1 功能分析

1. 按键调整功能

简单电子表程序是在动态显示的基础上实现的，因此按键控制是本项目设计中的重要部分。要实现按键的调整功能，首先需要定义各个按键的功能。

常用的电子表可以利用 4 个按键实现调整，这 4 个按键分别为 key1、key2、key3、key4，其中 key1 作为调整设定键，按下后进入调整状态，第一次按下在当前时间的基础上调小时，第二次按下调分钟，第三次按下调秒，第四次按下在原定闹时间的基础上调整定闹的小时，第五次按下调定闹的分钟。再按循环。

key2、key3 分别对将要调整的对象进行加、减调整，如在调整小时状态下，按下 key2 后，小时加 1，按下 key3 后，小时减 1。在调整状态下，按下 key4 退出调整。

2. 时间显示

小时、分钟和秒的每个数据对象需显示出个位和十位，因此每个时间对象要占用两只数码管显示。在正常走时状态进入调整时间状态后，要求对应的调整对象以周期为 0.5s 的速率闪烁，以区别正常走时状态。

在调时状态下，小时、分钟和秒所在位置不变，但在定闹时间调整时，6 只数码管的后

4 位显示定闹小时、分钟，前两位数码管显示一个特定字符，如"L1"，用来区分调时状态。

3. 定闹输出问题

当电子表走时状态下的时间与定闹时间相同时，可以通过控制继电器吸合接通负载动作达到定闹输出目的，也可以驱动蜂鸣器发出声响提示。如果采用有源蜂鸣器时，只需在蜂鸣器上加上高电平即可产生 1kHz 声响。在本项目中使用的是无源蜂鸣器，其内部只是一个电磁铁和一个铁质共振模，需加上 1kHz 方波信号时才发出声响，因此需在程序中设计一个产生 1kHz 左右的方波程序，以驱动蜂鸣器发声。

4.4.2　电路设计

根据功能的需要，电子表显示电路含 6 位数码管、4 个按键和一个继电器驱动电路，如图 4-18 所示。读者可在 P3.3 口接一个继电器驱动电路，控制一只灯泡或一个电铃作为闹铃输出。

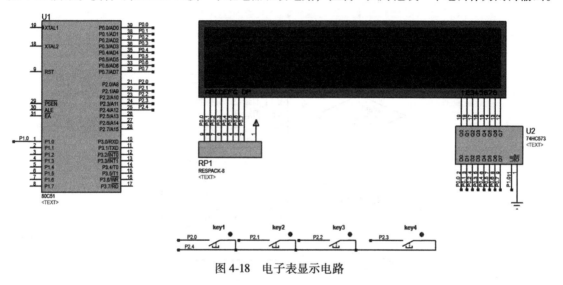

图 4-18　电子表显示电路

4.4.3　程序设计

1. 程序模块划分

电子表程序采用模块化设计，可以先根据电子表的功能需求对程序进行模块划分，这个过程为单片机程序模块化设计的基本设计步骤。电子表程序根据功能可以划分为显示模块、按键模块和主程序模块，按键模块可以独立设计一个按键子程序，显示模块可采用动态显示程序，包含在定时器中断，主程序模块调用子程序，主函数调用子函数。

2. 按键程序

根据功能的要求，按键 key1 按下进入时间、定闹调整状态，由于需要对不同对象进行调整，并且要控制所调整的对象闪烁显示，因此需要设定一个记录 key1 按下次数的状态变量，比如 key1_flag。未按下 key1 时，key1_flag 值为 0，电子表正常走时；第一次按下 key1，key1_flag 为 1，进入调时状态，同时小时闪烁；再按下 key1，key1_flag 为 2，此时调分钟，分钟闪烁；依次按下 key1，可以分别进入其他时间调整。由于本项目中的电子表只需调整 5 个对象，key1_flag 值增加到 6 时预置为 1，重新进入调时状态。key1_flag 值所对应的功能见

表 4-5，电子表按键程序设计流程如图 4-19 所示。

表 4-5　key1_flag 值所对应的功能

key1	不按 key1	第一次按下	第二次按下	第三次按下	第四次按下	第五次按下
key1_flag	0	1	2	3	4	5
功能	正常走时	调小时	调分钟	调秒	调定闹小时	调定闹分钟
显示	正常显示	小时闪烁	分钟闪烁	秒闪烁	闹小时闪烁	闹分钟闪烁
key2	不起作用	小时+	分钟+	秒+	调定闹小时+	调定闹分钟+
key3	不起作用	小时-	分钟-	秒-	调定闹小时-	调定闹分钟-
key4	停止闹声	按下使 key1_flag=0 退出设定状态				

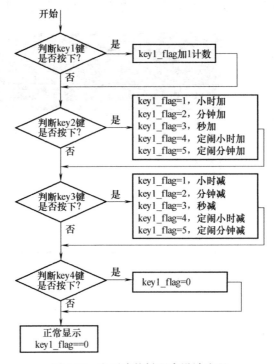

图 4-19　电子表按键程序设计流程

明白按键功能分配以及程序流程很容易设计按键程序，首先要声明一些全局变量，如时间变量 hour（小时）、min（分钟）、sec（秒），调整中间变量 hour_t、min_t、sec_t 以及定闹所使用的变量 hour_r（定闹小时）、min_r（定闹分钟），以便在程序设计中用这些变量保存现在时间、调整时间、定闹时间。按键程序 key.c 设计清单如下：

```
/************************************************************/
//按键子程序
/************************************************************/
char sec=30,min=30,hour=12,min_n,hour_n;        //正在走的时间变量
unsigned char key1_flag=0;                      //按键按下标志位
```

```
/ ************************ 按键函数 ************************ /
void key(void)
{
//按键 key1 处理
    if(P2==0xee)
    {
        key1_flag++;
        if(key1_flag>=6)key1_flag=1;
        if((key1_flag==4)|(key1_flag==5)){hour_n=hour;min_n=
min;}//把调整后的时间给走的时间
    }
//按键 key4 处理
    if(P2==0xe7)
    {
        key1_flag=0;
    }
//按键 key2 处理
    if(P2==0xed)
    {
        if(key1_flag==1){hour++;if(hour>=24)hour=23;}
        if(key1_flag==2){min++;if(hour>=24)hour=23;}
        if(key1_flag==3){sec++;if(hour>=24)hour=23;}
        if(key1_flag==4){hour_n++;if(hour_n>=24)hour_n=23;}
        if(key1_flag==5){min_n++;if(min_n>=60)min_n=59;}
    }
//按键 key3 处理
    if(P2==0xeb)
    {
        if(key1_flag==1){hour--;if(hour<=0)hour=0;}
        if(key1_flag==2){min--;if(hour<=0)hour=0;}
        if(key1_flag==3){sec--;if(hour<=0)hour=0;}
        if(key1_flag==4){hour_n--;if(hour_n<=0)hour_n=0;}
        if(key1_flag==5){min_n--;if(min_n<=0)min_n=0;}
    }
    while((P2 & 0x0f)<0x0f);
}
/ ************************************************************ /
```

按键子程序保存在 key.c 文件中，用于主程序调用。这种设计运用了程序的模块化思想。程序的模块化设计是单片机 C 语言程序设计的优点，把一个完整小程序单元模块化，可以很容易再被主程序或其他程序调用，在以后的程序设计中会经常用到。

3. 主程序

主程序包含主函数、中断服务函数和 T0 初始化函数，主要完成时间计数、显示和定闹处理。由于电子表是采用 6 位数码管动态显示，并利用关键变量 key1_flag 控制显示状态，因此电子表的程序设计可以在动态程序上下动态显示的基础上实现。

主函数主要调用 T0 初始化函数，并时刻比较现在时间与定闹时间是否一致，同时等待 T0 中断。T0 中断服务函数不但要完成计时，而且要完成各种状态，如正常状态、调整时间状态等显示与驱动。T0 中断服务函数是程序设计的关键，也是本项目的难点。电子表显示程序流程如图 4-20 所示。

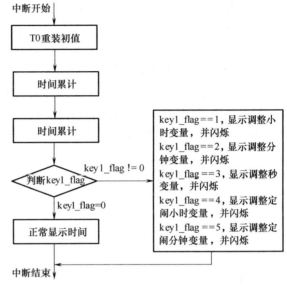

图 4-20　电子表显示程序流程

程序中使用全局变量 key1_flag 必须在主程序中声明，主要是因为程序在编译时的顺序造成的。在程序设计时，不同的程序可以通过全局变量关联，如同全局变量使用在同一个程序中的不同函数之间一样。电子表程序清单如下：

```
*****************************************************/
//电子表主程序,具有调整时间、定闹功能
/*****************************************************/
#include<reg51.h>
#include<key.c>
code unsigned char seven_seg[]=
{
    0xc0,//0
    0xf9,//1
    0xa4,//2
    0xb0,//3
    0x99,//4
    0x92,//5
    0x82,//6
    0xf8,//7
    0x80,//8
```

```
    0x90,//9
};
unsigned char cp1,cp2,cp3,flash;
sbit le=P1^0;
sbit buzzer=P1^3;              //接继电器驱动电路,低电平继电器吸合,控制电铃
void suo(void){le=1;le=0;}  //闪烁
/*******************************************************/
void timer0_isr(void)interrupt 1
{
    TH0=(65536-2000)/256;
    TL0=(65536-2000)%256;
    cp1++;
    if(cp1>=250){cp1=0;cp2++;flash=~flash;}//0.5s 到
    if(cp2>=2){sec++;cp2=0;}//1s 到
    if(sec>=60){sec=0;min++;}//1min 到
    if(min>=60){hour++;min=0;}//1h 到
    if(hour>=24)hour=0;
    P0=0xff;
    if(key1_flag==0)//正常走时
    {
        switch(cp3)
        {
            case 0:{P0=0x01;suo();P0=seven_seg[hour/10];}break;
            case 1:{P0=0x02;suo();P0=seven_seg[hour%10];}break;
            case 2:{P0=0x04;suo();P0=0xbf |flash;}break;
            case 3:{P0=0x08;suo();P0=seven_seg[min/10];}break;
            case 4:{P0=0x10;suo();P0=seven_seg[min%10];}break;
            case 5:{P0=0x20;suo();P0=0xbf |flash;}break;
            case 6:{P0=0x40;suo();P0=seven_seg[sec/10];}break;
            case 7:{P0=0x80;suo();P0=seven_seg[sec%10];}break;
        }
    }
    if(key1_flag==1)//调小时,小时闪烁
    {
        switch(cp3)
        {
            case 0:{P0=0x01;suo();P0=seven_seg[hour/10] |flash;;}
break;//小时闪烁
```

```
            case 1:{P0=0x02;suo();P0=seven_seg[hour%10]|flash;}
break;//小时闪烁
            case 2:{P0=0x04;suo();P0=0xbf;}break;
            case 3:{P0=0x08;suo();P0=seven_seg[min/10];}break;
            case 4:{P0=0x10;suo();P0=seven_seg[min%10];}break;
            case 5:{P0=0x20;suo();P0=0xbf;}break;
            case 6:{P0=0x40;suo();P0=seven_seg[sec/10];}break;
            case 7:{P0=0x80;suo();P0=seven_seg[sec%10];}break;
        }
    }
    if(key1_flag==2)//调分钟,分钟闪烁
    {
        switch(cp3)
        {
            case 0:{P0=0x01;suo();P0=seven_seg[hour/10];}break;
            case 1:{P0=0x02;suo();P0=seven_seg[hour%10];}break;
            case 2:{P0=0x04;suo();P0=0xbf;}break;
            case 3:{P0=0x08;suo();P0=seven_seg[min/10]|flash;}
break;//分钟闪烁
            case 4:{P0=0x10;suo();P0=seven_seg[min%10]|flash;}
break;//分钟闪烁
            case 5:{P0=0x20;suo();P0=0xbf;}break;
            case 6:{P0=0x40;suo();P0=seven_seg[sec/10];}break;
            case 7:{P0=0x80;suo();P0=seven_seg[sec%10];}break;
        }
    }
    if(key1_flag==3)//调秒,秒闪烁
    {
        switch(cp3)
        {
            case 0:{P0=0x01;suo();P0=seven_seg[hour/10];}break;
            case 1:{P0=0x02;suo();P0=seven_seg[hour%10];}break;
            case 2:{P0=0x04;suo();P0=0xbf;}break;
            case 3:{P0=0x08;suo();P0=seven_seg[min/10];}break;
            case 4:{P0=0x10;suo();P0=seven_seg[min%10];}break;
            case 5:{P0=0x20;suo();P0=0xbf;}break;
            case 6:{P0=0x40;suo();P0=seven_seg[sec/10]|flash;}
break;//秒闪烁
```

```
                    case 7:{P0=0x80;suo();P0=seven_seg[sec%10]|flash;}
break;//秒闪烁
            }
        }
    if(key1_flag==4)//调定闹小时
    {
        switch(cp3)
        {
            case 0:{P0=0x01;suo();P0=0xc8;}break;//显示字符"N"
            case 1:{P0=0x02;suo();P0=0xc0;}break;//显示字符"O"
            case 2:{P0=0x04;suo();P0=0xbf;}break;
            case 3:{P0=0x08;suo();P0=seven_seg[hour_n/10]|flash;}
break;//定闹小时闪烁
            case 4:{P0=0x10;suo();P0=seven_seg[hour_n%10]|flash;}
break;
            case 5:{P0=0x20;suo();P0=0xbf;}break;
            case 6:{P0=0x40;suo();P0=seven_seg[min_n/10];}break;
            case 7:{P0=0x80;suo();P0=seven_seg[min_n%10];}break;
        }
    }
    if(key1_flag==5)//调定闹分钟
    {
        switch(cp3)
        {
            case 0:{P0=0x01;suo();P0=0xc8;}break;
            case 1:{P0=0x02;suo();P0=0xc0;}break;
            case 2:{P0=0x04;suo();P0=0xbf;}break;
            case 3:{P0=0x08;suo();P0=seven_seg[hour_n/10];}break;
            case 4:{P0=0x10;suo();P0=seven_seg[hour_n%10];}break;
            case 5:{P0=0x20;suo();P0=0xbf;}break;
            case 6:{P0=0x40;suo();P0=seven_seg[min_n/10]|flash;}
break;//定闹分钟闪烁
            case 7:{P0=0x80;suo();P0=seven_seg[min_n%10]|flash;}
break;//定闹分钟闪烁
        }
    }
    cp3++;if(cp3>=8)cp3=0;
}
```

```
/ ********************* 中断初始化函数 ********************* /
void timer0_init(void)
{
    TMOD=0x01;
    TH0=(65536-2000)/256;
    TL0=(65536-2000)%256;
    EA=1;
    ET0=1;
    TR0=1;
}
/ ************************* 主函数 ************************* /
void main(void)
{
    timer0_init();
    P2=0xef;
    while(1)
    {
        if((P2 & 0x0f)<0x0f) key();
        if(hour==hour_n && min==min_n) buzzer=0; //定时时间到,电铃
响应
        else buzzer=0;
    }
}
```

在电子表项目设计中，按键子程序和主程序设计完成后保存在同一个目录下。采用 Keil 设计程序时，在新建工程后直接添加主程序即可。由于程序中有很多类似的结构和程序，因此在编写电子表程序时尽量使用复制和粘贴功能，只更改不同的变量值即可，从而使程序输入量大大减小。

本节重点练习了单片机程序设计基本技能，当读者在熟悉项目的任务后，只要按键功能分配合理、编写思路清晰，就可以在很短的时间内完成电子表的设计。利用单片机完成电子表的设计是单片机程序设计基础最为典型的实训项目，因此，具备独立完成电子表设计能力是单片机项目开发和产品设计的最低要求。

4.5 单片机串口通信

51 单片机提供了一个串行发送和接收的全双工串行通信接口（Universal Asynchronous Receiver/Transmitter，UART），可以实现单片机系统之间点对点的串行通信和多机通信，也可以实现单片机与 PC 机通信。本节将主要讨论 51 单片机串行口的结构、工作原理、应用，并完成单片机多级通信、单片机与 PC 机通信。

4.5.1 串行通信原理

1. 并行和串行通信

常用的通信方式分为并行和串行两种。并行通信是指数据的各位同时进行传送（发送或接收）的通信方式。其优点是数据的传送速度快，缺点是传输线多，数据有多少位，就需要多少传输线。并行通信一般适用于高速短距离的应用场合，典型的应用是计算机和打印机之间的连接。

串行通信是指数据一位一位地按顺序传送的通信方式，其突出特点是只需少数几条线就可以在系统间交换信息（电话线即可用作传输线），大大降低了传送成本，尤其适用于远距离通信，但串行通信的速度相对比较低。串行通信的传送方式有单工、半双工和全双工3种。单工方式下只允许数据向一个方向传送，要么只能发送，要么只能接收；半双工方式下允许数据往两个相反的方向传送，但不能同时传送，只能交替进行。为了避免双方同时发送，需另加联络线或制定软件协议；全双工是指数据可以同时往两个相反的方向传送，需要两个独立的数据线分别传送两个相反方向的数据。

串行通信中必须规定一种双方都认可的同步方式，以便接收端完成正确的接收。串行通信有同步和异步两种基本方式。

2. 串行异步通信

在串行异步通信中，数据按帧传送，用一位起始位（"0"电平）表示一个字符的开始，接着是数据位，低位在前，高位在后，用停止位（"1"电平）表示字符的结束。有时在信息位和停止位之间可以插入一位奇偶校验位，这样构成一个数据帧。因此，在串行异步通信中，收发的每一个字符数据都是由4个部分按顺序组成的，如图4-21所示。通信的双方若时钟略有微小的误差，两个信息字符之间的停止间隔将为这种误差提供缓冲余地，因此异步通信方式的优点是允许有较小的频率偏移。

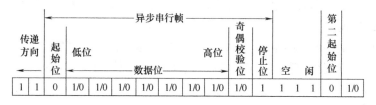

图 4-21 串行异步通信的数据帧格式

起始位：标志着一个新数据帧的开始。当发送设备要发送数据时，首先发送一个低电平信号，起始位通过通信线传向接收设备，接收设备检测到这个逻辑低电平后就开始准备接收数据信号。

数据位：起始位之后就是5、6、7或8位数据位，IBM PC机中经常采用7位或8位数据传送。当数据位为1时，收发线为高电平，反之为低电平。

奇偶校验位：用于检查在传送过程中是否发生错误。奇偶校验位可有可无，可奇可偶。若选择奇校验，则各数据位加上校验位使数据中为"1"的位为奇数；若选择偶校验，其和将是偶数。

停止位：停止位是高电平，表示一个数据帧传送的结束。停止位可以是一位、一位半或两位。

在异步数据传送中，通信双方必须规定数据格式，即数据的编码形式。例如，起始位占1位，数据位为7位，1个奇偶校验位，加上停止位，于是一个数据帧就由10位构成。也可以采用数据位为8位，无奇偶校验位等格式。

3. 串行通信的波特率

波特率是指数据的传输速率，表示每秒钟传送的二进制代码的位数，单位是bit/s。假如数据传送的格式是7位，加上校验位、1个起始位以及1个停止位，共10个数据位，而数据传送的速率是960bit/s，则传送的波特率为

$$10×960bit/s = 9600bit/s$$

波特率的倒数为每一位的传送时间，即

$$T = (1/9600)ms ≈ 0.104ms$$

由上述的异步通信原理可知，相互通信的A、B站点双方必须具有相同的波特率，否则就无法实现通信。波特率是衡量传输通道频宽的指标，它和传送数据的速率并不一致。异步通信的波特率一般在50~19200bit/s之间。

数据通信规程是通信双方为了有效地交换信息而建立起来的一些规约，在规程中对数据的编码同步方式、传输速度、传输控制步骤、校验方式、报文方式等问题给予统一的规定。通信规程也称为通信协议。

4.5.2　单片机的串行口

51单片机片内有一个可编程的全双工串行口，串行发送时数据由单片机的TXD（即P3.1）引脚送出，接收时数据由RXD（即P3.0）引脚输入。单片机内部有两个物理上独立的数据缓冲器（SBUF），一个为发送缓冲器，另一个为接收缓冲器，两者共用一个SFR地址99H。发送缓冲器只能写入，不能读出，接收缓冲器只能读出，不能写入。其帧格式可为8位、10位或11位，并能设置各种波特率，给实际使用带来很大的灵活性。

1. 串行口的结构

单片机的串行口是可编程接口，对它的初始化只需对特殊功能寄存器（SCON）和电源控制寄存器（PCON）设定即可。8051单片机串行口的结构如图4-22所示。

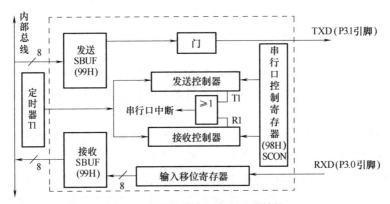

图4-22　8051单片机串行口的结构

单片机的串行口主要由两个数据缓冲器（SBUF）、一个输入移位寄存器、一个串行口控制

寄存器（SCON）和一个定时器 T1 等组成，如图 4-22 所示。串行口数据缓冲器（SBUF）是可以直接寻址的专用寄存器。在物理上，一个作发送缓冲器，一个作接收缓冲器。但两个缓冲器共用一个入口地址（99H），由读/写信号区分。CPU 发送数据时，数据写入 SBUF，接收数据时读 SBUF。接收 SBUF 是双缓冲结构，以避免在接收下一帧数据之前，CPU 未能及时响应接收器的中断，把上一帧数据读走，而产生两帧数据重叠的问题。对于发送 SBUF，为了保持最大的传输速率，一般不需要双缓冲，因为发送时 CPU 是主动的，不会产生写重叠的问题。不管是发送数据还是接收数据，只要 SBUF 与外界有数据交换就可引发中断请求。

SCON 用来存放串行口的控制和状态信息。T1 用作串行口的波特率发生器，其波特率是否增倍可由 PCON 的最高位控制。

2. 与串行通信有关的寄存器

与串行通信有关的寄存器有串行口控制寄存器（SCON）、电源控制寄存器（PCON）以及与串行通信中断有关的控制寄存器（IE 和 IP）。另外，串行通信的波特率还要用到 T1 的控制寄存器 TMOD 和 TCON。

（1）串行口控制寄存器（SCON）

8051 单片机串行通信的方式选择、接收和发送控制以及串行口的状态标志等均由特殊功能寄存器（SCON）控制和指示。SCON 的字节地址是 98H，支持位操作。其控制字格式为

位序号	D7	D6	D5	D4	D3	D2	D1	D0
位地址	9FH	9EH	9DH	9CH	9BH	9AH	99H	98H
位名称	SM0	SM1	SM2	REN	TB8	RB8	TI	RI

SM0、SM1：串行口的工作方式控制位，工作方式见表 4-6，其中 f_{osc} 是振荡频率。

SM2：多机通信控制位，主要用于方式 2 和方式 3。若置 SM2＝1，则允许多机通信。多机通信协议规定，第 9 位数据（D8）为 1，说明本帧数据为地址帧；若第 9 位为 0，则本帧为数据帧。当一个 8051 单片机（主机）与多个 8051 单片机（从机）通信时，所有从机的 SM2 都置 1。主机先发送的一帧数据为地址，即某从机的机号，其中第 9 位为 1，所有的从机接收到数据后，将其中第 9 位装入 RB8 中。各个从机根据收到的第 9 位数据（RB8 中）的值来决定从机能否再接收主机的信息。若 RB8＝0，说明是数据帧，则使接收中断标志位 RI＝0，信息丢失；若 RB8＝1，说明是地址帧，数据装入 SBUF 并置 RI＝1，中断所有从机，被寻址的目标从机将 SM2 复位，以接收主机发送来的一帧数据。其他从机仍然保持 SM2＝1。若 SM2＝0，即不属于多机通信的情况，则接收一帧数据后，不管第 9 位数据是 0 还是 1，都置 RI＝1，接收到的数据装入 SBUF 中。在方式 1 时，若 SM2＝1，则只有接收到有效的停止时，RI 才置 1，以便接收下一帧数据；在方式 0 时，SM2 必须是 0。

表 4-6　串行口的工作方式

SM0	SM1	工作方式	功能说明	波特率
0	0	方式 0	同步移位寄存器	$f_{osc}/12$
0	1	方式 1	10 位异步收发器	波特率可变（T1 溢出率/N）
1	0	方式 2	11 位异步收发器	$f_{osc}/32$ 或 $f_{osc}/64$
1	1	方式 3	11 位异步收发器	波特率可变（T1 溢出率/N）

REN：允许接收控制位。由软件置 1 或清零。只有当 REN＝1 时才允许接收数据。在串行通信接收控制程序中，如满足 RI＝0、REN＝1 的条件，就会启动一次接收过程，一帧数据就装入接收 SBUF 中。

TB8：方式 2 和方式 3 时，TB8 为发送的第 9 位数据，根据发送数据的需要由软件置位或复位，可作奇偶校验位，也可在多机通信中作为发送地址帧或数据帧的标志位。对于后者，TB8＝1 时，说明发送该帧数据为地址；TB8＝0 时，说明发送该帧数据为数据字节。在方式 0 和方式 1 中，该位未用。

RB8：方式 2 和方式 3 时，RB8 为接收的第 9 位数据。SM2＝1 时，如果 RB8＝1，说明收到的数据为地址帧。RB8 一般是约定的奇偶校验位，或是约定的地址/数据标志位。在方式 1 中，若 SM2＝0（即不是多机通信情况），则 RB8 中存放的是已接收到的停止位。方式 0 中该位未用。

TI：发送中断标志，在一帧数据发送完时被置位。在方式 0 中发送第 8 位数据结束时，或其他方式发送到停止位的开始时由硬件置位，向 CPU 申请中断，同时可用软件查询。TI 置位表示向 CPU 提供"发送 SBUF 已空"的信息，CPU 可以准备发送下一帧数据。串行口发送中断被响应后，TI 不会自动复位，必须由软件清零。

RI：接收中断标志，在接收到一帧有效数据后由硬件置位。在方式 0 中接收到第 8 位数据时，或其他方式中接收到停止位中间时，由硬件置位，向 CPU 申请中断，也可用软件查询。RI＝1 表示一帧数据接收结束，并已装入接收 SBUF 中，要求 CPU 取走数据。RI 必须由软件清零，以清除中断请求，准备接收下一帧数据。

由于串行发送中断标志 TI 和接收中断标志 RI 共用一个中断源，CPU 并不知道是 TI 还是 RI 产生的中断请求。因此，在进行串行通信时，必须在中断服务程序中用指令来判断。复位后 SCON 的所有位都清零。

（2）电源控制寄存器（PCON）

PCON 中的最高位 SMOD 是与串行口的波特率设置有关的选择位，其余 7 位都和串行通信无关。SMOD＝1 时，方式 1、2、3 的波特率加倍。PCON 格式为

位序号	D7	D6	D5	D4	D3	D2	D1	D0
位名称	SMOD	SMOD0	LVDF	PQF	GF1	GF0	PD	IDL

串行通信的波特率是由单片机的定时器 T1 产生的，并且串行通信占用一个单片机的一个中断，因此串行通信还要用到 T1 以及中断有关的寄存器，如 IE、IP、TMOD。在第 2 章已经对中断和定时器应用做了介绍，利用这些寄存器进行串行通信时会在程序中再次体现。

4.5.3　串行口的工作方式

MCS-51 单片机串行口有方式 0、方式 1、方式 2 和方式 3 共 4 种工作方式。现对每种工作方式下的特点作进一步的说明。

1. 方式 0

同步移位寄存器输入/输出工作方式。8 位串行数据的输入或输出都是通过 RXD 端，而 TXD 端用于输出同步移位脉冲。波特率固定为单片机振荡频率（f_{osc}）的 1/12。串行传送数据 8 位为一帧（没有起始、停止、奇偶校验位）。由 RXD（P3.0）端输出或输入，低位在

前，高位在后。TXD（P3.1）端输出同步移位脉冲，可以作为外部扩展的移位寄存器的移位时钟，因而串行口方式 0 常用于扩展外部并行 I/O 口。

（1）方式 0 发送

串行口可以外接串行输入/并行输出的移位寄存器，如 74LS164，用以扩展并行输出口。如图 4-23 所示，当 CPU 执行一条将数据写入发送 SBUF 的指令时，产生一个正脉冲，串行口即把 SBUF 中的 8 位数据以 f_{osc}/12 的固定波特率从 RXD 引脚串行输出，低位在先，逐位移入 74LS164。8 位全部移完，TI＝1。如要再发送，必须先将 TI 清零。串行发送时，外部可扩展一片（或几片）串行输入/并行输出的移位寄存器。方式 0 发送时序如图 4-24 所示。

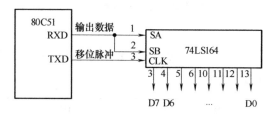

图 4-23　方式 0 扩展并行输出口

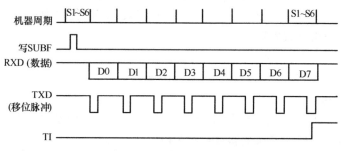

图 4-24　方式 0 发送时序

（2）方式 0 接收

串行接收时，串行口可以扩展一片（或几片）并行输入/串行输出的移位寄存器，如图 4-25 所示。利用 74LS165，用以扩展并行输入口。向串口的 SCON 写入控制字（置为方式 0，并置"1"REN 位，同时 RI＝0）时，产生一个正脉冲，串行口即开始接收数据。RXD 为数据输入端，TXD 端输出的同步移位脉冲将 74LS165 逐位移入 RXD 端。8 位全部移完，RI＝1，表示一帧数据接收完，如要再发送，必须将 RI 清"0"。方式 0 接收时序如图 4-26 所示。

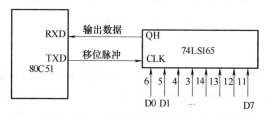

图 4-25　方式 0 扩展并行输入口

方式 0 下，SCON 中的 TB8、RB8 位没有用到，发送或接收完 8 位数据由硬件置"1"TI 或 RI，CPU 响应中断。TI 或 RI 须由用户软件清"0"，可用如下指令：RI＝1 和 TI＝1；方式 0 时，SM2 位必须为 0。

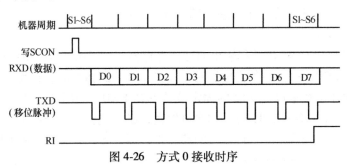

图 4-26　方式 0 接收时序

2. 方式 1

方式 1 时，一帧数据为 10 位，1 个起始位（0）、8 个数据位、1 个停止位（1），先发送或接收最低位。方式 1 帧格式为

起始位	D0	D1	D2	D3	D4	D5	D6	D7	停止位

方式 1 时，其波特率是可变的，由定时器 T1 的计数溢出率决定。在串行通信中，常用定时器 T1 作为波特率发生器使用，通常选用定时方式 2，避免因为重装时间常数而带来的定时误差。其波特率由下式确定：

$$\text{方式 1 的波特率} = (2^{\text{SMOD}}/32) \times (\text{定时器 T1 的溢出率})$$

上式中 SMOD 为 PCON 寄存器的最高位的值（0 或 1）。

（1）方式 1 发送

在 TI = 0 时，当执行一条数据写发送 SBUF 的指令，就启动发送。发送开始时，内部发送控制信号变为有效。然后发送电路自动在 8 位发送字符前后分别添加 1 位起始位和 1 位停止位，并在移位脉冲作用下，每经过 1 个 TX 时钟周期，便产生 1 个移位脉冲，并由 TXD 按照从低位到高位输出 1 个数据位。8 位数据位全部发送完毕后，TI 也由硬件在发送停止位时置位，即 TI = 1，向 CPU 申请中断。图 4-27 中 TX 时钟的频率就是发送的波特率。

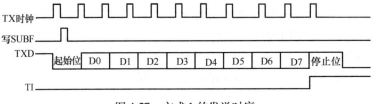

图 4-27　方式 1 的发送时序

（2）方式 1 接收

接收操作在 RI = 0 和 REN = 1 的条件下进行。方式 1 的接收时序如图 4-28 所示。单片机内部允许接收器接收，接收器以所选波特率的 16 倍速率采样 RXD 端电平，当检测到 RXD 端输入电平发生负跳变时（起始位），开始接收数据。内部 16 分频计数器的 16 个状态把传送给每一位数据的时间 16 等分，在每个时间的 7、8、9 这 3 个计数状态，位检测器采样 RXD 端电平，接收的值是 3 次采样中至少有两次相同的值，这样可以防止外界的干扰。图 4-28 中 RX 时钟的频率就是接收的波特率。位检测采样的频率为 RX 时钟频率的 16 倍。

如果在第一位时间内接收到的值不为 0，说明它不是一帧数据的起始位，该位被摒弃，则复位接收电路，重新搜索 RXD 端输入电平的负跳变；若接收到的值为 0，则说明起始位有效，将其移入输入移位寄存器，并开始接收这一帧数据的其余部分信息。

当 RI＝0，且 SM2＝0（或接收到的停止位为 1）时，将接收到的 9 位数据的前 8 位数据装入 SBUF 接收，第 9 位（停止位）装入 RB8，并置 RI＝1，向 CPU 请求中断。在方式 1 下，SM2 一般应设定为 0。

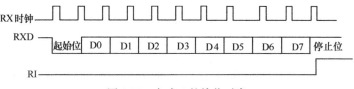

图 4-28　方式 1 的接收时序

当一帧数据接收完，须同时满足以下两个条件，接收才真正有效。RI＝0，即上一帧数据接收完成时，RI＝1 发出的中断请求已被响应，SBUF 中的数据已被取走，说明"接收 SBUF"已空；SM2＝0 或收到的停止位＝1（方式 1 时，停止位已进入 RB8），则收到的数据装入 SBUF 和 RB8（RB8 装入停止位），且置"1"中断标志 RI；若这两个条件不能同时满足，收到的数据将丢失。

3. 方式 2 和方式 3

方式 2 和方式 3 下，串行口工作在 11 位异步通信方式。一帧信息包含一个起始位"0"、8 个数据位、一个可编程第 9 数据位和一个停止位"1"。其中可编程位是 SCON 中的 TB8 位，可作奇偶校验位或地址/数据帧的标志位使用。方式 2 和方式 3 两者的差异仅在于通信波特率有所不同：方式 2 的波特率是固定的，由主频 f_{osc} 经 32 或 64 分频后提供，方式 3 的波特率是可变的。方式 2 和方式 3 的帧格式为

起始位	D0	D1	D2	D3	D4	D5	D6	D7	TB8	停止位

方式 2 的波特率由下式确定：

$$方式 2 的波特率 = (2^{SMOD}/64) \times f_{osc}$$

方式 3 的波特率由下式确定：

$$方式 3 的波特率 = (2^{SMOD}/32) \times (定时器 T1 的溢出率)$$

（1）方式 2（或 3）发送

发送前，先根据通信协议由软件设置 TB8（例如，双机通信时的奇偶校验位或多机通信时的地址/数据的标志位）。然后将要发送的数据写入 SBUF，即可启动发送过程。串行口能自动把 TB8 取出，并装入第 9 数据位的位置，再逐一发送出去。发送完毕，则使置位 TI 为"1"。方式 2 和方式 3 的发送时序如图 4-29 所示。

（2）方式 2（或 3）接收

方式 2 和方式 3 的接收过程也和方式 1 类似。所不同的是：方式 1 时，RB8 中存放的是停止位；方式 2 或方式 3 时，RB8 中存放的是第 9 数据位。在接收完第 9 位数据后，需满足两个条件，才能将接收到的数据送入 SBUF。RI＝0，意味着接收缓冲器为空；SM2＝0 或接收到的第 9 位数据 RB8＝1 时；当上述两个条件满足时，接收到的数据送入接收 SBUF，第 9

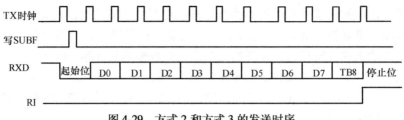

图 4-29　方式 2 和方式 3 的发送时序

位数据送入 RB8，并置"1"RI。若不满足上述两个条件，接收的信息将被丢弃。方式 2 和方式 3 的接收时序如图 4-30 所示。

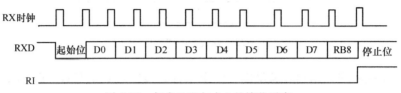

图 4-30　方式 2 和方式 3 的接收时序

表 4-7 列出了方式 1 和方式 3 的常用波特率与其他参数的关系。系统振荡频率选为 11.0592MHz 是为了使初值为整数，从而产生精确的波特率。

表 4-7　常用波特率与其他参数的关系

串行口工作方式	波特率	f_{osc}	SMOD	定时器 T1		
				C/$\overline{T}$	模式	定时器初值
方式 0	1MHz		X			
方式 2	375kHz	12MHz	1	X	X	X
	187.5kHz		0			
方式 1 或方式 3	62.5kHz	11.0592MHz	1	0	2	FFH
	19.2kHz		1			FDH
	9.6kHz					FDH
	4.8kHz					FAH
	2.4kHz		0			FAH
	1.2kHz					E8H
	137.5Hz					1DH
	110Hz	12MHz			1	FEEBH
方式 0	500kHz		X	X	X	X
方式 2	187.5kHz					
方式 1 或方式 3	19.2kHz	6MHz	1	0	2	FEH
	9.6kHz					FDH
	4.8kHz					FDH
	2.4kHz					FAH
	1.2kHz					F4H
	600Hz		0			E8H
	110Hz					72H
	55Hz				1	FEEBH

如果串行通信选用很低的波特率，可将定时器 T1 置于模式 0 或模式 1，即 13 位或 16 位定时方式。但在这种情况下，T1 溢出时，需用中断服务程序重装初值。中断响应时间和指令执行时间会使波特率产生一定的误差，需要用改变初值的方法加以调整。

4.5.4　单片机通信电路接口

单片机系统之间的控制和计算机对单片机采集数据的处理都需要利用通信接口进行数据的传输。单片机与单片机之间的数据通信称为多机通信，单片机和 PC 机之间的数据通信为上位机通信。单片机串口通信是利用单片机的串行口实现的。

单片机通信常用的通信协议有 RS232C、RS485，对应的总线接口有串行 RS232、RS485 和 USB 总线接口。由于 51 单片机含有串行通信接口，因此利用少量的芯片即可完成串行通信的接口电路。

1. RS232 通信接口

ELA RS232C 是目前最常用的串行接口标准，用于实现计算机与计算机之间、计算机与外部设备之间的数据通信。该标准的目的是定义数据终端设备（DTE）之间接口的电气特性。RS232C 也为单片机与单片机、单片机与 PC 机之间提供了串行数据通信的标准接口，通信距离可达到 15m。为了保证二进制数据能够正确传送，设备控制准确完成，有必要使所用的信号电平保持一致。为满足此要求，RS232C 标准规定了数据和控制信号的电压范围。由于 RS232C 是在 TTL 集成电路之前研制的，所以它的电平不是+5V 和地，而是采用负逻辑，规定 3～15V 之间的任意电压表示逻辑 0 电平，-3～-15V 之间的任意电压表示逻辑 1 电平，如单片机的串口 COM1、COM2。

计算机与单片机进行串口通信时，需要采用 MAX232 芯片进行电平转换。图 4-31 所示为采用 MAX232 串行接口通信电路，数据发送与接收分别与 RS232 电缆线接口 DB9 中的 2、3 针连接。这种串行接口电路可用于多机串口通信中，也可直接用于 STC 系列单片机的程序下载，同样功能的串行接口芯片有 MC1489、SN75189 等。MAX232 与单片机采用同一电源供电。

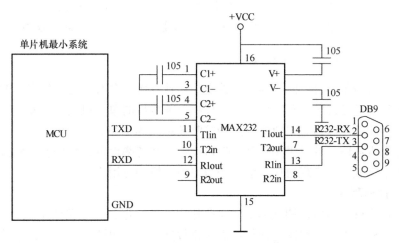

图 4-31　采用 MAX232 串行接口通信电路

2. RS485 通信接口

RS485 协议是一种利用双绞线实现的远距离串行通信标准，接口电路采用平衡驱动器和差分接收器，以两线之间的电压差表示逻辑 1 和 0，因此具有较高共模抑制和抗干扰能力。理论上，RS485 数据的最高传输速率为 10Mbit/s，传输距离达 3km，多用于楼宇云台控制和有线控制机器人等系统。

RS485 接口连接器采用 MAX485 芯片，输入电平为 TTL 电平。单片机多机远距离通信可以直接使用 MAX485 芯片。图 4-32 所示为采用 MAX485 实现的 RS485 通信接口，AB 端接双绞线可与远程单片机通信。

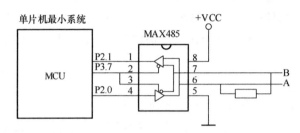

图 4-32　采用 MAX485 实现的 RS485 通信接口

3. USB 通信接口

USB（Universal Serial BUS，通用串行总线）是一个外部总线标准，USB 是在 1994 年底由英特尔、康柏、IBM、Microsoft 等多家公司联合提出的，用于规范计算机与外部设备的连接和通信。

USB 使用 4 个针（USB3.0 标准为 9 针）插头作为标准插头，最多可以连接 127 个外部设备，并且不会损失带宽。USB 需要主机硬件、操作系统和外部设备 3 个方面的支持才能工作。USB 具有传输速度快（USB1.1 是 12Mbit/s、USB2.0 是 480Mbit/s、USB3.0 是 5Gbit/s）、使用方便、支持热插拔、连接灵活、独立供电等优点，可以连接鼠标、键盘、打印机、扫描仪、摄像头、闪存盘、MP3 机、手机、数码相机、移动硬盘、外置光驱、USB 网卡、ADSL Modem、Cable Modem 等几乎所有的外部设备。

单片机与计算机之间的通信也可以使用 USB 接口，只需把单片机串口通信数据转换为 USB 标准电平即可。在第 1 章已经介绍了 USB 接口电路，这里不再重复叙述。

4.5.5　单片机串口通信（项目 10）

要实现计算机与单片机之间的通信，首先需要计算机中含有指定通信串口的软件，软件本身能够对波特率进行设定；还需要具有计算机通信接口的单片机实验开发板。

有很多应用软件可以指定出数据发送和接收的端口为串口，如 VB、VC、Java 等，为了便于学习与计算机通信，可以采用一种集串口设定、波特率设定、数据发送和接收等功能的串口调试助手来完成。在实现通信之前，先编写单片机端应用程序。

1. 单片机通信程序

这里规定计算机使用串口调试助手先向单片机发送数据，本项目中下位机使用 B107 型单片机实验开发板。单片机程序先让单片机接收数据后，再向计算机返回这个数据，通信波特率设定为 9600bit/s。程序清单如下：

```
/*********************************************************/
//计算机通过串口调试助手向实验开发板发送一个数据
//开发板接收后返回这个数据
/*********************************************************/
#include<reg51.h>
void s_init(void)
{
    SCON=0x50;    //设置串口通信控制寄存器,工作方式1,允许串口接收数据
    TMOD=0x20;    //设定定时器T1,工作方式2,自动装初值
    TH1=0xfd      //设定波特率为9600bit/s,工作方式2,自动装初值,9600
    TL1=0xfd;
    TR1=1;
}
void main(void)
{
    unsigned char i;
    s_init();
    while(1)
    {
        while(!RI);           //等待接收
        i=SBUF                //接收的数据给i
        RI=0;                 //RI 软件清零
        SBUF=i;
        while(!TI);           //等待发送
        TI=0;                 //TI 软件清零
    }
}
/*********************************************************/
```

2. 利用串口调试助手通信

程序下载到单片机后,把单片机实验开发板连接到计算机的 USB 接口并确定使用的端口,然后打开串口调试助手程序,如图 4-33 所示。实现串口通信实验步骤如下:

1) 先确定实验开发板接入计算机后占用的串口编号,然后在串口调试助手中设定串口。

2) 选择波特率为 9600bit/s。

3) 打开串口,在数据区写上一个字符,按手动发送按钮,等待接收数据。

观察接收区字符,如果接收数据无误,说明串口通信成功。单片机与计算机的通信实验也可以利用 STC-ISP 软件实现。利用此类调试助手的通信测试只是为了检验通信的接口和单片机程序的正确性,对复杂系统的上位机设计提供了一个基本的硬件和软件设计依据。

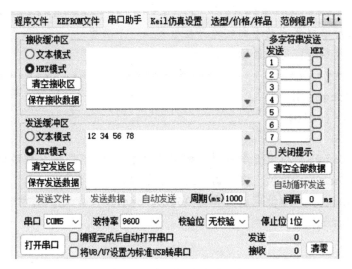

图4-33 串口调试助手程序

串行通信是单片机与其他单片机系统之间级联常用的一种数据传输方式，串行通信方式也用于单片机与外部器件之间的数据交换，由于单片机的串行通信口只有一个，因此，在用到多个端口进行串行通信时，可以利用单片机的I/O口来模拟串口。

思考题

4-1　8051单片机有几个中断源？分成几个优先级？

4-2　请列举8051单片机的中断源和中断申请方法，并结合特殊功能寄存器IE、IP的功能，详细说明如何开中断以及各中断源中断优先权的高低是如何排列确定的。

4-3　什么是串行异步通信，它有哪些作用？

4-4　8051单片机的串行口由哪些功能部件组成？各有什么作用？

4-5　8051单片机的串行口有几种工作方式？有几种帧格式？各工作方式的波特率如何确定？

4-6　设 f_{osc} = 11.0592MHz，试编写一段程序，对串行口初始化，工作于方式1，波特率为1200bit/s；并用查询串行口状态的方法，读出接收缓冲器的数据，并送回到发送缓冲器。

4-7　8051单片机内部设有几个定时器/计数器？它们是由哪些特殊功能寄存器组成的？

4-8　定时器/计数器用作定时器时，其定时时间与哪些因素有关？用作计数器时，对外界计数频率有何限制？

4-9　8051单片机定时器的门控制信号GATE设置为1时，定时器如何启动？

4-10　设8051单片机的 f_{osc} = 12MHz，要求用T1定时120μs，分别计算采用定时方式1和方式2时的定时初值。

4-11　（项目11-单片机定时器中断应用）请采用图4-34中的电路，利用定时器T0中断产生秒信号，然后让单片机的P0口驱动一只数码管显示秒计数。

4-12　（项目12-可变脉宽波形输出）已知单片机的 f_{osc} = 12MHz，利用T0使P1.1输出矩形波，要求矩形波周期为100μs，高电平脉冲宽度为30μs，请设计程序并在Proteus中利

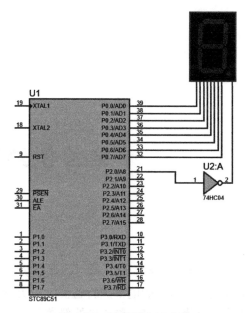

图 4-34　思考题 4-11 电路

用示波器测试。如果矩形波周期不变，怎样利用一个变量去控制高电平的脉宽?

　　4-13　已知 8051 单片机的 f_{osc} = 12MHz，用 T1 定时和 P3.2 输出，并编写程序，实现图 4-35 所示的波形。其中 t_1 = 0.3s，t_2 = 0.3s，t_3 = 0.5s，f = 1000Hz，并在 Proteus 中仿真，利用仿真软件提供的扬声器监听。

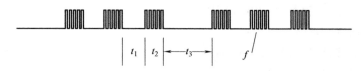

图 4-35　思考题 4-13 波形图

　　4-14　(项目 13-音乐程序分析) 改变定时器的中断时间可以产生不同周期的方波信号，这种单音频信号正是音乐的音调组成，请分析 B107 型开发板附带资料中的项目 11 程序，简单说明音乐程序的设计原理。

　　4-15　B107 型实验开发板上 P0 口先输出 8 位共阳型数码管的位选信号，利用 74HC573 锁存后，再利用 P0 输出段选信号。采用 8 位数码管显示电子表的时分秒信息图如图 4-36 所示，请重新编写电子表程序完成项目 8，并下载程序，观察实验开发板上程序的运行情况 (提示: 按键利用 K0、K1、K2、K3，先让 P2.4 为低电平)。

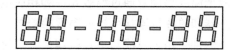

图 4-36　思考题 4-15 时分秒信息图

第 5 章

单片机外部器件应用

应用中的单片机系统电路中一般有按键、显示部件以及检测、存储、信号转换、驱动等器件。单片机可以直接对加载在 I/O 口上的电平进行检测，很方便地与外部器件进行交互，因此，数字器件可以很方便地与单片机连接。单片机外部常用的器件有很多种类，大部分都是数字电路，如数字温度传感器、I^2C 器件、实时时钟芯片、A/D 转换器、D/A 转换器、液晶显示器等。

本章将主要介绍数字温度传感器 DS18B20、AT24C04、DS1302 以及单片机常用的 A/D 转换器、D/A 转换器等，了解此类器件的电路连接及程序设计方法，使读者进一步掌握复杂单片机系统的构成和程序设计。本章需要完成的项目有：

项目 14-数字温度传感器 DS18B20 应用；

项目 15-实时时钟 DS1302 应用；

项目 16-I^2C 总线器件 AT24C04 应用；

项目 17-A/D 转换器 TLC549 应用；

项目 18-D/A 转换器 TLC5615 应用；

项目 19-步进电动机驱动技术；

项目 20-无刷电动机驱动技术（思考题 5-8）；

项目 21-直接数字频率合成技术（思考题 5-9）；

项目 22-基于 LCD1602 的电子日历设计（思考题 5-10）。

5.1 数字温度传感器 DS18B20 应用

数字温度传感器是一种能把温度物理量通过温敏元件和相应电路转换成便于数据采集的数字化传感器。数字温度传感器和单片机连接可构成温度检测与温度控制系统。单片机常用的温度传感器为 DS18B20，该器件采用单总线与单片机连接，通过编程可以很方便地实现温度的测量与控制。

本节将主要介绍 DS18B20 的工作原理、时序和指令，然后设计完成一个简单的数字温度控制系统。

5.1.1　DS18B20 功能原理

DS18B20 是美国 DALLAS 半导体公司推出的支持"一线总线"接口的数字温度传感器，具有微型化、低功耗等优点，可直接将温度转换成串行数字信号供单片机处理，并在单片机系统中实现温度的测量与控制。

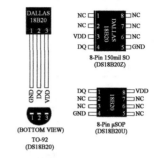

图 5-1　DS18B20 的外形及引脚排列

1. 功能及其封装外形

DS18B20 常见的有 TO-92、SOP8 等封装外形，如图 5-1 所示，表 5-1 给出了 TO-92 封装的引脚功能，其中 DQ 引脚是该传感器的数据输入/输出（I/O）端，该引脚为漏极开路输出，常态下呈高电平。DQ 引脚是该器件与单片机连接进行数据传输的单总线，单总线技术是 DS18B20 的一个特点。DS18B20 性能指标见表 5-2。

表 5-1　TO-92 封装的引脚功能

引脚序号	名称	功能
1	GND	地信号
2	DQ	数据输入/输出（I/O）引脚
3	VDD	电源输入引脚，当工作于寄生电源模式时，此引脚必须接地

表 5-2　DS18B20 性能指标

性能	参数	备注
电源	电压范围在 3.0~5.4V，在寄生电源方式下可由数据线供电	
测温范围	−55~125℃，在−10~85℃时精度为±0.5℃	
分辨率	9~12 位，分别有 0.5℃、0.25℃、0.125℃和 0.0625℃	程序控制
转换速度	在 9 位时，小于 93.75ms；12 位分辨率时，小于 750ms	
总线连接点	由于数据线延时和干扰限制，一般不超过 8 个	

2. 工作原理

DS18B20 内部包含一个 64 位的 ROM、9 字节的 RAM、温度传感器以及相关控制电路。DS18B20 的序列号唯一，可以实现一根总线上级联多个同样的器件。

9 字节的 RAM 是一个高速寄存器，见表 5-3。其中第 0、1 字节是温度转换有效位，第 1 字节的低 3 位存放了温度的高位，高 5 位存放温度的正负值；第 0 字节的高 4 位存放温度的低位，低 4 位存放温度的小数部分。如果检测温度大于零度，第 1 字节高 5 位全为 0，温度有效值为原码表示；如果检测温度小于零度，第 1 字节的高 5 位全为 1，温度的有效值用补码表示，在应用中需要进行数据转换。

RAM 的第 2 个和第 3 个字节用于寄存温控系统的温度上下限，分别用 TH 和 TL 表示，RAM 的这两个字节与 DS18B20 内部的 EEPROM 相对应，通过程序控制可以实现之间的数据交换。在实际应用中，温度上下限由按键输入，通过程序控制把温度的上下限从单片机中读到 TH 和 TL 中，然后再复制到 DS18B20 内部的 EEPROM 中，系统掉电重启后，EEPROM 中存放的温度上下限自动调入 TH 和 TL 中，再由单片机读出。

表 5-3   高速寄存器 RAM

字节地址编号	寄存器内容	功能
0	温度值低 8 位（LSB）	高 4 位为温度的低位，低 4 位为温度小数部分
1	温度值高 8 位（MSB）	高 5 位为温度的正负值，低 3 位为温度的高位
2	高温度值（TH）	设置温度上限
3	低温度值（TL）	设置温度下限
4	配置寄存器	
5	保留	
6	保留	
7	保留	
8	CRC 校验值	

3. 硬件连接

图 5-2 所示为单片机与 DS18B20 的连接方法，DS18B20 与单片机共用一个电源，单片机只需要一个 I/O 口就可以控制 DS18B20。单片机控制多个 DS18B20 进行温度采集时，需先读出每个 DS18B20 内部芯片的序列号。

有时也可以把 DS18B20 的正极接空，由数据线的高电平寄生一个电源正极。为了增加单片机 I/O 口驱动的可靠性，总线上接有上拉电阻。

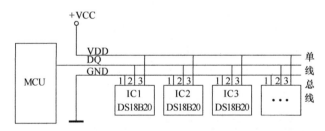

图 5-2   单片机与 DS18B20 的连接方法

5.1.2   DS18B20 工作时序

单总线协议规定一条数据线传输串行数据，时序有严格的控制，对于 DS18B20 的程序设计，必须遵守单总线协议。DS18B20 的操作主要分为初始化、写数据、读数据。下面分别介绍操作步骤。

1. 初始化

初始化是单片机对 DS18B20 的基本操作，时序如图 5-3 所示，主要目的是单片机感知 DS18B20 的存在并为下一步操作做准备，同时启动 DS18B20，程序设计根据时序进行。DS18B20 初始化操作步骤为：

1）先将数据线置高电平 1，然后延时（可有可无）。

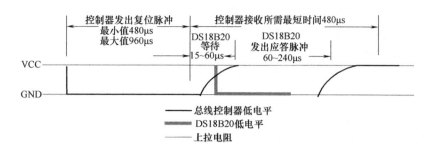

图 5-3　DS18B20 初始化时序

2）数据线拉到低电平 0。然后延时 750μs（该时间范围可以在 480~960μs），调用延时函数决定。

3）数据线拉到高电平 1。如果单片机 P1.0 接 DS18B20 的 DQ 引脚，则 P1.0 此时设置高电平，称为单片机对总线电平管理权释放。此时，P1.0 的电平高低由 DS18B20 的 DQ 输出决定。

4）延时等待。如果初始化成功则在 15~60ms 总线上产生一个由 DS18B20 返回的低电平 0，据该状态可以确定它的存在。但是应注意，不能无限地等待，不然会使程序进入死循环，所以要进行超时判断。

5）若单片机读到数据线上的低电平 0 后，说明 DS18B20 存在并响应，还要进行延时，其延时的时间从发出高电平算起（第 5）步）最少要 480μs。

6）将数据线再次拉到高电平 1，结束初始化步骤。

从单片机对 DS18B20 的初始化过程来看，单片机与 DS18B20 之间的关系如同人与人之间对话，单片机要对 DS18B20 操作，必须先证实 DS18B20 的存在，当 DS18B20 响应后，单片机才能进行下面的操作。

2. 对 DS18B20 写数据

1）数据线先置低电平 0，数据发送的起始信号，时序如图 5-4 所示。

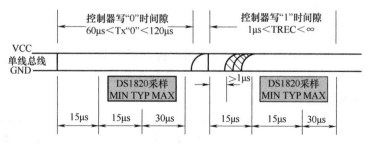

图 5-4　DS18B20 的写时序

2）延时确定的时间为 15μs。

3）按低位到高位顺序发送数据（一次只发送一位）。

4）延时时间为 45μs，等待 DS18B20 接收。

5）将数据线拉到高电平 1，单片机释放总线。

6）重复 1）~5）步骤，直到发送完整字节。

7）最后将数据线拉高，单片机释放总线。

3. DS18B20 读数据

1）将数据线拉高，时序如图 5-5 所示。

2）延时 2μs。

3）将数据线拉低到 0。

4）延时 6μs，延时时间比写数据时间短。

5）将数据线拉高到 1，释放总线。

6）延时 4μs。

7）读数据线的状态得到一个状态位，并进行数据处理。

8）延时 30μs。

9）重复 1）~7）步骤，直到读取完一个字节。

只有在熟悉了 DS18B20 操作时序后，才能对器件进行编程，由于 DS18B20 有器件编号、温度数据有低位和高位以及温度的上下限，读取的数据较多，因此 DS18B20 提供了自己的指令。

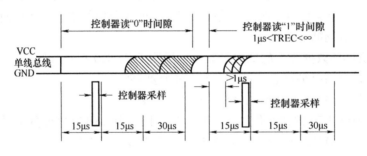

图 5-5　DS18B20 的读时序

5.1.3　DS18B20 指令

1. ROM 操作指令

DS18B20 指令主要有 ROM 操作指令、温度操作指令两类。ROM 操作指令主要针对 DS18B20 的内部 ROM。每一个 DS18B20 都有自己独立的编号，存放在 DS18B20 内部 64 位 ROM 中，64 位 ROM 定义为

8 位 CRC 码	48 位序列号	8 位产品类型标号

64 位 ROM 中的序列号是出厂前已经固化好的，它可以看作该 DS18B20 的地址序列码。其各位排列顺序是，开始 8 位为产品类型标号，接下来 48 位是该 DS18B20 自身的序列号，最后 8 位是前面 56 位的 CRC 循环冗余校验码（CRC＝X8＋X5＋X4＋1）。ROM 的作用是使每一个 DS18B20 都各不相同，这样就可以实现一条总线上挂接多个 DS18B20 的目的。ROM 操作指令见表 5-4。

表 5-4 ROM 操作指令

指令代码	作用
33H	读 ROM。读 DS18B20 温度传感器 ROM 中的编码（即 64 位地址）
55H	匹配 ROM。发出此命令之后，接着发出 64 位 ROM 编码，访问单总线上与该编码相对应的 DS18B20 并使之做出响应，为下一步对该 DS18B20 的读/写做准备
F0H	搜索 ROM。用于确定挂接在同一总线上 DS18B20 的个数，识别 64 位 ROM 地址，为操作各器件做好准备
CCH	跳过 ROM。忽略 64 位 ROM 地址，直接向 DS18B20 发出温度变换命令，适用于一个从机工作
ECH	告警搜索命令。执行后只有温度超过设定值上限或下限的芯片才做出响应

在实际应用中，单片机需要总线上的多个 DS18B20 中的某一个进行操作时，事前应将每个 DS18B20 分别与总线连接，先读出其序列号；然后再将所有的 DS18B20 连接到总线上，当单片机发出匹配 ROM 命令（55H），紧接着主机提供的 64 位序列，找到对应的 DS18B20 后，之后的操作才是针对该器件的。

如果总线上只存在一个 DS18B20，就不需要读取 ROM 编码以及匹配 ROM 编码了，只要跳过 ROM（CCH）命令，就可以进行温度转换和读取操作。

2. 温度操作指令

温度操作指令见表 5-5。DS18B20 在出厂时温度数值默认为 12 位，其中最高位为符号位，即温度值共 11 位，单片机在读取数据时，依次从高速寄存器第 0、1 地址读 2 字节共 16 位，读完后将低 11 位的二进制数转换为实际温度值。1 地址对应的 1 个字节的前 5 个数字为符号位，这 5 位同时变化，前 5 位为 1 时，读取的温度为负值；前 5 位为 0 时，读取的温度为正值，且温度为正值时，只要将测得的数值乘以 0.0625 即可得到实际温度值。

表 5-5 温度操作指令

指令代码	作用
44H	启动 DS18B20 进行温度转换，12 位转换时最长为 750ms（9 位为 93.75ms），结果存入内部 9 字节的 RAM 中
BEH	读寄存器。读内部 RAM 中 9 字节的温度数据
4EH	写寄存器。发出向内部 RAM 的第 2、3 字节写上、下限温度数据命令，紧跟该命令之后，是传送两字节的数据
48H	复制寄存器。将 RAM 中第 2、3 字节的内容复制到 EEPROM 中
B8H	重调 EEPROM。将 EEPROM 中的内容恢复到 RAM 中的第 3、4 字节
B4H	读供电方式。读 DS18B20 的供电模式。寄生供电时，DS18B20 发送 0；外接电源供电时，DS18B20 发送 1

5.1.4 DS18B20 驱动程序设计

DS18B20 的 51 单片机程序严格按照该器件的时序和指令进行，程序包含 3 个基本操作函数和 3 个应用操作函数。基本操作函数即器件初始化函数、单片机对 DS18B20 读一字节函数、写一字节函数；应用操作函数有温度函数。程序设计完成后把以上保存在 DS18B20.c

中，可以在以后的温度控制系统中方便主程序调用。DS18B20 驱动程序清单如下：

```
/*预处理*/
#include<reg51.h>
unsigned int temp_dat;              //采用16位变量表示温度,DS18B20的温
                                      度分高8位和低8位

sbit dq=P1^2;
void delay(unsigned int x){while(x--);}
void ds18b20_init(void)             //基本操作函数1
{
    unsigned char i=255;
    dq=1;                            //先让DQ置1
    dq=0;                            //单片机将DQ拉低
    delay(80);                       //延时480~960μs
    dq=1;                            //释放总线
    while(dq & i--);                 //等待返回的低电平响应,如果没有响应,
                                       则做适量延时自动往下执行

    delay(20);
}
void write_ds18b20(unsigned char x)                    //基本操作函数2
{
    unsigned char i;
    for(i=0;i< 8;i++)
    {
        dq=0;
        dq=(bit)(x & 0x01);
        delay(10);
        dq=1//释放总线
        x=x>>1;                      //写完最低位要右移1位,为下次写做准备
    }
    delay(8);
}
unsigned char read_ds18b20(void)//基本操作函数3
{
    unsigned char i,j;
    for(i=0;i< 8;i++)
    {
        dq=0                         //发送启动信号
        dq=0;
```

```
        j=j>>1;
        dq=1;                       //释放总线
        if(dq)j=j|0x80;             //重建数据
        delay(10);
    }
    return(j);
}
void read_temp_ds18b20(void)        //应用函数
{
        unsigned int i,j;
        ds18b20_init();
        write_ds18b20(0xcc);        //跳过 ROM 操作
        write_ds18b20(0x44);        //通知 DS18B20 开始温度转换
        //
        ds18b20_init();
        write_ds18b20(0xcc);        //跳过 ROM 操作
        write_ds18b20(0xbe);        //读温度
        //
        i=read_ds18b20();
        j=read_ds18b20();
        j=j<<8;
        temp_dat=i|j;
}
/*结束*/
```

5.1.5　数字温度传感器 DS18B20 应用（项目 14）

1. 功能需求

温度计设计要求有 4 位数码管显示，小数点后 1 位有效数字，具有负温度显示和灭零显示；可以检测环境温度范围为 $-10 \sim 85$℃，检测误差小于 0.5℃。

2. 电路原理

STC89C51 单片机和 DS18B20 的硬件连接图如图 5-6 所示，共阳型数码管的位选采用 74HC573 锁存，P0 口需接上拉电阻；单片机的 P1.2 和 DS18B20 的数据端口相连接。单片机通过 P1.2 口对 DS18B20 进行初始化，DS18B20 将转换后的数字温度值通过 P1.2 口传给单片机。

3. 程序设计

程序设计是在 4 位数码管动态显示的基础上完成的。主程序通过调用 DS18B20 的驱动获得温度。键盘调整与电子表调整类似。数字温度计程序包含主程序、DS18B20 驱动、定时器程序等。程序如下：

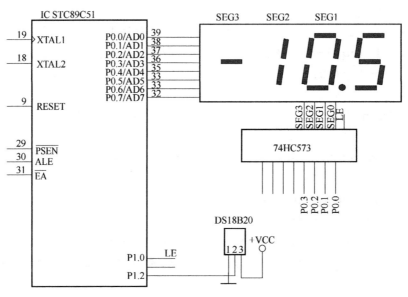

图 5-6 STC89C51 单片机和 DS18B20 的硬件连接图

```
#include<reg51.h>
#include<ds18b20.c>
code unsigned char seven_seg[] = {0xc0,0xf9,0xa4,0xb0,0x99,0x92,
0x82,0xf8,0x80,0x90};
unsigned char bit_scan[] = {0x01,0x02,0x04,0x08,0x10,0x20,0x40,
0x80};
unsigned char display_num[8];
unsigned char cp0,cp1;
unsigned int temp_num;              //中间数据
unsigned int temp1;                 //温度整数部分
unsigned int temp2;                 //温度小数部分
sbit le=P1^0;                       //74HC573 锁存器的 LE 端
/*数码管显示函数*/
void display_dat(void)
{
    display_num[0]=0xff;
    display_num[1]=0xff;
    display_num[2]=0xff;
    display_num[3]=0xff;
    if((temp_dat & 0xf800)<0xf800)//温度正值,temp_dat 的高 5 位均为 0
    {
        temp_num=temp_dat & 0x0fff;
```

```
        temp2 = (temp_num & 0x000f) * 0.625;
        temp1 = temp_num>>4;
        display_num[4] = 0xff;
        display_num[5] = seven_seg[temp1 / 10];
        display_num[6] = seven_seg[temp1 % 10] & 0x7f;
        display_num[7] = seven_seg[temp2];
    }
    else
                                          //温度负值,temp_dat 的高 5 位均为 1
    {
        temp_num = ~temp_dat+1;                      //补码转换原码
        temp2 = (temp_num & 0x000f) * 0.625+0.5;       //+0.5 为四舍五入
        temp1 = temp_num>>4;
        display_num[4] = 0xbf;
        display_num[5] = seven_seg[temp1 / 10];        //得到温度整数
        display_num[6] = seven_seg[temp1 % 10] & 0x7f;//得到温度整数
        display_num[7] = seven_seg[temp2];             //得到温度小数
    }
}
/*控制 74HC573 的锁存器,先位选再段选*/
void latch(void){le=1;le=0;}
/*定时器中断,使数码管达到动态显示*/
void timer0_isr(void)interrupt 1
{
    TH0 = (65536-2000) / 256;
    TL0 = (65536-2000)% 256;
    P0 = 0xff;                                        //消隐
    P0 = bit_scan[cp1];latch();P0 = display_num[cp1];
    cp1++;
    if(cp1>=8)cp1=0;
    cp0++;
}
/*定时器初始化程序*/
void timer0_init(void)
{
    TMOD = 0x01;
    TH0 = (65536-2000) / 256;
    TL0 = (65536-2000)% 256;
```

```
    EA=1;
    ET0=1;
    TR0=1;
}
void main(void)
{
    timer0_init();
    while(1)
    {
        display_dat();
        if(cp0==200)
        {
            cp0=0;
            read_temp_ds18b20();
        }
    }
}
/*结束*/
```

4. 仿真

数字温度计仿真电路如图 5-7 所示，数码管、锁存器 74HC573 以及 DS18B20 与单片机之间采用网络标号连接。本项目电路与 B107 型实验开发板一致，可以直接把本项目程序下载到实验开发板上运行。

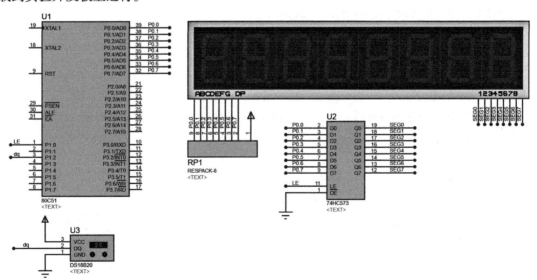

图 5-7　数字温度计仿真电路

DS18B20 常用于温度精度和温度变化范围要求不高的测温系统，如室温、农作物温棚、培养箱等温度检测。在数字温度计的基础上，可以利用该器件内部 EEPROM 存储两个变量分别作为温度的上限和下限,即可实现温度的自动控制。

5.2　实时时钟 DS1302 应用（项目 15）

单片机系统中常进行一些与时间有关的控制,例如电子日历、自动测量与控制系统,特别是长时间无人值守的测控系统,经常需要记录某些具有特殊意义的数据及其出现的时间。实时时钟（RTC）是一个由晶体控制的,能够向系统提供精度时间和日期的器件,系统与实时时钟间的通信可通过相应的接口完成。

本节将介绍一种基于串行通信方式的实时时钟 DS1302,由于该器件端口少,占用单片机硬件资源较少且成本低,因此在与时间有关的单片机系统中广泛应用。

5.2.1　DS1302 功能说明

DS1302 是美国 DALLAS 半导体公司推出的一种高性能、低功耗、内部带有 31 字节静态 RAM 的实时时钟。该芯片可以自动生成公历相关数据,包括年、月、日、时、分、秒和星期,具有闰年补偿功能。DS1302 采用 SPI 三线接口与 MCU 进行同步通信,工作电压为 2.5 ~ 5.4V,可以在备用电池供电情况下低功耗运行,同时该芯片内部提供了对备用电池充电的功能。

图 5-8 所示为 DS1302 的实物图及引脚排列,其中 VCC2 引脚接备用电池,VCC1 为主电源。在主电源掉电的情况下,备用电池能保持时钟的连续运行。DS1302 由 VCC1 或 VCC2 两者中的较大者供电。当 VCC2 大于 VCC1+0.2V 时,VCC2 给 DS1302 供电。当 VCC2 小于 VCC1 时,DS1302 由 VCC1 供电。

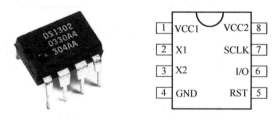

图 5-8　DS1302 的实物图及引脚排列

X1 和 X2 是谐振引脚,外接 32.768kHz 晶振。RST 是复位/片选线,RST 置高电平启动所有的数据传送。RST 输入有两种功能:首先,RST 接通控制逻辑,允许地址/命令序列送入移位寄存器;其次,RST 提供终止单字节或多字节数据的传送手段。当 RST 为高电平时,所有的数据传送被初始化,允许对 DS1302 进行操作。在传送过程中如果 RST 置为低电平,则会终止此次数据传送,I/O 引脚变为高阻态。因此 DS1302 上电运行时,在 VCC≥2.5V 之前,RST 必须保持低电平。只有在 SCLK 为低电平时,才能将 RST 置为高电平。I/O 口为串行数据输入/输出端（双向）,SCLK 始终是输入端。

5.2.2　DS1302 的寄存器和控制指令

对 DS1302 的操作主要是指单片机对其内部寄存器的操作,DS1302 内部共有 12 个寄存器，其中有 7 个寄存器存放时间信息，数据格式为 BCD 码。此外，DS1302 还有年份寄存器、控制寄存器、充电寄存器、时钟突发寄存器以及与 RAM 控制相关的寄存器等。时钟突发寄存器可一次性顺序读写除充电寄存器以外的寄存器。时间控制寄存器见表 5-6，即地址/命令序列或时间寄存器控制字，读和写与相应时间寄存器对应，如秒寄存器的控制字 0x80 为向 DS1302 内部写入秒数据，控制字 0x81 为从 DS1302 读秒数据。在程序设计过程中，对时间的读写操作前需增加一条控制指令。

　　DS1302 内部主要寄存器功能表见表 5-7，其中 CH 为时钟停止位，CH = 0 时振荡器工作，CH = 1 时振荡器停止；AP = 1 时为下午模式，AP = 0 时为上午模式。

表 5-6　时间控制寄存器

寄存器名称	7	6	5	4	3	2	1	0
	1	RAM/CK	A4	A3	A2	A1	A0	RD/W
秒寄存器控制字	1	0	0	0	0	0	0	1/0
分寄存器控制字	1	0	0	0	0	0	1	1/0
时寄存器控制字	1	0	0	0	0	1	0	1/0
日寄存器控制字	1	0	0	0	0	1	1	1/0
月寄存器控制字	1	0	0	0	1	0	0	1/0
周寄存器控制字	1	0	0	0	1	0	1	1/0
年寄存器控制字	1	0	0	0	1	1	0	1/0
写保护寄存器控制字	1	0	0	0	1	1	1	1/0
慢充电寄存器控制字	1	0	0	1	0	0	0	1/0
时钟突发秒寄存器控制字	1	0	1	1	1	1	1	1/0

表 5-7　DS1302 内部主要寄存器功能表

名称	控制字		取值范围	各位内容							
	写	读		7	6	5	4	3	2	1	0
秒寄存器	80H	81H	00~59	CH	10SEC			SEC			
分寄存器	82H	83H	00~59	0	10MIN			MIN			
时寄存器	84H	85H	1~12 或 0~23	12/24	0	A/P	HR	HR			
日寄存器	86H	87H	1~28, 29, 30, 31	0	0	10DATE		DATE			
月寄存器	88H	89H	1~12	0	0	0	10M	MONTH			
周寄存器	8AH	8BH	1~7	0	0	0	0	0	DAY		
年寄存器	8CH	8DH	0~99	10YEAR				YEAR			
写保护寄存器	8EH			WP	0	0	0	0	0	0	0

　　1）DS1302 的时间控制字的最高有效位（位 7）必须是逻辑 1，如果它为 0，则不能把数据写入 DS1302 中；位 6 如果为 0，则表示存取日历时钟数据，为 1 表示存取 RAM 数据；位 5 至位 1 指示操作单元的地址，最低有效位（位 0）如为 0 表示要进行写操作，为 1 表示要进行读操作，控制字节总是从最低位开始输出。

　　2）在控制指令字输入后的下一个 SCLK 时钟的上升沿时数据被写入 DS1302，数据发送从低位即位 0 开始依次写入 8 位。在紧跟 8 位的控制指令字后的下一个 SCLK 脉冲的下降沿读出 DS1302 的数据，读出数据时从低位 0 至高位 7。

3）写保护寄存器控制 DS1302 时间的写允许操作，WP 高电平有效，对应控制字为 0x8e。当系统对 DS1302 进行时间调整时，必须向写保护寄存器中写入 0x00，时间调整后再写入 0x10。

5.2.3　DS1302 的读写时序与驱动程序

1. DS1302 的读写时序

单片机程序不仅要向 DS1302 写入控制字，还要读取相应寄存器的数据。DS1302 数据读写时序图如图 5-9 所示。根据时序，可以简化对 DS1302 的操作过程，这是 DS1302 的驱动程序设计依据。

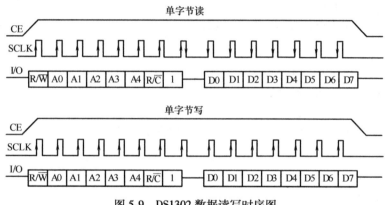

图 5-9　DS1302 数据读写时序图

2. DS1302 的基本操作

基本操作包含系统对 DS1302 初始化、写 1 字节、读 1 字节。初始化主要对 DS1302 的 RST、SCLK 引脚初始化。RST 置 1 时芯片才能正常地工作。但 DS1302 上电开始运行时，RST 须保持低电平，只有在 SCLK 为低电平时，才能将 RST 置为高电平。

从 DS1302 的读写时序可以看出，在 SCLK 上升沿来到时写数据，下降沿来到时读数据，单片机向 DS1302 中发送和接收的数据先从低位开始，因此在读写操作中需根据读写时序完成 1 字节的读写。

DS1302 应用操作包括向 DS1302 写 1 字节数据、读 1 字节数据、读时间操作和调整时间操作。由于要先发送控制字，从 DS1302 读时间需要调用一次写和一次读操作；向对应地址读 1 字节数据需要调用两次写 1 字节数据操作，此种操作用于调整时间。

由于 DS1302 内部时间寄存器中的时间数据为 8421BCD 码，因此读出的时间需要进行码制转换；在对 DS1302 进行时间调整时，也需要把十进制数据转换成 8421BCD 码后再写入 DS1302。

3. DS1302 的驱动程序

DS1302 的驱动程序包含以上操作函数，程序完成后存放在 DS1302. c 中，用于带有 DS1302 芯片的单片机系统中。程序清单如下：

```c
/* 预处理 */
#include<reg51.h>
sbit rst=P3^4;
sbit dq=P3^5;
sbit sclk=P3^7;
/* DS1302 初始化 */
void ds1302_init(void)              //让 DS1302 工作
{
    sclk=0;                         //时钟线拉低
    rst=1;                          //复位拉高,DS1302 开始启动
}
/* 写 1 字节数据 */
void write_ds1302(unsigned char x)
{
    unsigned char i;
    for(i=0;i< 8;i++)
    {
        dq=x & 0x01;                //先发送最低位
        sclk=0;
        sclk=1;                     //上升沿发送数据
        x=x>>1;
    }
}
/* 读 1 字节数据 */
unsigned char read_ds1302(void)
{
    unsigned i,j;
    for(i=0;i< 8;i++)
    {
        sclk=1;
        sclk=0;                     //下降沿读取
        j=j>>1;                     //重建 1 字节数据
        if(dq)j=j|0x80;
    }
    return(j);
}
/* 读取时间函数 */
unsigned char read_adr_ds1302(unsigned char com)
```

```
{
    unsigned char i;
    ds1302_init();
    write_ds1302(com);                    //写地址
    i=read_ds1302();                      //读取出来的数据
    rst=0;
    sclk=1;
    return(i);
}
/*写入时间函数*/
void write_adr_ds1302(unsigned char com,unsigned char dat)
{
    ds1302_init();
    write_ds1302(com);                    //写地址
    write_ds1302(dat);                    //写数据
    rst=0;
    sclk=1;
}
/*BCD 码转 8421BCD 码*/
unsigned char bcd_8421(unsigned char x)
{
    unsigned char i,j;
    i=x & 0x0f;
    j=x>>4;
    i=i+j * 10;
    return(i);
}
/*十进制转 BCD 码*/
unsigned char c_bcd(unsigned char x)
{
    unsigned char i,j;
    i=x / 10;
    j=x % 10;
    i=i<< 4;
    i=i|j;
    return(i);
}
/*得到时间的函数*/
```

```
void get_time(void)
{
    sec=read_adr_ds18b20(0x81);          //得到秒
    sec=bcd_8421(sec);
    min=read_adr_ds18b20(0x83);          //得到分
    min=bcd_8421(min);
    hour=read_adr_ds18b20(0x85);         //得到小时
    hour=bcd_8421(hour);
    day=read_adr_ds18b20(0x87);          //得到小时
    day=bcd_8421(day);
    month=read_adr_ds18b20(0x89);        //得到小时
    month=bcd_8421(month);
    year=read_adr_ds18b20(0x8d);         //得到小时
    year=bcd_8421(year);
    week=read_adr_ds18b20(0x8b);         //得到小时
    week=week-
    if(week==0)week=8;1;
}
/*结束*/
```

5.2.4　DS1302 应用

利用 DS1302 时钟可以设计一个较完整的电子日历，本项目只要求实现时间信息的显示。功能要求为：程序从 DS1302 读取的当前时间信息，利用 8 个数码管分页显示，时间显示的格式为：第一页显示"年月日"，经过延时一段时间后，第二页显示"时分秒"。

1. 电路原理

本项目采用 8 位数码管显示时间，每两位之间利用闪烁的"—"号表示走时，如图 5-10 所示。图中数码管的驱动采用 74HC573。DS1302 的 SCLK 接单片机 P3.7，I/O

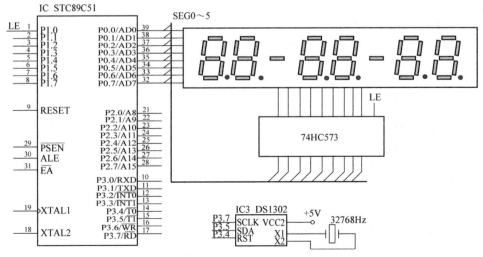

图 5-10　DS1302 和单片机连接示意图

（SDA）口接 P3.5，RST 接 P3.4；DS1302 的 X1 和 X2 接 32768Hz 的标准时钟晶振。

2. 程序设计

主程序的主要作用是调用 DS1302 子程序，把读取到的时间信息通过数码管显示出来，由于采用动态显示，因此主程序中要用到定时器中断。分页显示在定时器中断服务函数中进行。程序清单如下：

```c
#include<reg51.h>
#include"ds1302.c"
unsigned char cp1,cp2,cp3;
code unsigned char seven_seg[10]={0xc0,0xf9,0xa4,0xb0,0x99,0x92,
0x82,0xf8,0x80,0x90};
unsigned char flash;
bit conv;
sbit le=P1^0;
void timer0_isr(void)interrupt 1          //利用中断对数码管上显示的数
                                             据进行刷新

{
    TH0=(65536-2000)/256;
    TL0=(65536-2000)%256;
    cp1++;
    if(cp1>=250)                           //0.5s
    {
        cp1=0;
        flash=~flash                       //产生小数点闪烁变量
        cp2++;
        if(cp2>=5)
        {
            conv=! conv;                   //产生交替显示变量
            cp2=0;
        }


    }
    P0=0xff;                               //消隐
    if(conv==1)
    {
        switch(cp3)
        {
            case 0:P0=0x01;P1_0=0;P1_0=1;P1_0=0;
                   P0=seven_seg[sec % 10];break;
```

```
                case 1:P0=0x02;P1_0=0;P1_0=1;P1_0=0;
                        P0=seven_seg[sec / 10];break;
                case 2:P0=0x04;P1_0=0;P1_0=1;P1_0=0;
                        P0=0xfd|flashbreak;//显示闪烁的"—"
                case 3:P0=0x08;P1_0=0;P1_0=1;P1_0=0;
                        P0=seven_seg[min % 10];break;
                case 4:P0=0x10;P1_0=0;P1_0=1;P1_0=0;
                        P0=seven_seg[min / 10];break;
                case 5:P0=0x20;P1_0=0;P1_0=1;P1_0=0;
                        P0=0xfd|flashbreak;//显示闪烁的"—"
                case 6:P0=0x40;P1_0=0;P1_0=1;P1_0=0;
                        P0=seven_seg[hour % 10];break;
                case 7:P0=0x80;P1_0=0;P1_0=1;P1_0=0;
                        P0=seven_seg[hour / 10];break;
            }   }
    else
    {
        switch(cp3)
        {
        case 0:P0=0x01;P1_0=0;P1_0=1;P1_0=0;
                P0=seven_seg[date % 10];break;
        case 1:P0=0x02;P1_0=0;P1_0=1;P1_0=0;
                P0=seven_seg[date / 10];break;
        case 2:P0=0x04;P1_0=0;P1_0=1;P1_0=0;
                P0=0xfd|flash break;//显示闪烁的"—"
        case 3:P0=0x08;P1_0=0;P1_0=1;P1_0=0;
                P0=seven_seg[month % 10];break;
        case 4:P0=0x10;P1_0=0;P1_0=1;P1_0=0;
                P0=seven_seg[month / 10];break;
        case 5:P0=0x20;P1_0=0;P1_0=1;P1_0=0;
                P0=0xfd|flash break;//显示闪烁的"—"
        case 6:P0=0x40;P1_0=0;P1_0=1;P1_0=0;
                P0=seven_seg[year % 10];break;
        case 7:P0=0x80;P1_0=0;P1_0=1;P1_0=0;
                P0=seven_seg[year / 10];break;
        }
    }
    cp3++;
```

```
        if(cp3>=8)cp3=0;
}
void timer0_init(void)                //定时器初始化
{
        TMOD=0x01;
        TH0=(65536-2000)/256;
        TL0=(65536-2000)%256;
        EA=1;
        ET0=1;
        TR0=1;
}
void main(void)
{
        uchar i=46;                   //举例,比如要调整时间,分钟设定为46分
        i=DEC_BCD_conv(i);
        timer0_init();
        write_adr_ds1302(0x8e,0x00);  //写操作,可以对DS1302调整
        write_adr_ds1302(0x80,0x30);  //写秒,30秒
        write_adr_ds1302(0x82,i);     //写分,46分
        write_adr_ds1302(0x84,0x12);  //写时,12时
        write_adr_ds1302(0x86,0x28);  //写日,28日
        write_adr_ds1302(0x88,0x05);  //写月,5月
        write_adr_ds1302(0x8a,0x03);  //写星期,星期三
        write_adr_ds1302(0x8c,0x12);  //写年,(20)12年
        write_adr_ds1302(0x8e,0x80);  //写保护
        while(1)
        {
            get_time();
        }
}
```

3. 电路仿真

　　DS1302 软件仿真电路如图 5-11 所示，程序可以直接加载运行，也可以下载到实验板上运行。采用 8 位数码管不能一次性显示年月日时分秒所有信息，实际应用中的电子日历显示则采用更多的数码管显示，除显示以上时间信息外，还能显示星期、农历、温度等信息。

　　DS1302 能够为单片机系统提供基本的时间信息数据，是单片机系统外部常用的实时时钟芯片。与 DS1302 功能类似的芯片还有 SD2058、PCF8563 等，有的器件自带锂电池和晶振稳频措施，可以很方便地为电子日历或与时间有关的电子系统提供准确的时间数据。

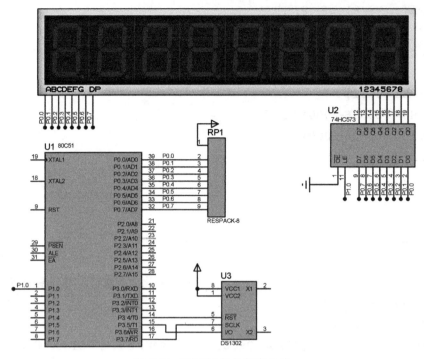

图 5-11　DS1302 软件仿真电路

5.3　I^2C 总线器件 AT24C04 应用（项目 16）

I^2C 总线是一种由 PHILIPS 公司开发的两线式串行总线，主要用于微控制器及其外围设备的连接。I^2C 总线的数据传输距离高达 25ft[⊖]，并且能够以 10kbit/s 的最大传输速率支持 40 个组件。利用 I^2C 总线连接电路，减少了电路中的导线和芯片引脚的数量，从而降低电路系统的设计难度。I^2C 总线最开始主要应用于音频和视频设备开发，随着嵌入式系统应用越来越广泛，I^2C 总线器件也常常应用于单片机控制系统中。

5.3.1　I^2C 总线的构成和信号类型

1. I^2C 总线的构成

I^2C 总线是由数据线 SDA 和时钟 SCL 构成的串行总线，可发送和接收数据。在 CPU 与被控 I^2C 总线器件之间进行双向传送，I^2C 总线器件采用 7 位寻址，但是由于数据传输速率和功能要求的提高，I^2C 总线也增强为快速模式（400kbit/s）和 10 位寻址，以满足更高速度和更大寻址空间的需求。

在信息的传输过程中，I^2C 总线上级联的每一芯片既是发送器同时又是接收器，这取决于它所要完成的功能。CPU 发出的控制信号分为地址码和控制码两部分，地址码用来选址，即接通需要控制的电路，确定控制的种类。通过线"与"方式，I^2C 总线结构如图 5-12 所

⊖　1ft = 0.3048m。——编辑注

示，它给出了单片机应用系统中最常使用的 I^2C 总线外围通用器件。

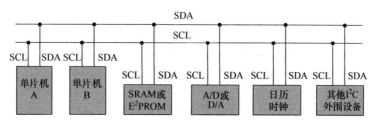

图 5-12　I^2C 总线结构

2. I^2C 总线的信号类型

I^2C 总线在传送数据过程中共有三种类型信号，分别是起始信号、终止信号和应答信号。

起始信号：SCL 为高电平时，SDA 由高电平向低电平跳变，开始传送数据。

终止信号：SCL 为高电平时，SDA 由低电平向高电平跳变，结束传送数据。I^2C 总线起始和终止信号定义如图 5-13 所示。

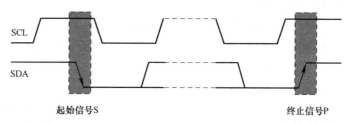

图 5-13　I^2C 总线起始和终止信号定义

应答信号是接收数据的 IC 在接收到 8 位数据后，向发送数据的 IC 发出特定的低电平脉冲，表示已收到数据。CPU 向受控单元发出一个信号后，等待受控单元发出一个应答信号，CPU 接收到应答信号后，根据实际情况做出是否继续传递信号的判断。若未收到应答信号，则判断为受控单元出现故障。I^2C 总线应答信号定义如图 5-14 所示。

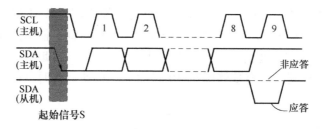

图 5-14　I^2C 总线应答信号定义

3. 数据位的有效性规定

I^2C 总线进行数据传送时，时钟信号为高电平期间，数据线上的数据必须保持稳定，只有在时钟线上的信号为低电平期间，数据线上的高电平或低电平状态才允许变化。数据的传送过程如图 5-15 所示。

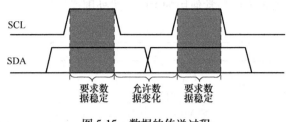

图 5-15　数据的传送过程

4. I²C 总线数据传输工作流程

1）开始：发送起始信号，表明传输开始。

2）发送地址：主设备发送地址信息，包含 7 位的从设备地址和 1 位的指示位（表明读或者写，即数据流的方向）。

3）发送数据：根据指示位，数据在主设备和从设备之间传输。数据一般以 8 位传输，最重要的位放在前面；具体能传输多少量的数据并没有限制。接收器上用一位的 ACK（应答信号）表明每一个字节都收到了。传输可以被终止和重新开始。

4）停止：发送终止信号，结束传输。

目前，有很多半导体集成电路上都集成了 I²C 接口。带有 I²C 接口的单片机有：CYGNAL 的 C8051F0××系列，PHILIP 公司的 SP87LPC7××系列，MICROCHIP 的 PIC16C6××系列等。

很多外围器件如存储器、监控芯片等也提供 I²C 接口。

5.3.2　AT24C04 应用原理

AT24C04 是一种 I²C 总线器件，内部含有 4Kbit EEP-ROM，采用 8 位数据读写操作，具有 512 字节存储空间。该器件与 400kHz 的 I²C 总线兼容，具有随机读写和掉电半永久保存数据。图 5-16 所示为 AT24C04 的引脚排列，其中 WP 为写保护控制端，高电平有效，对该器件读写操作比较

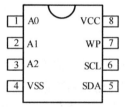

图 5-16　AT24C04 的引脚排列

频繁时，该引脚接地或悬空；A0、A1、A2 为器件地址控制端，其中 A1、A2 为器件地址编号，通过对 A1、A2 电平设置，I²C 总线可以连接 4 个 AT24C04 芯片；A0 为内部存储器地址，单片机与 AT24C04 串行通信时，由于传输的地址为 8 位，因此剩余的地址 A0 可以再利用单片机的一个端口控制，但容量够用时 A0 引脚可以接地。此时 AT24C04 的使用容量为 256 字节。

1. 基本操作时序

基本操作包含器件的启动、停止和应答，时序严格依照 I²C 总线协议。利用 I²C 传送数据时，单片机每次向 AT24C04 发送一个字节数据成功后，AT24C04 必须产生一个应答信号，应答在第 9 个时钟周期时将 SDA 线拉低，表示其已收到一个 8 位数据。在程序设计时需要根据时序编写相应的操作函数。

2. 应用操作

AT24C04 应用操作包含读 1 字节数据操作、写 1 字节数据操作、对应一个地址写 1 字节

数据操作、对应一个地址读 1 字节数据操作等。在了解这些操作过程前，先了解一下 AT24C04 的器件编号地址位。AT24C04 的地址位占 1 字节，结构为：

1	0	1	0	A2	A1	A8	R/$\overline{\text{W}}$

其中高四位为固定值 1010，A1、A2 为器件地址，A8 为存储阵列字地址。R/$\overline{\text{W}}$ 为读写操作位。当单只 AT24C04 应用时，引脚 A0、A1、A2 接地，地址位数据 0xA0 表示对 AT24C04 写操作，0xA1 表示对 AT24C04 读操作。

（1）对 AT24C04 写 1 字节数据

对 AT24C04 发送 1 字节数据通过写操作完成。写数据过程依据 I²C 总线协议，8 位数据从高位到低位依次传送。

（2）对 AT24C04 读 1 字节数据

单片机接收 AT24C04 1 字节数据通过读操作完成。读数据过程中，只有在 SCL 为高电平器件检测 SDA 状态，读操作得到的 8 位串行数据先高位后低位。

（3）对 AT24C04 的一个地址写 1 字节数据

此操作为单片机对存储器保存 1 字节数据，其时序如图 5-17 所示。过程中首先启动 AT24C04，先写入器件地址控制字 A0，再写入数据存放地址，然后写入要保存的数据，最后发送终止信号。单片机每写入 AT24C04 1 字节内容都需要检测应答信号，以保证数据发送的有效性。

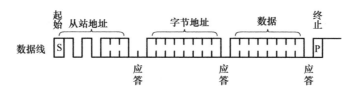

图 5-17 对 AT24C04 的一个地址写 1 字节数据时序

（4）对 AT24C04 的一个地址读 1 字节数据

对 AT24C04 的一个地址读 1 字节数据时序如图 5-18 所示，过程中先启动 AT24C04，写入器件地址控制字 A0，再写入将要读的数据地址，重新启动 AT24C04，接着写入器件地址控制字 A1，然后才能读出与存储地址相对应的数据。单片机对 AT24C04 每次发送或接收 1 字节数据之间也必须检测到信号。

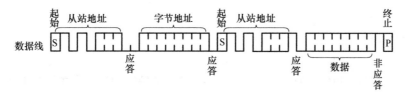

图 5-18 对 AT24C04 的一个地址读 1 字节数据时序

（5）页写于连续读操作

给定一个数据的首地址后，AT24C04 可以连续存放 16 个数据，对应的地址自动加一，操作时序是在对应地址写数据的基础上继续进行写数据操作，中间不需停止操作。连续读操作是在对应地址读一个数据后继续读数据操作，数据地址自动增加，连续读操作可以读出发送的地址起 AT24C04 内部的所有空间内容，当读的数据超过这一个空间时，地址自动从 0 开始。页写于连续读操作对于存取一组数据非常方便。

　　AT24C04 的基本操作和应用操作过程是 AT24C04 的程序设计基础，在 AT24C04 驱动程序设计时，这些操作是通过函数实现的。因此，只要了解器件的操作时序，单片机外部器件的程序设计就变得简单明了。

5.3.3　AT24C04 驱动程序设计

　　AT24C04 驱动包含基本操作函数和应用操作函数，各个函数的编写按照 I²C 总线时序要求和 AT24C04 功能原理进行，程序编写完成后保存在 AT24C04.c 文件中，以便在用到该器件的单片机系统中调用。AT24C04 的驱动程序清单如下：

```
/*系统预处理*/
#include<intrins.h>
#define nop _nop_();
sbit sda=P3^6;
sbit scl=P3^7;
void star_24c04(void)              //AT24C04 起始函数
{
    scl=0;nop
    sda=1;nop
    scl=1;nop
    sda=0;nop
    scl=0;nop
}
void stop_24c04(void)              //AT24C04 终止函数
{
    scl=0;nop
    sda=0;nop
    scl=1;nop
    sda=1;nop
    scl=0;nop
}
void ack_24c04(void)              //AT24C04 等待应答函数
{
    unsigned char i=100;
    scl=0;
    sda=1;                        //单片机释放总线
```

```
    scl=1;
    while(sda & i--);
    scl=0;
}
void write_24c04(unsigned char x)              //往 AT24C04 写入 1 字节数据
{
    unsigned char i;
    scl=0;nop
    sda=1;nop
    for(i=0;i< 8;i++)
    {
        sda=x & 0x80;
        scl=1;nop
        scl=0;nop
        x=x<< 1;
    }
    scl=0;nop
}
unsigned char read_24c04(void)              //读取 1 字节数据
{
    unsigned char i,j;
    scl=0;nop
    sda=1;nop
    for(i=0;i< 8;i++)
    {
        scl=0;nop
        sda=1;nop
        scl=1;nop
        j=j<< 1;
        if(sda)j=j|0x01;                       //重建数据
    }
    scl=0;nop
    return(j);
}
void write_add_24c04(unsigned char add,unsigned char dat)
                                               //对这一个地址保存 1 字节数据
{
    star_24c04();
```

```
    write_24c04(0xa0);ack_24c04();
    write_24c04(add);ack_24c04();
    write_24c04(dat);ack_24c04();
    stop_24c04();
}
unsigned char read_add_24c04(unsigned char add)    //对这一个地址读1
                                                     字节数据
{
    unsigned char i;
    star_24c04();
    write_24c04(0xa0);ack_24c04();
    write_24c04(add);ack_24c04();
    //读数据
    star_24c04();
    write_24c04(0xa1);ack_24c04();
    i=read_24c04();
    stop_24c04();
    return(i);
}
/*结束*/
```

5.3.4　AT24C04 应用

为了验证 AT24C04 驱动完整性，可以先把若干个数据保存在 AT24C04 中，然后再从 AT24C04 中读出，观察数据的完整性即可检验 AT24C04 驱动正确性。比如，先存放 0x0f，再存放 0xf0，然后读出在 P0 口输出，驱动 8 只 LED。观察 LED 亮的情况即可检验数据存储的有效性。

1. 电路原理

电路在 LED 流水灯电路基础上设计，单片机的 P3.6 连接 AT24C04 的 SDA 端口，P3.7 连接 SCL，为保证数据传输正确，端口接上拉电阻。AT24C04 和 51 单片机接口示意图如图 5-19 所示。

2. 程序设计

主程序调用 AT24C04 子程序，在程序运行之前，需对 AT24C04 初始化。程序清单如下：

```
/*预处理*/
#include<reg51.h>
#include"AT24C04.c"               //主程序包含 AT24C04 子程序
/*延时函数*/
void delay(unsigned int x)
{while(x--);}
```

```
/*主函数*/
void main(void)
{
    init_24c04();
    while(1)
    {
        write_add_24c04(1,0x0f);  //地址1保存数据0x0f
        delay(300);
        write_add_24c04(2,0xf0);  //地址2保存数据0xf0
        delay(300);
        P0=read_add_24c04(1);     //读地址1保存数据0x0f,并在P0口显示
        delay(50000);
        P0=read_add_24c04(2);     //读地址2保存数据0xf0,并在P0口显示
        delay(50000);
    }
}
/*结束*/
```

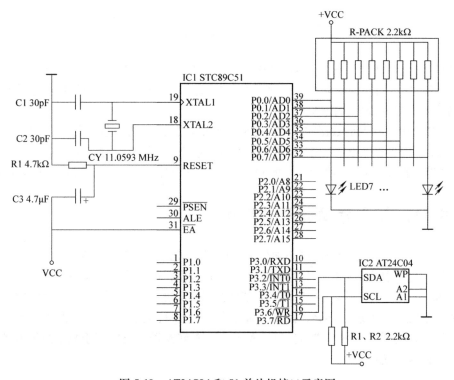

图 5-19　AT24C04 和 51 单片机接口示意图

3. 仿真运行

AT24C04 仿真电路如图 5-20 所示,电路设计基于项目 2,增加了 AT24C04。程序可以加

载在仿真电路中运行，也可以直接下载到实验开发板上观察实际运行效果。

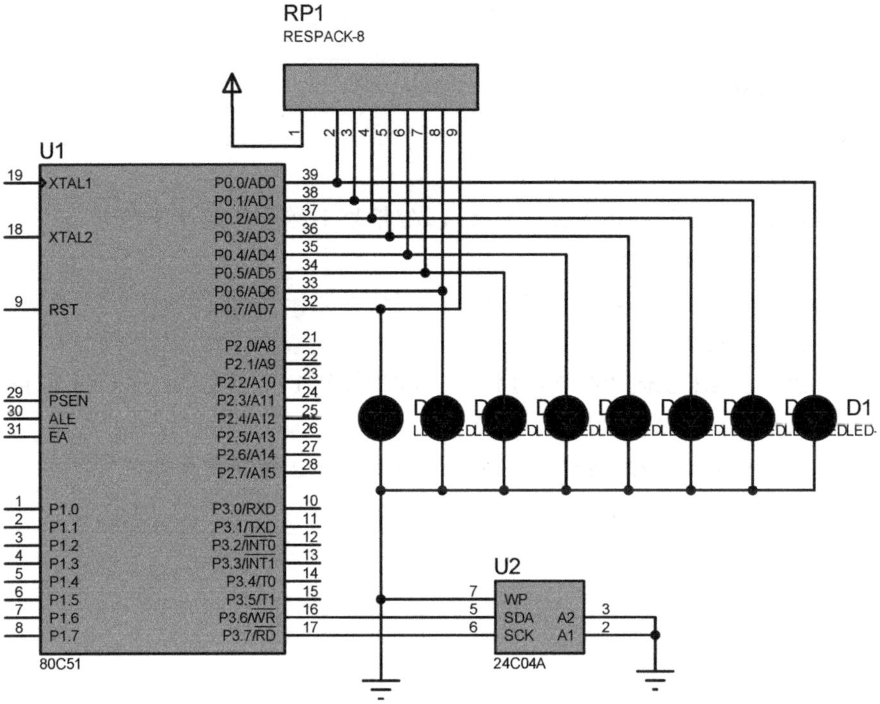

图 5-20　AT24C04 仿真电路

　　与 AT24C04 类似的器件还有 AT24C01、AT24C08、AT24C16，只是容量不同，应用中可以使用与 AT24C04 相同的驱动程序，只是存储容量大的 AT24C08、AT24C16 芯片存储空间的地址高位要通过外部引脚控制。

　　利用 AT24C04 实现临时数据的存储，在安全要求较高或需要保存量较大的单片机系统中经常采用，如打铃定时器多点设定、自适应交通信号机等系统。如果保护的临时数据量较大，可以利用单片机内部的在线可编程 EEPROM，如 IAP15F2K61S2 单片机内部还有 61KB 的 EEPROM。

5.4　A/D、D/A 转换器及其应用

　　数字系统对模拟电信号的检测必须先进行模拟信号到数字信号的转换，系统对外部电流或电压的控制也需要先进行数字信号到模拟信号的转换，能够实现模拟量与数字量之间转换的器件为 A/D、D/A 转换器，A/D 转换器能将连续变化的模拟信号转换为离散的数字信号，以便于数字系统进行处理、存储、控制和显示等；D/A 转换器的作用是将数字系统处理后的数字信号转换为模拟信号以进行控制。A/D、D/A 转换器广泛应用于数字系统或单片机组成的检测与控制系统中。

5.4.1　A/D、D/A 转换器参数描述

1. A/D 转换器
常用的 A/D 转换器可分为并行比较型、逐次比较型和双积分型等几种，按数据接口又

可分为并行接口 AD 和串行接口 AD。常见的型号有 ADC0832、ADC0809、ADC0804、AD7710、TLC5510、TLC548/9 等。

衡量 A/D 转换器技术指标的参数为转换精度、转换时间。转换精度指 A/D 转换器对模拟信号的分辨能力，即分辨率和转换误差。A/D 转换器的分辨率与其在转换时输出的二进制的位数有关，比如一个 n 位 A/D 转换器，能以 2^n 个转换的数字量表示输入的模拟量电压或电流。假如一个 8 位 A/D 转换器对输入信号最大值为 5V 的模拟量进行转换，那么这个转换器能区分输入信号的最小电压为 19.53mV，也就是说模拟量每增加 19.53mV，转换器输出的二进制数据加 1。

A/D 转换器的转换时间是指模拟信号输入开始到数字信号转换输出结束所经历的时间，为 A/D 转换器的速度指标。不同类型的转换器转换速度相差较大，其中比较型 A/D 转换器的转换速度最快，8 位输出的单片集成 A/D 转换器的转换时间可达 50ns 以内，可以用于音视频信号的采集；逐次比较型次之，双积分型最慢，一般在 ms 数量级。转换速度较慢的 A/D 转换器主要用于数字系统对变换缓慢的直流信号的检测，如温度、压强、气体浓度等传感器的信号检测。

由于 51 单片机系统主要用于检测和控制，因此对 A/D 转换器的转换速度要求较低。在 I/O 口资源有限和小型化嵌入式系统中，选择串口 A/D 转换器是一个发展趋势。

2. D/A 转换器

D/A 转换器根据数/模转换原理可以分为倒 T 形电阻网络、权电流型等类型，根据数据接口也可以分为并行和串行。常见的型号有 DAC0832、AD7564、MAX521、TLC5615 等。

衡量 D/A 转换器的技术指标有分辨率、转换误差和建立时间等。分辨率是指 D/A 转换器模拟输出的电压可以被分离的等级数。D/A 转换器位越高，分辨率越高，输出的模拟量阶梯等级精度就越高。对于一个 n 位 D/A 转换器，其模拟输出的分辨率达 $1/(2^n-1)$。

转换误差是指理论值与实际输出的电压或电流误差。在实际应用中，用户在设定好 D/A 转换器的基准电压 REF 后，希望得到一个与数字量对应的理想的电压值，但由于基准电压稳定性以及 D/A 转换器绝对误等差因素，输出的模拟并不能达到理想状态，需要进行补偿和调整相关参数修正。

下面将从器件的功能原理和应用角度介绍常用的几种 A/D、D/A 转换器，并分别给出各种器件的应用电路和程序设计，熟练掌握各个器件单元对于设计复杂数/模混合系统有一定的指导意义。

5.4.2　ADC0832 应用

1. 功能原理

ADC0832 是美国国家半导体公司生产的一种 8 位逐次比较型 COMS 双通道 A/D 转换器。该器件有 8 引脚和 14 引脚两种封装，采用 5V 电源供电，模拟电压输入范围为 0~5V，内部时钟 250kHz 时转换速度为 $32\mu s$。ADC0832 封装图如图 5-21 所示。

由于 ADC0832 采用串行通信，占用单片机 I/O 口资源少，一般用于简单的模拟电压检测系统中。ADC0832 引脚功能见表 5-8。

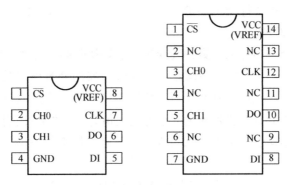

图 5-21 ADC0832 封装图

表 5-8 ADC0832 引脚功能

引脚名称	功能
$\overline{\text{CS}}$	片选使能，低电平芯片使能
CH0	通道 0 模拟输入
CH1	通道 1 模拟输入
CLK	时钟输入
DO	数据信号输出
DI	通道选择控制

ADC0832 与单片机的连接应为 4 条数据线，分别是 $\overline{\text{CS}}$、CLK、DO、DI。由于 DO 端与 DI 端在通信时并不是同时有效，且与单片机的接口是双向的，因此应用中可以将 ADC0832 的 DO 和 DI 线并在一起接单片机的 I/O 口。ADC0832 仿真图如图 5-22 所示。

当 ADC0832 未工作时，$\overline{\text{CS}}$ 端应为高电平，此时芯片禁用，CLK 和 DO/DI 的电平可任意。当要进行 A/D 转换时，须先将 $\overline{\text{CS}}$ 使能端置于低电平，并且保持低电平直到转换完全结束。ADC0832 开始转换工作，由单片机向 ADC0832 的 CLK 输入时钟脉冲，DO/DI 端则使用 DI 端输入通道功能选择的数据信号。在第 1 个时钟脉冲的下降沿来到时 DI 端必须是高电平，表示起始信号。在 CLK 第 2、3 个脉冲下降沿来到时 DI 端应输入两位数据，用于选择通道。当此两位数据分别为 1、0 时，只对 CH0 进行单通道转换；当两位数据为 1、1 时，只对 CH1 进行单通道转换；当两位数据为 0、0 时，将 CH0 作为正输入端 IN+，CH1 作为负输入端 IN-进行输入；当两位数据为 0、1 时，将 CH0 作为负输入端 IN-，CH1 作为正输入端 IN+。

当 CLK 第 3 个脉冲的下降沿来到之后，DI 端的输入电平就失去输入作用，此后 DO/DI 端则开始利用数据输出 DO 进行转换数据的读取。从第 4 个脉冲下降沿开始由 DO 端输出转换数据 8 位的最高位，随后每一个脉冲下降沿 DO 端输出下一位数据，直到第 11 个脉冲时送出最低位数据，完成一次 A/D 转换。

2. ADC0832 应用

由于 ADC0832 操作简单，因此 ADC0832 驱动只需依照该器件的工作情况设计即可。在

图 5-22 所示的仿真电路中，调节电位器 RV1 可以产生一个模拟的 0～5V 电压源，输入 ADC0832 的 CH0 端口，ADC0832 转换后的数据范围为 0～255，由 3 位数码管输出。 ADC0832 的 DI 与 DO 线进行与操作后接单片机的 P3.2 口，$\overline{CS}$ 接 P3.0 口，CLK 接 P3.1 口。 为了得到 CH0 通道转换得到的数据，程序中需要在 CLK 第 2、3 个下降沿来到时向 DI 发送 1、0，然后才能接收 ADC0832 的转换数据，每次转换结束时让 $\overline{CS}$ 无效。

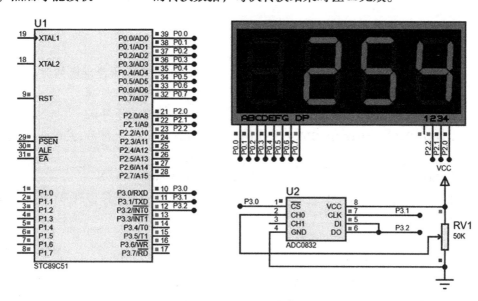

图 5-22　ADC0832 仿真图

本例程序分主程序和子程序两部分。子程序为 ADC0832 驱动程序，主程序主要显示转换的数据，用来验证子程序的正确性。

（1）ADC0832 驱动程序

ADC0832 驱动程序包含对 ADC0832 器件的初始化函数、读取 ADC0832 器件数据函数，在读取数据的函数中，要对所用的 A/D 通道进行选择。ADC0832 驱动程序为

```c
/*预处理*/
#include<reg51.h>
#include<intrins.h>
#define uchar unsigned char
#define nop _nop_()
sbit CS=P3^0;
sbit CLK=P3^1;
sbit DIDO=P3^2;
/****对 ADC0832 初始化****/
void dac0832_init(void)
{
    CS=1;nop;
```

```
    CLK=1;
    CS=0;
}
/***** *对转换 CH0 通道的模拟信号 ***** */
uchar dac0832_ch0(void)                    //包含 11 个 CLK 下降沿
{
    uchar i,dat1;
    dac0832_init();
    DIDO=1;CLK=0;nop;CLK=1;nop;            //SCK 第 1 个下降沿来到时,DI=1 启
                                             动 DAC0832
    DIDO=1;CLK=0;nop;CLK=1;nop;            //SCK 第 2 个下降沿
    DIDO=0;CLK=0;nop;CLK=1;nop;            //SCK 第 3 个下降沿,发送 1、0 选择通
                                             道 CH0
    DIDO=1;                                //释放总线
    for(i=0;i< 8;i++)                      //SCK 第 4 个下降沿到第 11 个下降沿
    {
        CLK=0;nop;
        if(DIDO)dat1=dat1|0x01;
        CLK=1;nop;
        dat1=dat1<< 1;
    }
        return(dat1);
        CS=1;
}
```

（2）主程序

主程序需要显示 A/D 转换器对模拟信号转换后的数据，因此要用到数码管动态显示程序，程序清单如下：

```
/*预处理*/
#include<reg51.h>
#include<intrins.h>
#include"ADC0832.c"
#define uchar unsigned char
code uchar seven_seg[ ]={0xc0,0xf9,0xa4,0xb0,0x99,0x92,0x82,0xf8,
0x80,0x90};
uchar cp1,cp2,dat_ad;
/*T0 初始化*/
void timer0_init(void)
```

```
{
    TMOD=0x01;
    TH0=0xec;
    TL0=0x78;
    TR0=1;
    EA=1;
    ET0=1;
}
/*T0 中断服务*/
void timer0_isr(void)interrupt 1              //中断服务函数
{
    TH0=0xec;
    TL0=0x78;
    cp1++;
    if(cp1>=100)                              //0.5s
    {
        cp1=0;
        dat_ad=dac0832_ch0();                 //0.5s 让 ADC0832 转换一次
    }
    P0=0xff;
    switch(cp2)
    {
        case 0:P0=seven_seg[dat_ad% 10];P2=0x01;break;
        case 1:P0=seven_seg[dat_ad % 100 / 10];P2=0x02;break;
        case 2:P0=seven_seg[dat_ad / 100];P2=0x04;break;
    }
    cp2++;
    if(cp2>=3)
    cp2=0;
}
/*主函数*/
void main(void)
{
    timer0_init();
    dac0832_init();
    while(1);
}
```

在子程序的基础上，改变 CLK 第 2、3 下降沿到来时输入 DI 的数值，可以实现 CH1 通道数据转换。作为单通道模拟信号输入时，ADC0832 的输入电压是 0~5V 且为 8 位分辨率，电压精度为 19.53mV。如果由 IN+与 IN-输入时，可以将电压值设定在某一个较大范围之内，从而提高转换的宽度。值得注意的是，在进行 IN+与 IN-的输入时，如果 IN-的电压大于 IN+的电压则转换后的数据结果始终为 00H。

5.4.3 A/D 转换器 TLC549 应用（项目 17）

1. 芯片概述

TLC549 是美国德州仪器公司生产的 8 位串行 A/D 转换器芯片，可与通用微处理器、控制器通过 I/O_CLOCK、CS、DATA_OUT 3 条端口线进行串行接口。具有 4MHz 片内系统时钟和软、硬件控制电路，转换时间最长为 17μs，TLC549 允许的最高转换速率为 40000 次/s。总失调误差最大为 ±0.5LSB，典型功耗值为 6mW。采用差分参考电压高阻输入，能够按比例量程校准转换范围，VREF-接地，VREF+-VREF-≥1V，可用于较小信号的采样。图 5-23 所示为 TLC549 引脚图，常用的封装外形还有 SOP8。该芯片应用时，I/O_CLOCK、DATA_OUT、CS 3 个端口与单片机 I/O 口连接，REF+接电源正极，REF-接地。在 5V 电源供电的情况下，可以对输入 ANALOG_IN 端口的模拟信号进行 8 位数据转换。

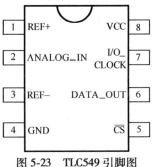

图 5-23　TLC549 引脚图

2. TLC549 工作原理简介

TLC549 有片内系统时钟，该时钟与 I/O_CLOCK 是独立工作的，无须特殊的速度或相位匹配。TLC549 工作时序图如图 5-24 所示。

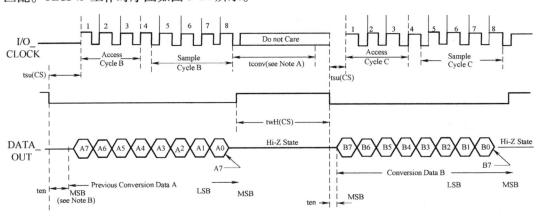

图 5-24　TLC549 工作时序图

当 CS 为高时，数据输出（DATA_OUT）端处于高阻状态，此时 I/O_CLOCK 不起作用。这种 CS 控制作用允许在同时使用多片 TLC549 时，共用 I/O_CLOCK，以减少多路 A/D 转换器并用时的单片机 I/O 口资源。TLC549 一次转换操作过程如下：

1）将 CS 置低。内部电路在测得 CS 下降沿后，再等待两个内部时钟上升沿和一个下降沿后，确认这一变化，最后自动将前一次转换结果的最高位（D7 位）输出到 DATA_OUT

端上。

2）前 4 个 I/O_CLOCK 周期的下降沿依次移出第 2、3、4 和第 5 个转换位（D6、D5、D4、D3），片上采样保持电路在第 4 个 I/O_CLOCK 下降沿开始采样模拟输入。

3）接下来的 3 个 I/O_CLOCK 周期的下降沿移出第 6、7、8（D2、D1、D0）个转换位。

4）最后，片上采样保持电路在第 8 个 I/O_CLOCK 周期的下降沿将移出第 6、7、8（D2、D1、D0）个转换位。保持功能将持续 4 个内部时钟周期，然后开始进行 32 个内部时钟周期的 A/D 转换。第 8 个 I/O_CLOCK 后，CS 必须为高，或 I/O_CLOCK 保持低电平，这种状态需要维持 36 个内部系统时钟周期以等待保持和转换工作的完成。如果 CS 为低时 I/O_CLOCK 上出现一个有效干扰脉冲，则微处理器/控制器将与器件的 I/O 时序失去同步；若 CS 为高时出现一次有效低电平，则将使引脚重新初始化，从而脱离原转换过程。

在 36 个内部系统时钟周期结束之前，实施步骤 1）~4），可重新启动一次新的 A/D 转换，与此同时，正在进行的转换终止，此时的输出是前一次的转换结果而不是正在进行的转换结果。

若要在特定的时刻采样模拟信号，应使第 8 个 I/O_CLOCK 时钟的下降沿与该时刻对应，因为芯片虽在第 4 个 I/O_CLOCK 时钟下降沿开始采样，却在第 8 个 I/O_CLOCK 的下降沿开始保存。

3. TLC549 应用子程序

（1）测试电路

TLC549 可方便地与具有串行外围接口（SPI）的单片机或微处理器配合使用，也可与 51 系列通用单片机连接使用。为了验证 TLC549 驱动程序的可靠性，可以在 ADC0832 应用电路显示部分的基础上连接 TLC549，TLC549 与 AT89C51 单片机的接口电路如图 5-25 所示。其中 TLC549 的 CS、DATA_OUT（SDO）、I/O_CLOCK 分别连接单片机的 P3.4、P3.5、

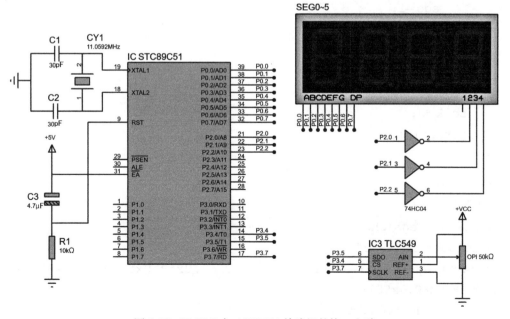

图 5-25　TLC549 与 AT89C51 单片机的接口电路

P3.7口。模拟电压利用一个电位器RV1产生，当调节电位器中心抽头的位置时，模拟电压变换范围为0~5V，经过TLC549转换后的8位数据通过串行传输方式给单片机，单片机显示数据范围为0~255，为了得到一个电压数字检测目的，本例中使数码管显示电压值。需要通过程序计算获得。

（2）TLC549子程序

TLC549子程序依照TLC549的时序和操作过程设计，程序包含器件初始化函数和数据转换函数，程序清单如下：

```c
/*预处理*/
#include<reg51.h>
sbit sdo=P3^5;
sbit cs=P3^6;
sbit sclk=P3^7;
unsigned char tlc549_ad(void)                //A/D转换函数
{
    unsigned char i,j;
    cs=1;
    sclk=0;
    cs=0;
    for(i=0;i< 8;i++)
    {
        sclk=1;
        j=j<< 1;
        sdo=1;
        if(sdo)j=j|0x01;
        sclk=0;
    }
    cs=1;
    sclk=0;
    return(j);
}
```

（3）主程序

```c
/*预处理*/
#include<reg51.h>
#include"TLC549.c"
code unsigned char seven_seg[ ]={0xc0,0xf9,0xa4,0xb0,0x99,0x92,
0x82,0xf8,0x80,0x90};
unsigned char cp1,cp2;
unsigned int dat_ad;
```

```
/* T0 初始化 */
void timer0_isr(void) interrupt 1          // timer0 中断服务函数
{
    TH0 = (65536-2000) / 256;
    TL0 = (65536-2000) % 256;
    cp1++;
    if(cp1>=100)//0.2s
    {
        cp1=0;
        dat_ad=tlc549_ad();
        dat_ad=dat_ad * 1.96;              //数据 255 对应模拟电压 5V
    }
    P0=0xff;//仿真时用于消隐
    switch(cp2)
    {
        case 0: P0=seven_seg[dat_ad % 10];P2=0x01;break;
        case 1: P0=seven_seg[dat_ad / 10 %10];P2=0x02;break;
        case 2: P0=seven_seg[dat_ad / 100]&0x7f;P2=0x04;break;
                                           //加上小数点
    }
    cp2++;
    if(cp2>=3)
    cp2=0;
}
/* T0 中断服务函数 */
void timer0_init (void)                    // timer0 中断初始化函数
{
    TMOD=0x01;
    TH0 = (65536-2000) / 256;
    TL0 = (65536-2000) % 256;
    EA=1;
    ET0=1;
    TR0=1;
}
/* 主函数 */
void main(void)                            //主程序
{
    timer0_init();
```

```
        tlc549_init();
        while(1);
    }
```

由于 TLC549 只有 1 路 A/D 转换器，因此程序相比 DAC8032 简单一些。以上两种 A/D 转换芯片都是串行接口，减少了器件与 MCU 之间的连线数，同时占用了较少的单片机 I/O 口资源，缺点是比同类并行 A/D 转换器速度较慢。A/D 转换器的时序比较简单，因此程序设计有较大的灵活性。

5.4.4 D/A 转换器 TLC5615 应用（项目 18）

TLC5615 为美国德州仪器公司的产品，是一种电压输出型的 10 位数/模转换器，最大输出电压是基准电压值的两倍。该器件通过三线串行总线与单片机 I/O 口连接，较低的功耗和较小的封装适用于便携式测试仪表等数字系统的电压控制场所。自身带有上电复位功能，性能比早期电流型输出的 DAC 要好。

TLC5615 引脚图如图 5-26 所示，其中 DIN 为串行数据输入端；SCLK 为串行时钟输入端；$\overline{CS}$ 为芯片选用通端，低电平有效；OUT 为用于级联时的串行数据输出端；AGND 为模拟地；REFIN 为基准电压输入端，一般设置为电源电压的一半；OUT 为 DAC 模拟电压输出端；VDD 为电源，范围为 5.3 ~ 5.4V，通常取 5V。

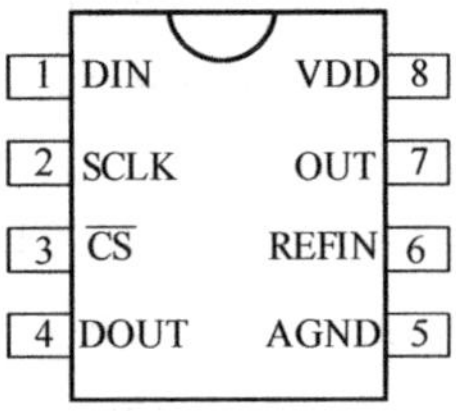

图 5-26　TLC5615 引脚图

1. TLC5615 工作时序

图 5-27 所示为 TLC5615 的工作时序，从图中可以看出，只有当片选 CS 为低电平时，串行输入数据才能被移入 16 位 TLC5615 工作时序移位寄存器，期间每一个 SCLK 时钟的上升沿将 DIN 的一位数据移入 16 位移位寄存器。注意，先发送数据的最高位。10 位数据发送完毕后，CS 的上升沿将 16 位移位寄存器的 10 位有效数据锁存于 10 位 DAC 寄存器，供 DAC 电路进行转换；当片选 CS 为高电平时，数据禁止发送。注意，CS 的上升和下降都必须发生在 SCLK 为低电平期间。

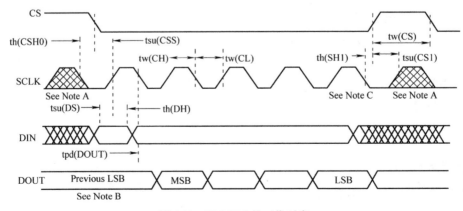

图 5-27　TLC5615 的工作时序

　　TLC5615 有两种工作方式，第一种为单片工作方式：16 位移位寄存器分为高 4 位虚拟位、低 2 位填充位以及 10 位有效位。单片 TLC5615 工作时，只需要向 16 位移位寄存器按先后发送 10 位有效数据位和低 2 位填充位，2 位填充位数据任意。单芯片应用时，发送数据需要 12 个 SCLK 上升沿脉冲序列。

　　第二种为级联方式，即 16 位数据列，可以将一片 TLC5615 的 DOUT 接到下一片 TLC5615 的 DIN，需要向 16 位移位寄存器按先后输入高 4 位虚拟位、10 位有效位和低 2 位填充位，由于增加了高 4 位虚拟位，所以需要 16 个 SCLK 上升沿时钟脉冲。

2. 应用程序

（1）应用电路

　　图 5-28 所示为 TLC5615 与单片机的连接电路，也可以在图 5-25 数码管显示电路的基础上连接。通过编辑 Ptoteus 仿真电路可以验证 TLC5615 的应用程序。图 5-28 中 TLC5615 的 $\overline{CS}$、DIN、SCLK 分别连接单片机的 P3.4、P3.6、P3.7 端口。TLC5615 转换输出的模拟电压信号可以通过电压表测试。基准电压 REFIN 接电源电压 5V 的一半，当 TLC5615 接收 10 位数据全为 1 时，理论上，OUT 端输出电源电压

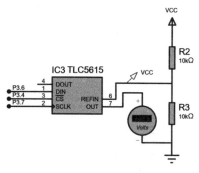

图 5-28　TLC5615 与单片机的连接电路

5V，但实际应用时最高输出 4.7V。即 TLC5615 输入数据超过 961 时，输出电压将不再增加。因此在设计 TLC5615 应用程序时需要调整输入数据范围。

（2）应用程序

　　下面编写 TLC5615 应用程序完成一个随时间变化的数据转换，同时数据在数码管上显示出来，程序清单如下：

```
/*预处理*/
include<reg51.h>
#include<intrins.h>
#define uchar unsigned char
#define uint unsigned int
code unsigned char seven_seg[]={0xC0,0xF9,0xA4,0xB0,0x99,0x92,
0x82,0xF8,0x80,0x90};
uchar j;
uint moni,dat,i;
sbit din=P1^5;
sbit scl=P1^1;
sbit cs=P1^6;
/* TLC5615 转换函数 */
void tlc5615(uint dat)    //由于 TLC5615 是 10 位转换,定义一个 16 位的变量
{
    unsigned char i;
```

```
    dat<<=6                      //两个字节有16位,去掉高6位剩下10位有效位
    cs1=1;                       //初始化
    sclk1=0;
    cs1=0;
    for(i=0;i<12;i++)            //要送的只有10位数但是后面要跟着多加两位零才
                                 //能将一个数据送出去
    {
        din=(bit)(dat & 0x8000);
        scl=1                    //前面一句亦可用DA=CY来代替,但后面的顺序要
                                 //调换才行
        dat<<=1;
        scl=0;
    }
    cs=1;
    scl=0;
}
/* T0初始化函数 */
void timer0_init(void)
{
    TMOD=0x01;
    TL0=(65536-2000)%256;
    TH0=(65536-2000)/256;
    EA=1;
    ET0=1;
    TR0=1;
}
/* T0中断服务函数 */
void timer0_isr()interrupt 1
                                 //T0的中断处理函数,用于显示输出的电压值
{
    TL0=(65536-2000)%256;
    TH0=(65536-2000)/256;
    i++;
    if(i>=500)//0.5s
    {
        i=0;
        tlc5615(dat);
        if(dat>=962)
```

```
        dat=0;
        moni=dat * 0.489;
        dat=dat+10;
    }
    P0=0xff;
    switch(j)
    {
        case 0 : P0=seven_seg[moni %10];P2=0xfe;break;
        case 1 : P0=seven_seg[moni / 10 % 10];P2=0xfd;break;
        case 2 : P0=seven_seg[moni / 100] & 0x7f;P2=0xfb;break;
    }
    j++;
    if(j>=3)
    j=0;
}
/* 主函数 */
void main()
{
    timer0_init();
    while(1);
}
```

A/D、D/A 转换器类型很多，由于精度要求，此类器件价格长期居高不下。为了提高性价比，个别芯片把 A/D、D/A 转换器集成在一起应用，如在前面讲过的增强型 51 单片机也把 A/D 转换器集成在芯片内，从而增加器件的性价比。A/D、D/A 转换器应用过程中，由于此类器件多数没有涉及芯片指令，程序设计只需按时序发送或接收数据即可，特别是并行接口 A/D、D/A 转换器程序设计更加简单，为数字系统设计带来很多方便。

单片机系统所使用的外部器件种类有很多，本节只是列举了几种常用的单片机外部数字电路，在单片机项目设计或产品开发过程中，经常会采用不同类型的器件作为系统负载的驱动或控制，单片机初学者只有经过不断地开发实践，才能熟练运用合理的器件设计高效的硬件系统，从而逐步提高自身单片机开发水平。

5.5　步进电动机驱动技术（项目 19）

步进电动机是一种将电脉冲转化为转动角位移的装置，随着机器人技术的发展，步进电动机的需求与日俱增，应用范围几乎涵盖各个技术领域。步进电动机的驱动信号为脉冲信号，当步进电动机的驱动器接收到系统发送的脉冲信号后，就会驱动电动机按设定的方向转动一个固定的角度（即步进角）。因此可以通过控制脉冲的个数来控制角位移量，从而达到电动机转动精确控制的目的，同时也可以通过控制脉冲频率的方式来控制电动机的转动速度。

5.5.1　步进电动机驱动原理

简单的步进电动机内部由转子和定子组成，如图 5-29 所示，转子为 N、S 磁铁突极对，定子由电磁线圈构成。当定子有驱动电流时，利用定子与转子突极之间的吸引产生转力。步进电动机转轴旋转的角度与定子输入的电流脉冲宽度成正比，也可以通过改变定子的激励电流脉冲相序对步进电动机进行起动、停止、正反转控制。

步进电动机的转动控制实验电路如图 5-30 所示，相线 A、-A、B、-B 分别接定子的 4 组线圈 L1、L2、L3 及 L4，让各线圈的端共接电源正极，另一端经由开关接在电源的负极，当把开关 S1 按下，则线圈 A 通入电流，产生 S 极磁场，因为磁场同性相斥、异性相吸，使转子的 N 极被 A 极吸引过来。其次，放掉开关 S1，并且立刻按下开关 S2，则 A 极的磁场消失，B 极产生磁场，把转子的 N 极吸引过来，转子随着顺时针方向转动 90°。像这样依次让定子的 4 个极通入电流，就可以使转子不停地旋转。实际应用时，步进电动机的转动靠驱动定子输入脉冲时序完成。

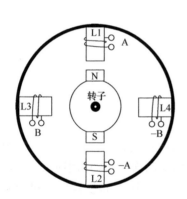

图 5-29　4 相（实际为 2 相）式步进电动机结构

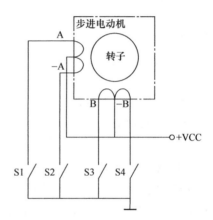

图 5-30　步进电动机的转动控制实验电路

5.5.2　2 相步进电动机的励磁方式

1. 全步励磁

全步励磁方式又可分为 1 相励磁与 2 相励磁两种方式。1 相励磁比较简单，即每次只励磁一相线圈，每输入一个脉波，便产生一步级的转，由图 5-31 中可知，当依 A→B→A→B→A…相顺序励磁，则电动机按顺时针方向旋转（正转或右转）；若依 B→A→B→A→B…相顺序励磁，则电动机按逆时针方向旋转（反转或左转）。此种励磁方式的优点为线圈消耗功率小，角精确度良好，但其转矩小，加上阻尼特性不良，易失步。

2 相励磁时，每输入一个脉波，将有 2 相线圈励磁，步进电动机励磁定子转动时序如图 5-31 所示，若依 AB→BA→AB→BA→AB…相顺序励磁，则电动机按顺时针方向旋转；若依 BA→AB→BA→AB→BA…相顺序励磁，则电动机按逆时针方向旋转，且每个同步脉冲转动一个角度。此种励磁方式由于同时有两组线圈励磁，输出转矩较大，加上阻尼效果良好，故能追踪较高的脉波率，但其缺点为耗电较大，容易发热。

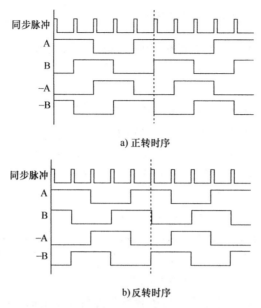

a) 正转时序

b)反转时序

图 5-31　步进电动机励磁定子转动时序

2. 半步励磁

半步励磁又称 1-2 相励磁，励磁 1 相线圈和 2 相线圈交互进行，每加入一数字脉波所转动的角度为原步进角的一半，因此分辨率可提高一倍，且运转时相当平滑，故与 2 相励磁方式一样被广泛使用。图 5-32 所示为步进电动机半步励磁时序，若依照 A→AB→B→BA→A→AB→B→BA→A→AB…相顺序励磁，则步进电动机将按顺时针方向旋转；如果依照 BA→A→AB→B→BA→A→AB→B→BA…相顺序励磁，则电动机按逆时针方向旋转。

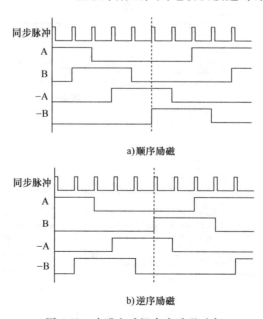

a)顺序励磁

b)逆序励磁

图 5-32　步进电动机半步励磁时序

5.5.3　步进电动机驱动芯片 ULN2003

ULN2003 是高耐压、大电流复合晶体管阵列器件，采用 DIP16 和 SOP16 封装形式，内部由 7 个硅 NPN 达林顿晶体管组成，反向 OC 门输出方式。在 5V 的工作电压供电情况下，

输出电平与 TTL 和 CMOS 兼容，由于 ULN2003 输出截止状态下能够承受较大的电压，输出灌电流可达 500mA，可以直接驱动较大功率的负载。ULN2003 可直接用于单片机系统的负载驱动，如继电器、步进电动机、LED 阵列等。图 5-33 所示为 ULN2003 内部电路原理与引脚排列。

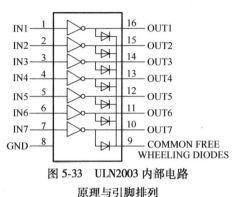

图 5-33　ULN2003 内部电路
原理与引脚排列

由于单片机内部电路最高输出电流仅有 20～30mA，不足以驱动大部分外部设备，因此在驱动步进电动机时需要使用 ULN2003 芯片输出稳定的电流以驱动电动机的转动。使用时只需要将单片机接入芯片的输入引脚，输出引脚接入高负载外部设备接口上即可驱动外部设备。

5.5.4　驱动应用

1. 仿真连接

采用半步励磁方式对 2 相步进电动机控制，需要利用单片机的 4 个 I/O 口进行控制。图 5-34 所示为 ULN2003 驱动 2 相步进电动机电路，采用半步励磁方式，驱动端口占用了单片机的 P1.4、P1.5、P1.6、P1.7 端口。

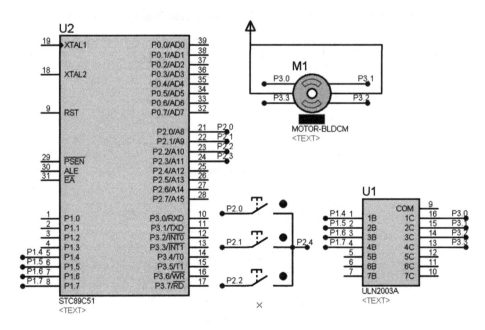

图 5-34　ULN2003 驱动 2 相步进电动机电路

2. 程序控制

根据半波励磁时序，程序控制中需要构造两个数组，即右转和左转数组。若利用按键控制步进电动机的正反转，只需在程序中让 P1 口加载正反转数组即可实现步进电动机的转动控制。程序如下：

```c
#include<reg51.h>
#define uchar unsigned char
#define uint unsigned int
uchar code FFW[8]={0x1f,0x3f,0x2f,0x6f,0x4f,0xcf,0x8f,0x9f};
                                            //逆时针转动数组
uchar code REV[8]={0x9f,0x8f,0xcf,0x4f,0x6f,0x2f,0x3f,0x1f};
                                            //顺时针转动数组
uchar k0_flag,k1_flag,k2_flag;
//按键定义
sbit k0=P2^0;
sbit k1=P2^1;
sbit k2=P2^2;
//按键公共端
sbit P2_4=P2^4;
/*延迟函数*/
void delay(uint x)
{while(x--);}
/*按键程序*/
void key_scan(void)
{
    P2_4=0;                     //按键公共端为低电平
    if(key1==0)
    {
        delay();
        while(k0==0);           //等待抬起
        k0_flag=1;
        k1_flag=0;
        k2_flag=0;              //正转标志
    }
    if(key2==0)
    {
        delay();
        while(k1==0);           //等待抬起
        k1_flag=1;
```

```
            k0_flag=0;
            k2_flag=0;                   //反转标志
        }
        if(key3==0)
        {
            delay();
            while(k2==0);                //等待抬起
            k2_flag=1;
            k0_flag=0;
            k1_flag=0;                   //停止标志位
        }
}
/***************转动延迟函数**********/
void delayB(uint t)
{
    uchar k;
    while(t--)
      for(k=0;k<125;k++);
}
/********************电动机正转************************/
void motor_ffw()
{
    uchar i;
    for (i=0;i<8;i++)                    //一个周期转30°
    {
        P1=FFW[i];                       //取数据
        delayB(100);                     //调节转速
    }
}
/********************电动机反转************************/
void motor_rev()
{
    uchar i;
    for (i=0;i<8;i++)                    //一个周期转30°
    {
        P1=REV[i];                       //取数据
        delayB(100);                     //调节转速
    }
```

```
}
/********************** 主程序 **************************/
void main(void)
{
    while(1)
    {
        key_scan();
        if(k0_flag==1)motor_ffw();          //电动机正转
        if(k1_flag==1)motor_rev();          //电动机反转
        if(k2_flag==1)P1=0xf0;              //电动机停止
    }
}
```

　　步进电动机是单片机系统常用的一种外部运动执行机构，但在负载突变时很容易产生失步现象，造成电动机停转或损坏。在单片机的开发过程中，如果系统需要使用步进电动机部件，需要根据电动机的功率、转速控制范围、控制精度等参数进行电路和程序设计。

📖 思考题

　　5-1　当 DS18B20 检测负温度时，单片机得到的温度数据为补码，数字温度设计程序中是怎样得到原码的？

　　5-2　利用 DS18B20 内部的 EEPROM 可以存储温度控制系统的上下限，加上两个按键，在 DS18B20 驱动程序的基础上，请编写程序，设计一个带有温度上下限设定的恒温控制系统。利用仿真电路实现：当测量温度低于设定的下限时，单片机控制继电器吸合，当温度达到上限时，继电器释放。

　　5-3　在实际的恒温箱温度控制系统中，由于受到恒温箱热量丢失、恒温空间热循环速度以及加热部件余热等因素影响，简单的温度控制并不能达到恒温控制的目的。为了得到比较精确的控温效果，恒温控制一般采用比例控制原理。请思考怎样采用单片机系统实现恒温箱的比例控制。

　　5-4　编写 AT24C04 页写和连续读函数，补充 AT24C04 的驱动程序。请在电子表的基础上，利用 AT24C04 驱动程序设计一个打铃定时器，完成一天 40 个定点的定闹。

　　5-5　数字稳压电源是电子系统中常用的设备，请利用 TLC549、TLC5615 设计一个按键控制电压输出的电源，要求输出电压范围为 0~5V。如果增大电压输出范围，电路应怎样实现？

　　5-6　增加 4 个按键调整时间，利用 DS1302 驱动设计程序实现一个可调的电子日历，显示部件要求采用 74HC595 驱动若干数码管。

　　5-7　PCF8591 是一种自带 A/D、D/A 转换器的芯片，采用 I^2C 总线与 MCU 连接，如图 5-35 所示，请查阅 B107 型实验开发板资料，编写 A/D、D/A 转换器驱动程序，并通过仿真验证程序的正确性。

　　5-8　（项目 20-无刷电动机驱动技术）请采用图 5-36 所示电路控制无刷电动机的运行。

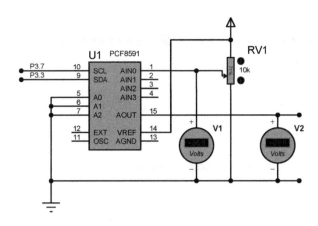

图 5-35　思考题 5-7 PCF8591 仿真电路

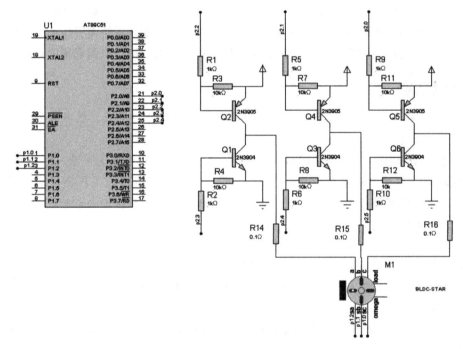

图 5-36　思考题 5-8 电路

5-9　（项目 21-直接数字频率合成技术）51 单片机可以通过定时器输出波形，但是输出波形的精度不高，且频率有限。所以可以采用 AD9833 芯片，可输出三种波形，且输出波形的频率范围从 10Hz 到几 MHz。试利用 AD9833 芯片和单片机结合，做一个数字频率计。

5-10　（项目 22-基于 LCD1602 的电子日历设计）设计一个电子日历，使用 STC8H1K08 做主控芯片，采用 ESP8266 实现网络时间的获取并结合 DS1302 实时时钟芯片对获取的时间进行读取与存储计时，将获取的时间（年、月、日、星期、时、分、秒）利用数码管显示，使用按键进行年月日，星期，时分秒显示模式的切换。可以在此基础上添加温度、整点报时、预设生日等其他功能。

第 6 章

单片机系统常用的显示器

在仪器仪表检测系统中，字符、汉字以及图形图像显示是系统经常采用的输出方式。单片机可以驱动的显示部件有单色字符液晶 LCD1602、汉字（绘图型）液晶 LCD12864、彩色液晶、OLED 显示屏，也可以驱动 LED 点阵，组成 LED 汉字显示屏。本章将主要介绍字符液晶显示器、图形点阵液晶显示器、彩色液晶显示器、OLED 显示屏的工作原理和 LED 汉字点阵电路的工作原理，然后通过项目设计过程介绍字符、汉字以及图形的显示方法与应用。本章项目集主要有：

项目 23-LCD1602 单色字符液晶显示器；

项目 24-LCD12864 的原理与应用；

项目 25-彩屏液晶 TFT 的原理与应用；

项目 26-LED8×8 点阵字符显示；

项目 27-LED 汉字屏原理与设计；

项目 28-计算器设计（思考题 6-2）；

项目 29-OLED 显示屏的原理与应用（思考题 6-4）。

6.1 LCD1602 单色字符液晶显示器 （项目 23）

LCD1602 字符液晶显示模块采用点阵式液晶显示，简称为 1602，它是一种专门用于显示字母、数字、符号等 ASCII 码符号的显示器件。由于该器件使用简单且价格低，因此经常应用在单片机系统中。本节将介绍 LCD1602 的工作原理和相关指令，使读者掌握 LCD1602 的程序设计和应用方法。

6.1.1 LCD1602 液晶显示器

1. 液晶显示模块概述

液晶显示器是目前使用广泛的显示器件，基于液晶电光效应原理进行显示，具有重量轻、功耗低、辐射低、易于携带等优点。根据应用领域，常见的液晶显示器有段显示方式的字符段显示器件；矩阵显示方式的字符、图形、图像显示器件；矩阵显示方式的大屏幕液晶投影电视液晶屏等。

液晶显示模块 LCD Module（简称为 LCM）由液晶、控制器件和背光等部件组成，小型化的 LCM 便携式仪器仪表被广泛地应用，如万用表、转速表等。根据显示方式和内容的不同，液晶模块可以分为数显液晶模块、液晶点阵字符模块和点阵图形液晶模块 3 种。数显液晶模块是一种由段型液晶显示器件与专用的集成电路组装成一体的功能部分，只能显示数字和一些标识符号。液晶点阵字符模块是由点阵字符液晶显示器件和专用的行、列驱动器，控制器及必要的连接件、结构件装配而成的，可以显示数字和字符，但不能显示图形。点阵图形液晶模块的点阵像素连续排列，行和列在排布中均没有空隔。因此不仅可以显示字符，还可以显示图形或动画。

2. LCD1602 功能简介

LCD1602 是一种 16x2 字符液晶显示器件，可以显示两行 32 个 ASCII 码字符或特定的字符，LCD1602 字符液晶显示器件实物图如图 6-1 所示。该显示器件采用软封装，内部控制器常使用 HD44780 芯片。

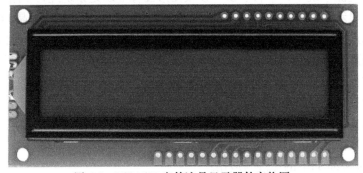

图 6-1　LCD1602 字符液晶显示器件实物图

该显示器件与外部接口为标准的 SIP16 引脚。显示器正面观察时引脚在上，编号从左到右依次为 1~16，分电源、数据和控制引脚 3 部分。LCD1602 芯片和背光电路工作电压与单片机兼容，可以很方便地与单片机进行连接，LCD1602 接口引脚见表 6-1。

表 6-1　LCD1602 接口引脚

引脚编号	符号	引脚说明	引脚编号	符号	引脚说明
1	VSS	电源地	9	D2	数据（I/O）
2	VDD	电源正极	10	D3	数据（I/O）
3	VL	液晶显示偏压信号	11	D4	数据（I/O）
4	RS	数据命令选择端（H/L）	12	D5	数据（I/O）
5	R/W	读/写选择端（H/L）	13	D6	数据（I/O）
6	E	使能信号	14	D7	数据（I/O）
7	D0	数据（I/O）	15	BLA	背光源正极
8	D1	数据（I/O）	16	BLK	背光源负极

3. LCD1602 的 RAM 地址映射及标准字符库表

LCD1602 的内部 RAM 地址映射图如图 6-2 所示，LCD1602 显示字符时需先输入显示字符地址，也就是告诉模块在哪里显示字符。但在实际操作时，因为写入显示地址时要求最高位 D7 恒定为高电平 1，地址需要加上 0x80。如第一行地址为 0x80+x；第二行地址为 0x80+0x40+x。

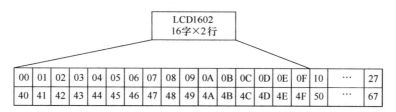

图 6-2　LCD1602 的内部 RAM 地址映射图

LCD1602 液晶模块内部的字符发生存储器 CGROM 内存储了 160 个不同的点阵字符图形，见表 6-2，这些字符包括全部的 ASCII 码和一些特殊符号等，每一个符号与地址对应，比如大写的英文字母"B"的地址码是 01000010B（0x42）。因此，在显示时只要对 LCD1602 发送数据 0x42，LCD1602 模块会把地址为 0x42 中的点阵字符图形显示出来，就能看到字母"B"。表中地址码 0x00~0x0f 为用户自定义字符图形区 CGRAM；0x20~0x7f 为标准的 ASCII；0xa0~0xff 为特殊字符，其他区域未作定义。

表 6-2　CGROM 和 CGRAM 中字符代码与字符图形对应关系

高位 低位	0000	0010	0011	0100	0101	0110	0111	1010	1011	1100	1101	1110	1111
××××0000	CGRAM（1）		0	ə	P	\	p		一	ㄆ	三	α	P
××××0001	（2）	!	1	A	Q	a	q	。	ア	チ	ム	ä	q
××××0010	（3）	‖	2	B	R	b	r	「	イ	ツ	メ	β	θ
××××0011	（4）	#	3	C	S	c	s	」	ウ	テ	モ	ε	∞
××××0100	（5）	$	4	D	T	d	t	、	エ	ト	ャ	μ	Ω
××××0101	（6）	%	5	E	U	e	u	・	オ	ナ	ュ	B	ü
××××0110	（7）	&	6	F	V	f	v	ヲ	カ	ニ	ョ	ρ	Σ
××××0111	（8）	>	7	G	W	g	w	ア	キ	ヌ	ラ	g	x
××××1000	（1）	(	8	H	X	h	x	イ	ク	ネ	リ	∫	X̄
××××1001	（2）	)	9	I	Y	i	y	ウ	ケ	ノ	ル	-1	y
××××1010	（3）	*	:	J	Z	j	z	エ	コ	リ	レ	j	千
××××1011	（4）	+	;	K	[	k	{	オ	サ	ヒ	ロ	x	万
××××1100	（5）	フ	<	L	￥	l	|	ヤ	シ	フ	ワ	¢	円
××××1101	（6）	-	=	M	]	m	}	ユ	ス	ヘ	ゾ	モ	÷
××××1110	（7）	.	>	N	∧	n	→	ヨ	セ	ホ	ハ	ñ	
××××1111	（8）	/	?	O	—	o	←	ツ	ソ	マ	口	ö	∎

6.1.2　LCD1602 的操作指令

1. 基本操作与时序

LCD1602 是单片机外部器件，基本操作以单片机为主器件进行，包括读状态、写指令、读数据、写数据、器件的初始化和清屏。数据传输通过 LCD1602 的并行数据端口 D0~D7，操作类型由3个控制端电平组合控制，见表6-3。在数据或指令的读写过程中，控制端外所加电平有一定的时序要求，图6-3和图6-4分别为该器件的读写操作时序图，时序图说明了3个控制端口与数据之间的时间对应关系，这是基本操作的程序设计的基础。

表6-3　LCD1602基本读写操作控制

读状态	输入	RS=0，R/W=1，E=1	输出	D0~D7=指令码
写指令	输入	RS=0，R/W=0，D0~D7=指令码，E=高脉冲	输出	无
读数据	输入	RS=1，R/W=1，E=1	输出	D0~D7=数据
写数据	输入	RS=1，R/W=0，D0~D7=数据，E为上升沿脉冲	输出	无

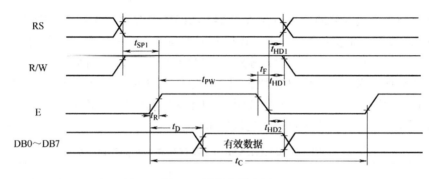

图6-3　读操作时序图

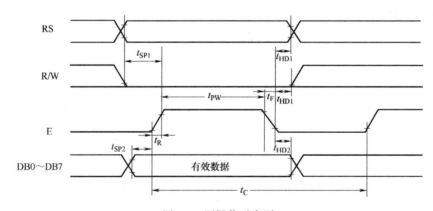

图6-4　写操作时序图

2. LCD1602指令集

液晶模块内部控制器的操作受控制指令指挥，各指令利用1字节16进制代码表示，共有11个控制指令。在单片机向LCD1602写指令期间，要求RS=0，R/W=0，然后在E的上升沿作用下把数据写入LCD1602，LCD1602液晶模块内部控制器的各个指令码功能见表6-4。

表6-4　LCD1602液晶模块内部控制器的各个指令码功能

序号	指令	D7	D6	D5	D4	D3	D2	D1	D0
1	清显示	0	0	0	0	0	0	0	1
2	光标返回	0	0	0	0	0	0	1	*

（续）

序号	指令	D7	D6	D5	D4	D3	D2	D1	D0
3	设置输入模式	0	0	0	0	0	1	I/D	S
4	显示开关控制	0	0	0	0	1	D	C	B
5	光标或字符移动	0	0	0	1	S/C	R/L	×	×
6	置功能	0	0	1	DL	N	F	×	×
7	置字符发生存储器地址	0	1	字符发生存储器地址					
8	置数据存储器地址	1	显示数据存储器地址						
9	读忙标志或地址	BF	计算器地址						
10	写数到 CGRAM 或 DDRAM	要写的数据内容							
11	从 CGRAM 或 DDRAM 读数	读出的数据内容							

（1）初始化设置指令

初始化设置指令主要设置 LCD1602 的显示模式，常用的指令如代码为 0x38 时，设置 LCD1602 为 16×2 个字符，5×7 点阵，8 位数据接口，见表 6-5。

表 6-5　初始化设置指令

指令码格式	功能
0　0　1　DL　N　F　×　×	DL=0，数据总线为 4 位，DL=1，数据总线为 8 位 N=0，显示 1 行，N=1，显示 2 行 F=0，显示的字符为 5×7 点阵，F=1 时为 5×10 点阵

（2）屏显示开/关及光标设置指令

该指令有很多，见表 6-6。如指令码 0x0C，设置为显示功能开，无光标，光标不闪烁；指令 0x0f 为光标显示并闪烁。

表 6-6　屏操作指令

指令码格式	功能
0　0　0　0　0　0　0　1	清屏指令，单片机向 LCD1602 的数据端口写入 0x01 后，LCD1602 自动将本身 DDRAM 的内容全部填入"空白"的 ASCII 码 20H，并将地址计算器 AC 的值设为 0，同时光标归位，即将光标撤回液晶显示屏的左上方。此时显示器无显示
0　0　0　0　1　D　C　B	D=1，开显示；D=0，关显示 C=1，显示光标；C=0，不显示光标 B=1，闪烁光标；B=0，不闪烁光标
0　0　0　0　0　1　N　S	N=1，当读或写 1 个字符后，地址指针加 1，且光标加 1 N=0，当读或写 1 个字符后，地址指针减 1，且光标减 1 S=1，当写 1 个字符后，整屏显示左移（N=1），整屏显示右移（N=0），以得到光标不移动屏幕移动的效果 S=0，当写 1 个字符，整屏显示不移动

（3）设定 CGRAM/DDRAM 指令

设定 CGRAM/DDRAM 指令有 0x40+地址、0x80+地址两个。0x40 是设定 CGRAM（图形显示缓存）地址命令，地址是指要设置 CGRAM 的地址；0x80 是设定 DDRAM（字符显示缓存）地址命令，地址是指要写入的 DDRAM 地址。指令格式见表6-7。

表 6-7　设定 CGRAM/DDRAM 指令格式

指令功能	指令编码									
	RS	R/W	DB7	DB6	DB5	DB4	DB3	DB2	DB1	DB0
设定 CGRAM	0	0	0	1	CGRAM 地址（6位）					
设定 DDRAM	0	0	1	DDRAM 地址（7位）						

（4）读取忙信号或 AC 地址指令

当 RS=0、R/W=1 时，单片机读取忙信号 BF 的内容，BF=1 表示液晶显示器忙，暂时无法接收单片机送来的数据或指令；当 BF=0 时，液晶显示器可以接收单片机送来的数据或指令；同时单片机读取地址计数器（AC）的内容。指令格式见表6-8。

LCD1602 液晶显示模块是一个慢显示器件，所以在执行每条指令之前需要检测忙信号，即读状态，DB7 为低电平时，表示可以继续操作，否则需要等待。

表 6-8　读取忙信号或 AC 地址指令格式

指令功能	指令编码									
	RS	R/W	DB7	DB6	DB5	DB4	DB3	DB2	DB1	DB0
读取忙信号或 AC 地址	0	1	BF	AC 内容（7位）						

（5）写入 CGRAM/DDRAM 数据操作

当 RS=1、R/W=0 时，单片机可以将字符码写入 DDRAM，以使液晶显示屏显示出相对应的字符，也可以将用户自己设计的图形存入 CGRAM。操作格式见表6-9。

表 6-9　写入 CGRAM/DDRAM 数据操作格式

指令功能	指令编码									
	RS	R/W	DB7	DB6	DB5	DB4	DB3	DB2	DB1	DB0
数据写入 CGRAM/DDRAM 中	1	0	写入的数据（7位）							

6.1.3　LCD1602 驱动程序设计

1. 参考电路

单片机和 LCD1602 的连接示意图如图6-5所示，LCD1602 的使能端 E 接 P2.0，R/W 端接 P2.1，RS 端接 P2.2，D0~D7 接单片机的 P0 端口，接上拉电阻。LCD1602 的电源、背光电源与单片机使用同一电源供电。

2. LCD1602 驱动程序

单片机对 LCD1602 的基本操作函数有写指令、写数据、读状态、读数据等，初始化和清屏操作利用基本操作函数实现，如写初始化指令 0x38 需要用到写指令操作。应用操作函数有光标定位函数、显示字符函数、显示数字函数等。在程序设计时，被调用的函数写在程序的前面。根据 LCD1602 电路连接方式，1602.c 程序设计清单如下：

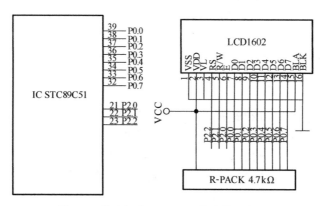

图 6-5　单片机和 LCD1602 的连接示意图

```
/*预处理*/
#include<reg51.h>
#define uchar unsigned char
#define uint unsigned int
uchar num[]="0123456789";          //显示两位数字时使用
sbit RS=P2^2;
sbit RW=P2^1;
sbit E=P2^0;
/*延时函数*/
void delay(uint x)
{
    while(x--);
}
/*向LCD1602写一个命令*/
void write_command(uchar command)
{
    RW=0;RS=0P0=command;E=1;
    delay(100);                    //等待接收,省略了读状态操作
    E=0;
    RW=1;
}
/*向LCD1602写一个数据*/
void write_data(uchar date)
{
    RW=0;RS=1;P0=date;E=1;
```

```
    delay(100);                    //等待接收
    E=0;
    RW=1;
}
/*初始化 LCD1602*/
void F1602_init(void)
{
    write_command(0x38);           // 两行,每行16个字符,每个字符5×7点阵
    write_command(0x0f);           // 光标显示并闪烁
    //write_command(0x0C);         // 光标不显示
    write_command(0x06);           // 光标随字符右移
}
/*对 LCD1602 清屏*/
void F1602_clear()
{
    write_command(0x01);
    write_command(0x02);
}
/*向 LCD1602 写字符串*/
void display_string(uchar *p)
{
    while(*p)                      //字符非空
    {
        write_data(*p);            //写字符
        p++;                       //数据指针加1
    }
}
/*向 LCD1602 写数字变量(两位)**/
void display_num(uchar x)
{
    write_data(num[x / 10]);
    write_data(num[x % 10]);
}
/*定位*/
void gotoxy(uchar y,uchar x)
{
    if(y==1)
    write_command(0x80+x);         //第一行
    else if(y==2)write_command(0x80+0x40+x);        //第二行
}
```

　　数据或指令的写入设定在控制端 E 为高电平期间，每次写入操作利用延时函数延时省略对 LCD1602 的读状态操作，这样可以简化程序的设计步骤，但同时也降低了程序的稳定性，并且该程序不能在较高时钟的单片机系统中运行。

6.1.4　LCD1602 应用

　　在主程序中可以调用 1602.c 子程序实现字符显示，如显示信息：第一屏第一行显示"How are you"，第二行显示"dat：2023/10/27"；第二屏第一行显示"Time：sec"，第二行显示 End，程序利用 Proteus 软件仿真显示效果如图 6-6 所示。主程序可以参照下面设计。

```
/*预处理*/
#include<reg51.h>
#include<1602.c>
/*主函数*/
void main (void)
{
    uchar i,sec=56;
    F1602_init();
    F1602_clear();
    while(1)
    {
        F1602_clear();
        display_string("How are you");
        gotoxy(2,0);
        display_string("dat:2023/10/27");
        delay(50000);delay(50000);delay(50000);delay(50000);
        F1602_clear();
        display_string("Time:");display_num(sec);display_string
("  ");display_num(i);//i 为重复显示的次数
        gotoxy(2,0);
        display_string("End");
        delay(50000);delay(50000);delay(50000);delay(50000);
        i++;if(i>100)i=0;
    }
}
```

　　程序编译成功后可以采用 Proteus 软件仿真，也可以下载到实验开发板上验证程序的正确性。项目主程序中的变量 sec、i 的显示原理可以给读者一个提示，即时间变量都可以利用 LCD1602 显示。所以利用 LCD1602 可以很容易实现电子万年历显示，时间变量可以通过单片机定时器中断累计产生，也可以通过 DS1302 获取。

How are you

dat:2013/10/27 _

a)第一屏显示

Time:56　02

End_

b)第二屏显示

图 6-6　程序利用 Proteus 软件仿真显示效果

6.2　LCD12864 的原理与应用（项目 24）

LCD12864 为 128×64 绘图型点阵液晶模块，可以显示汉字、ASCII 码字符和任意图形。根据生产厂家的不同，LCD12864 控制芯片有 KS0108、T6963C、ST7920 等，其中 KS0107（或 KS0108）不带字库，ST7920 带国标二级字库（8000 多个汉字）。T6963C 带有 ASCII 码字符库，并且具有完善的指令集和较简便的控制方式，所以本节以 T6963C 控制的 LCD12864 为列，介绍 LCD12864 的显示原理和程序设计方法，并通过项目实例介绍 LCD12864 的一般应用。

6.2.1　LCD12864 点阵液晶显示模块工作原理

1. 功能

T6963C 是日本东芝公司专门为中等规模 LCD 模块设计的一款控制器，它通过外部 MCU 方便地实现对 LCD 驱动器和显示缓存的管理。其内部有 128 个常用字符表，可管理外部扩展显示缓存 64KB（LCD12864 模块为 32KB），与单片机连接采用并行接口。

LCD12864 液晶显示器除 T6963C 控制器外，内部还包括行驱动器 T6A40、列驱动器 T6A39、液晶驱动偏压电路、显示存储器以及液晶屏，能够显示字符及图形，也可以显示 8× 4 个 16×16 点阵的汉字。LCD12864 液晶显示器如图 6-7 所示，与外部接口共有 20 个引脚，分显示器电源、背光电源、并行数据接口、控制端口和对比度调节控制端口。LCD 正面时引脚在上，引脚编号从左到右依次为 1~20，LCD12864 液晶引脚功能见表 6-10。

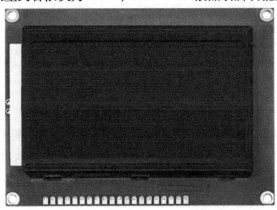

图 6-7　LCD12864 液晶显示器

表 6-10　LCD12864 液晶引脚功能

引脚	符号	电平	功能描述
1	FG	0V	铁框地
2	VSS	0V	信号地
3	VDD	5.0V	逻辑和 LCD 正驱动电源
4	VO	−10V<VO<VDD	对比度调节输入（内部负压时空接）
5	$\overline{WR}$	L	写信号
6	$\overline{RD}$	L	读信号
7	$\overline{CE}$	L	片选信号
8	C/$\overline{D}$	H/L	指令/数据选择（H：指令 L：数据）
9	$\overline{RST}$	L	复位（模块内已带上电复位电路，加电后可自动复位）
10~17	DB0~DB7	H/L	数据总线 0（三态数据总线）
18	FS	H/L	字体选择（H：6×8 点；L：8×8 点，图形方式时建议接低电平）
19	LED+	—	LED 背光电源输入（+5V）或 EL 背光电源输入（AC80V）
20	LED−	—	LED 背光电源输入负极

2. LCD12864 的指令集

T6963C 的指令集见表 6-11，分读状态字操作、设置指令、数据的读写操作指令、位操作指令 4 种。

表 6-11　T6963C 的指令集

命令	命令码	参数 D1	参数 D2	功能
地址 指针设置	00100001（21H） 00100010（22H） 00100100（24H）	X 横向地址 偏置地址 低 8 位地址	Y 垂直地址 00H 高 8 位地址	光标地址设置 CGRAM 偏置地址设置 读写显存地址设置
显示 区域设置	01000000（40H） 01000001（41H） 01000010（42H） 01000011（43H）	低 8 位地址 每行字符数 低 8 位地址 每行字节数	高 8 位地址 00H 高 8 位地址 00H	文本显示区首地址 文本显示区宽度 图形显示区首地址 图形显示区宽度
显示 方式设置	10000000（80H） 10000001（81H） 10000011（83H） 10000100（84H）	— — — —	— — — —	文本与图形逻辑"或"合成显示 文本与图形逻辑"异或"合成显示 文本与图形逻辑"与"合成显示 文本显示特征以双字节表示
显示 状态设置	10010000（90H） 10010010（92H） 10010011（93H） 10010100（94H） 10011000（98H） 10011100（9CH）	— — — — — —	— — — — — —	关所有显示 光标显示但不闪 光标闪动显示 文本显示，图形关闭 文本关闭，图形显示 文本和图形都显示

（续）

命令	命令码	参数 D1	参数 D2	功能
光标 大小设置	10100000（A0H）	—	—	1 行 8 点光标
	10100001（A1H）	—	—	2 行 8 点光标
	10100010（A2H）	—	—	3 行 8 点光标
	10100011（A3H）	—	—	4 行 8 点光标
	10100100（A4H）	—	—	5 行 8 点光标
	10100101（A5H）	—	—	6 行 8 点光标
	10100110（A6H）	—	—	7 行 8 点光标
	10100111（A7H）	—	—	8 行 8 点光标
进入/退出 显示数据 自动读/写 方式设置	10110000（B0H）	—	—	进入显示数据自动写方式
	10110001（B1H）	—	—	进入显示数据自动读方式
	10110010（B2H）	—	—	退出自动读/写方式
	10110011 10110011 （B3H）	—	—	退出自动读/写方式
进入显示 数据一次 读/写 方式设置	11000000（C0H）	数据	—	写 1 字节数据，地址指针加 1
	11000001（C1H）	—	—	读 1 字节数据，地址指针加 1
	11000010（C2H）	数据	—	写 1 字节数据，地址指针减 1
	11000011（C3H）	—	—	读 1 字节数据，地址指针减 1
	11000100（C4H）	数据	—	写 1 字节数据，地址指针不变
	11000101（C5H）	—	—	读 1 字节数据，地址指针不变
屏读一 字节	11100000（E0H）	—	—	从当前地址指针（在图形区内）读 1 字节屏幕显示数据
屏读拷贝 （一行）	11101000（E8H）	—	—	从当前地址指针（在图形区内）读 1 行屏幕显示数据并写回
显示数据 位操作设置	111110XXX	—	—	位清零
	11111XXX	—	—	位置位
	1111X000	—	—	设位地址 Bit 0（LSB）
	1111X001	—	—	设位地址 Bit 1
	1111X010	—	—	设位地址 Bit 2
	1111X011	—	—	设位地址 Bit 3
	1111X100	—	—	设位地址 Bit 4
	1111X101	—	—	设位地址 Bit 5
	1111X110	—	—	设位地址 Bit 6
	1111X111	—	—	设位地址 Bit 7（MSB）

（1）读状态字操作

在 T6963C 中有一个 1 字节的状态字，单片机无论是向 T6963C 读写数据还是写入命令，都必须对状态字进行忙状态判断，以决定是否可以继续对 T6963C 进行操作。

读状态字操作格式为 $\overline{RD}=0$、$\overline{WR}=1$、$\overline{CE}=0$、$C/\overline{D}=1$；此时数据端口 D0~D7 输出状态字，8 位状态字从高到低分别为 STA7~STA0，其各位表示的状态字说明见表 6-12。其中，STA0 和 STA1 在大多数命令和数据传送前必须在同一时刻判断，否则可能会出错；在数据自动读写时判断 STA2 和 STA3；在屏读/屏拷贝时判断 STA6；STA5 和 STA7 为厂家测试时用。

表 6-12　状态字说明

状态字位	状态表示	说明
STA0	指令读写状态	0：忙　1：闲
STA1	数据读写状态	0：忙　1：闲
STA2	数据自动读状态	0：忙　1：闲
STA3	数据自动写状态	0：忙　1：闲
STA4	未用	
STA5	控制器运行检测可能性	0：不能　1：可能
STA6	屏读/屏拷贝出错状态	0：对　1：错
STA7	闪烁状态检测	0：关　1：开

（2）设置指令

该类指令用于设置显示的区域、方式及数据地址指针，设置光标的形状和数据的读写方式等，使用时需通过写指令操作写入 LCD12864。

（3）数据的读/写指令

该指令读/写的数据即为液晶屏上所显示的内容。在液晶显示模块中配备有显示存储器（RAM），T6963C 最大可控制 64KB。该存储器经设置指令设置（区域、方式）后，存储器中被设置的空间内的每一个"位"都与液晶屏上的一个像素（点）相对应，而"位"的二值性就表示液晶屏上像素是否"显现"。T6963C 则将存储器中设置区域的内容不断地、扫描式地送向液晶屏，用户则通过显示模块对外的接口将需显示的"数据"送入存储器中的设置区域即可。

（4）位操作指令

位操作指令专用于对液晶屏上的像素（点）操作。

3. LCD12864 操作时序

LCD12864 的 5 个控制引脚有严格的规定和操作时序，其中 C/$\overline{\text{D}}$ = 1 为允许指令读写操作，C/$\overline{\text{D}}$ = 0 为数据读写操作；$\overline{\text{CE}}$ 为片选端，低电平有效；$\overline{\text{RD}}$、$\overline{\text{WR}}$ 分别为读、写控制端，低电平有效；$\overline{\text{RST}}$ 为复位端，低电平有效。T6963C 读写时序图如图 6-8 所示。

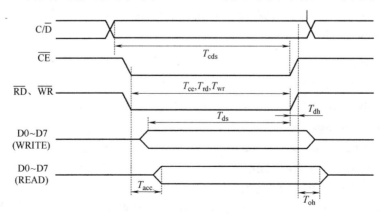

图 6-8　T6963C 读写时序图

6.2.2　LCD12864驱动程序

1. 参考电路

STC89C51和LCD12864连接示意图如图6-9所示，其中LCD12864的数据端D0~D7分别接单片机的P0口，需加上拉电阻；$\overline{\text{WR}}$接P2.4，$\overline{\text{RD}}$接P2.3，$\overline{\text{CE}}$接P2.2，$\overline{\text{CD}}$接P2.1，RST接P2.0；LCD12864的第4脚接多圈电位器，用来调节LCD12864显示的对比度。

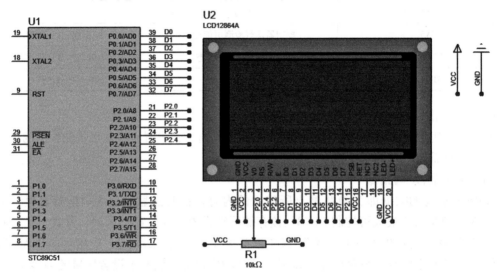

图6-9　STC89C51和LCD12864连接示意图

2. LCD12864液晶显示器驱动程序

LCD12864的驱动程序中主要有系统配置预处理、基本操作函数和应用操作函数，基本操作函数有：向LCD12864中写一个1字节数据，写一个1字节命令，写一个数据一个命令，写两个数据两个命令和LCD12864基本设置函数、清屏函数以及延时函数，由于写过程中采用了延时，所以程序中省去了读状态操作；应用操作包含的函数有显示字符、显示汉字、显示图形等函数，因此LCD12864中包含了字库和图形的文件。

基本操作类函数和应用操作类函数是LCD12864的基本程序，保存在f12864.c文件中，所使用的字库、图形文件实例分别存放在ziku.c和tuxing.c中。

（1）基本操作

```
/*预处理*/
#include<reg51.h>
#include<ziku.c>
#include<tuxing.c>
#define uchar unsigned char
#define uint unsigned int
uchar num[]="0123456789";
sbit rest=P2^0;               //复位信号,低电平有效
```

```
sbit  _cd=P2^1;                //命令和数据控制口(高为命令,低为数据)
sbit  _ce=P2^2;                //片选信号,低电平有效
sbit  _rd=P2^3;                //读信号,低电平有效
sbit  _wr=P2^4;                //写信号,低电平有效
/*延迟函数*/
void delay(uint i)
{
    while(i--);
}
/*写命令*/
void write_commond(uchar com)
{
    _ce=0;
    _cd=1;                     //高电平,写指令
    _rd=1;
    P0=com;
    _wr=0;_nop_();
    _wr=1;
    _ce=1;
    _cd=0;
}
/*对写一个数据*/
void write_date(uchar dat)
{
    _ce=0;
    _cd=0;                     //低电平,写指令
    _rd=1;
    P0=dat;
    _wr=0;
    _nop_();
    _wr=1;
    _ce=1;
    _cd=1;
}
/*写一个指令和一个数据*/
void write_dc(uchar com,uchar dat)
{
    write_date(dat);           //先写数据
    write_commond(com);        //后写指令
```

```
    }
/*写一个指令和两个数据*/
void write_ddc(uchar com,uchar dat1,uchar dat2)
{
    write_date(dat1);              //先写数据
    write_date(dat2);              //先写数据
    write_commond(com);           //后写指令
}
/*LCD12864初始化函数*/
void f12864_init(void)
{
    rest=0;
    delay(300);
    rest=1;
    write_ddc(0x40,0x00,0x00);     //设置文本显示区首地址 0x0000
    write_ddc(0x41,128 / 8,0x00);  //设置文本显示区宽度8点阵
    write_ddc(0x42,0x00,0x08);     //设置图形显示区首地址 0x0800
    write_ddc(0x43,128 / 8,0x00);  //设置图形显示区宽度
    write_commond(0x81);           //显示方式设置,文本与图形异或显示
    write_commond(0x9e);           //显示开关设置,文本开,图形开,光标闪
                                   烁关

}
/*清屏函数*/
void f12864_clear(void)
{
    unsigned int i;
    write_ddc(0x24,0x00,0x00)      //置地址指针为从零开始
    write_commond(0xb0)            //自动写
    for(i=0;i< 128 * 64 ;i++)write_date(0x00);    //清一屏
    rite_commond(0xb2);            //自动写结束
    rite_ddc(0x24,0x00,0x00);      //重置地址指针

}
```

（2）应用操作

```
/*显示一个 ASCII 码函数*/
void write_char(uchar x,uchar y,uchar Charbyte)
{
    uint adress;
```

```
    adress=16 * y+x;                    //文本显示
    write_ddc(0x24,(uchar)(adress),(uchar)(adress>>8));
                                        //地址指针位置
    write_dc(0xC4,Charbyte-32);         //数据一次读写方式,查字符ROM
}
/*显示字符串函数,8×8点阵,x:左右字符间隔,y:上下字符间隔*/
void display_string(uchar x,uchar y,uchar *p)
{
    while(*p !=0)
    {
        write_char(x,y,*p);
        x++;
        p++;
        if(x>15)                        //自动换行128×64//共16行0~15
        {
            x=0;
            y++;
        }
    }
}
/*显示1个汉字,x:左右点阵间距(8点阵倍数),y:上下点阵间距(16点阵倍数)*/
void write_hanzi(uchar x,uchar y,uchar z)
{
    unsigned int address;
    uchar m,n=0;
    address=16 * 16 * y+x+0x0800;  //显示图形
    for(m=0;m < 16;m++)                 //1个汉字占上下16行
    {
        write_ddc(0x24,(uchar)(address),(uchar)(address>>8));
        write_dc(0xc0,ziku[z][n++]);write_dc(0xc0,ziku[z][n++]);
                                        //一个汉字横向取模为两个字节
        address=address+16;            //换行
    }
}
/*显示多个汉字,x:左右点阵间距(8点阵倍数),y:上下点阵间距(16点阵倍数),从
第i个汉字开始显示,显示j-i个*/
void display_hanzi(uchar x,uchar y,uchar i,uchar j)
{
```

```
        for(i;i < j;i++)
        {
            write_hanzi(x,y,i);
            x   =x+2;
        }
    }
/*显示两位数字,每一个8×8点阵,x:左右字符间隔,y:上下字符间隔*/
void display_num(uchar x,uchar y,uchar i)
{
        uint adress;
        adress=16 * y+x;                        //文本显示,每行16个字符
        write_ddc(0x24,(uchar)(adress),(uchar)(adress>>8));
                                                //地址指针位置
        write_dc(0xc0,num[i/10]-32);write_dc(0xc0,num[i % 10]-32);
                                                //写两个数字
}
/*显示128×64图形*/
void dispay_tuxing(void)
{
    uchar i,j;
    uint address,x;
    address=0x0800;                             //首地址,图形显示
    for(i=0;i < 64;i++)                         //64行
    {
        write_ddc(0x24,(uchar)(address),(uchar)(address>>8));
        for(j=0;j < 16;j++)                     //每行16个字节
        {
          write_dc(0xc0,tuxing[x]);
          x++;
        }
        address=address+16;                     //换行
    }
}
```

3. 程序说明

（1）字库

字库中的每一个汉字采用16×16点阵显示,因此需要通过字模软件把每一个要显示的汉字转换成一个32字节数据,常用的字模程序可以通过网络下载,注意取模时生成的代码为C51程序代码,并且是横向取模。本项目中使用的字符库ziku.c内容为

```
uchar code ziku[ ][ 32 ] =
{
    /*-- 文字:  好  --*/
    /*-- Times New Roman12;  此字体下对应的点阵为:宽×高 =16×16  --*/
    0x10,0x00,0x11,0xFC,0x10,0x08,0x10,0x10,0xFC,0x20,0x24,0x20,
0x24,0x20,0x27,0xFE,0x44,0x20,0x64,0x20,0x18,0x20,0x08,0x20,0x14,
0x20,0x26,0x20,0x44,0xA0,0x80,0x40,
    /*-- 文字:  人  --*/
    /*-- Times New Roman12;  此字体下对应的点阵为:宽×高 =16×16  --*/
    0x01,0x00,0x01,0x80,0x01,0x00,0x01,0x00,0x01,0x00,0x01,0x00,
0x02,0x80,0x02,0x80,0x04,0x80,0x04,0x40,0x08,0x60,0x08,0x30,0x10,
0x18,0x20,0x0E,0x40,0x04,0x00,0x00,
    /*-- 文字:  一  --*/
    /*-- Times New Roman12;  此字体下对应的点阵为:宽×高 =16×16  --*/
    0x00,0x00,0x00,0x00,0x00,0x00,0x00,0x00,0x00,0x00,0x00,0x00,
0x00,0x04,0x7F,0xFE,0x00,0x00,0x00,0x00,0x00,0x00,0x00,0x00,0x00,
0x00,0x00,0x00,0x00,0x00,0x00,0x00,
    /*-- 文字:  生  --*/
    /*-- Times New Roman12;  此字体下对应的点阵为:宽×高 =16×16  --*/
    0x00,0x80,0x10,0xC0,0x10,0x80,0x10,0x88,0x1F,0xFC,0x20,0x80,
0x20,0x80,0x40,0x88,0x9F,0xFC,0x00,0x80,0x00,0x80,0x00,0x80,0x00,
0x80,0x00,0x84,0x7F,0xFE,0x00,0x00,
    /*-- 文字:  平  --*/
    /*-- Times New Roman12;  此字体下对应的点阵为:宽×高 =16×16  --*/
    0x7F,0xFC,0x01,0x00,0x21,0x10,0x11,0x18,0x09,0x10,0x0D,0x20,
0x09,0x40,0x01,0x00,0xFF,0xFE,0x01,0x00,0x01,0x00,0x01,0x00,0x01,
0x00,0x01,0x00,0x01,0x00,0x01,0x00,
    /*-- 文字:  安  --*/
    /*-- Times New Roman12;  此字体下对应的点阵为:宽×高 =16×16  --*/
    0x02,0x00,0x01,0x00,0x3F,0xFE,0x20,0x04,0x44,0x08,0x06,0x00,
0x04,0x00,0xFF,0xFE,0x08,0x20,0x08,0x20,0x08,0x40,0x06,0x80,0x01,
0x00,0x06,0xC0,0x18,0x38,0xE0,0x10,
    /*-- 文字:  祝  --*/
    /*-- Times New Roman12;  此字体下对应的点阵为:宽×高 =16×16  --*/
    0x20,0x00,0x11,0xF8,0x11,0x08,0xFD,0x08,0x05,0x08,0x09,0x08,
0x11,0x08,0x39,0xF8,0x54,0x90,0x94,0x90,0x10,0x90,0x10,0x90,0x11,
0x12,0x11,0x12,0x12,0x12,0x14,0x0E,
    /*-- 文字:  您  --*/
```

```
        /*--  Times New Roman12;  此字体下对应的点阵为:宽×高=16×16  --*/
        0x08,0x00,0x09,0x00,0x11,0xFE,0x12,0x04,0x34,0x40,0x32,0x50,
0x52,0x48,0x94,0x44,0x11,0x44,0x10,0x80,0x00,0x00,0x29,0x04,0x28,
0x92,0x68,0x12,0x07,0xF0,0x00,0x00,
        /*--  文字:  一  --*/
        /*--  Times New Roman12;  此字体下对应的点阵为:宽×高=16×16  --*/
        0x00,0x00,0x00,0x00,0x00,0x00,0x00,0x00,0x00,0x00,0x00,0x00,
0x00,0x04,0x7F,0xFE,0x00,0x00,0x00,0x00,0x00,0x00,0x00,0x00,0x00,
0x00,0x00,0x00,0x00,0x00,0x00,0x00,
        /*--  文字:  帆  --*/
        /*--  Times New Roman12;  此字体下对应的点阵为:宽×高=16×16  --*/
        0x10,0x00,0x11,0xF0,0x11,0x10,0x7D,0x10,0x55,0x10,0x55,0x10,
0x55,0x90,0x55,0x50,0x55,0x70,0x55,0x50,0x5D,0x10,0x11,0x12,0x11,
0x12,0x12,0x12,0x12,0x0E,0x14,0x00,
        /*--  文字:  风  --*/
        /*--  Times New Roman12;  此字体下对应的点阵为:宽×高=16×16  --*/
        0x00,0x00,0x1F,0xF8,0x10,0x08,0x10,0x48,0x14,0x68,0x12,0x48,
0x11,0x48,0x10,0x88,0x10,0x88,0x11,0x48,0x12,0x6A,0x24,0x2A,0x28,
0x26,0x40,0x06,0x80,0x02,0x00,0x00,
        /*--  文字:  顺  --*/
        /*--  Times New Roman12;  此字体下对应的点阵为:宽×高=16×16  --*/
        0x00,0x00,0x45,0xFE,0x54,0x20,0x54,0x40,0x55,0xFC,0x55,0x04,
0x55,0x04,0x55,0x24,0x55,0x24,0x55,0x24,0x55,0x24,0x54,0x20,0x44,
0x50,0x84,0x8C,0x05,0x04,0x00,0x00,
        /*--  文字:  时  --*/
        /*--  楷体_GB23129; 此字体下对应的点阵为:宽×高=12×12  --*/
        /*--  宽度不是 8 的倍数,现调整为:宽度×高度=16×12  --*/
        0xFF,0xFF,0xFF,0xFF,0xFE,0xFF,0xCE,0xFF,0xAE,0xFF,0xAE,0x1F,
0xA0,0xFF,0x8E,0xFF,0xAA,0xFF,0x8A,0xFF,0xAE,0xFF,0xFC,0xFF,0xFE,
0xFF,0xFF,0xFF,0xFF,0xFF,0xFF,0xFF,
        /*--  文字:  间  --*/
        /*--  楷体_GB23129; 此字体下对应的点阵为:宽×高=12×12  --*/
        /*--  宽度不是 8 的倍数,现调整为:宽度×高度=16×12  --*/
        0xFF,0xFF,0xFF,0xFF,0xDE,0x7F,0xE9,0xBF,0xBF,0xBF,0xA1,0xBF,
0xAD,0xBF,0xA1,0xBF,0xAD,0xBF,0xA1,0xBF,0xBF,0xBF,0xBE,0xBF,0xFF,
0x7F,0xFF,0xFF,0xFF,0xFF,0xFF,0xFF,
    }
```

（2）图形库

这里显示的图形例子是128×64点阵黑白图形。显示时，LCD12864每行可以显示128点

阵，即 16×8 字节数据，共 64 行，因此图形库的
文件实际是把图形转换成 16×64 字节的数据得
到。有的字模程序可以具有图形取模功能，需要
生成图形库文件时，先把一副图形通过画图工具
保存成 128×64 点阵的黑白位图（*.bmp），然后
把这个图形文件导入字模程序中生成 C51 代码即
可。LCD12864 图形显示效果如图 6-10 所示。

图 6-10　LCD12864 图形显示效果

（3）字符显示

在基本操作中定义了文本显示的点阵大小即文本区宽度，比如 8×8 点阵，那么在显示
文本时，每一个字符显示区就占用 8×8 点阵。可以把 LCD12864 屏的左上角定为原点，向左
为屏宽，128 点阵；向下为高，64 点阵；可以显示字符横向为 16 个，纵向为 8 个，即共有
16×8 个字符显示区。

显示字符时需要先在显示屏上定位，即设定字符显示缓存的地址。文本显示对应的地址
用 x、y 坐标的代数式表示，x 为横向字符区间隔，也是一个光标宽度，单位大小为 8 点阵，
显示屏从左到右共 16 字符，x 取值范围为 0~15；y 为纵向一个字符间隔，取值范围为 0~8，
但 y 每增加 1 行，地址值增加 16×1 个单位，则定位地址为 address＝x+y×16。注意字符显示
时，写入的字符 ASCII 码需减去 0x20 才能和 LCD12864 的字符库地址对应。

数字显示也是字符显示，其定位方法与字符
定位一样。本程序采用了一次显示两位数字函数，
用于显示数字如时间信息比较方便。

（4）汉字显示

汉字显示为图形显示，一个汉字占用 16×16
点阵。由于汉字取模方式为左右横向，汉字显示
时，每一点阵行要同时写入一个汉字的左部右部
两字节。图形显示定位也采用 x、y 坐标的表达式
表示，x 为一个光标宽度，单位为 8 点阵，但纵向
为一个点阵单位，横向增加 16 个单位，纵向单位
值加 1，所以每增加一行汉字，y 增加 16×16，所
以地址 address＝0x0800+16×16×y+x。

a) 第一屏显示图形

b) 第二屏显示字符与汉字

6.2.3　LCD12864 应用

在 LCD12664 驱动程序的基础上，可以编写一
个主程序进行调试显示，其中字库和图形库内容
可以随意更改，显示方式可以通过主程序编辑。

主程序是管理各个子程序的核心程序，
LCD12864 显示器的应用程序都是在各个子程序的基
础上调用完成。显示多屏信息时需要先对 LCD12864
清屏，然后依次显示，每次显示加入一定的等待延
时。本项目可以显示三屏信息，如图 6-11 所示，主

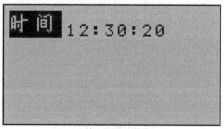

c) 第三屏显示数字

图 6-11　LCD12864 多屏显示

程序清单为

```
/*预处理*/
#include<reg51. h>
#include<f12864. c>
/*主函数*/
void main(void)
{
    uchar sec,min=30,hour=12;
    F12864_init();
    F12864_clear();
    dispay_tuxing();
    delay(50000);
    delay(50000);
    delay(50000);
    delay(50000);
    F12864_clear();
    display_hanzi(2,0,0,6);
    display_hanzi(2,1,6,12);
    display_string(0,4,"---------------");
    display_string(2,5,"Hello World!");
    display_string(0,6,"0123456789ABCDEF");
    delay(50000);
    delay(50000);
    delay(50000);
    delay(50000);
    F12864_clear();
    while(1)
    {
        display_hanzi(0,0,12,14);
        display_num(4,1,hour);display_num(7,1,min);display_num(10,
1,sec);
        sec++;
        display_string(6,1,":");display_string(9,1,":");
        delay(50000);
        display_string(6,1," ");display_string(9,1," ");
        delay(50000);
        if(sec>=60)
        {
```

```
            sec=0;
            min++;
        }
        if(min>=60)
        {
        min=0;
        hour++;
        }
        if(hour>=24)
        hour=0;
    }
}
```

　　主函数调用的延时函数可以与 LCD12864 驱动程序共享，但根据编译优先，延时函数需放在 f12864.c 文件中。

　　无论是字符型还是点阵型 LCD，其基本原理都是通过将数据写入所对应的 DDRAM 地址中来显示所需要的图形或是字符。LCD12864 点阵型液晶对应的 DDRAM 有 1024 个地址，当需显示的字符或图片已转为二进制数据时，怎样将数据写入对应的 DDRAM 地址是程序设计的关键。

6.3　彩屏液晶 TFT 的原理与应用（项目 25）

　　单片机除了可以直接驱动单色显示模块外，还可以驱动彩屏液晶显示模块。彩色液晶屏广泛应用于手机、MP3 等便携式电子产品中，本节将选择一种市场性能价格比较高的彩色液晶屏作为项目设计实例，介绍单片机驱动彩色液晶显示器的原理与应用方法。

6.3.1　彩色液晶显示器简介

　　液晶即液态晶体，是一种既像液体（能流动）又像晶体（有晶体的光学性质）的物质。液晶分子的排列有一定的秩序，在外界电场的作用下液晶分子的排列会发生变化，从而影响它的光学性质。

1. 彩色液晶显示器的基本原理

　　液晶屏（Liquid Crystal Display，LCD）是由两块平行的薄玻璃板构成的，两块玻璃板之间的距离非常小，填充的是被分割成很小单元的液晶体。液晶板本身不发光，它通过液晶屏的背光源使液晶屏亮起来。液晶屏的优势在于体积小、重量轻、显示面积大、画面稳定、无辐射、低能耗和环保等。与 CRT 显示器相比，液晶显示器的耗电量只有 CRT 的 1/3，厚度只有 1/8，重量不到 1/3，节省空间 60% 以上。

　　TFT（Thin-Film Transistor，薄膜晶体管）液晶屏的主要构成包括荧光管、导光板、偏光板、滤光板、玻璃基板、配向膜、液晶材料、薄膜式晶体管等。它是目前顶级材质液晶屏，属于有源矩阵类型液晶屏，背部设有特殊灯管，也就是荧光管投射出光源，这些光源会先经过一个偏光板然后再经过液晶，这时液晶分子的排列方式会改变穿透液晶的光线角度，接着这些光线还必须经过前方的彩色滤光膜与另一块偏光板。因此只要改变刺激液晶的电压值就可以控制最后出现的光线强度与色彩，进而在液晶面板上变化出不同深浅的颜色组合。

目前市场上常见的彩色液晶屏有 OLED、STN、DSTN、UFB、TFD、TFT 几种，影响彩色液晶屏显示效果和质量的参数主要有色阶数、解析度、亮度、对比度、可视角度、耗电量等。

（1）色阶数

彩色显示能够显示的颜色叫色阶或发色数，常见的彩色液晶屏能够显示 256、4096、65536 和 26 万等不同种颜色，理论上显示的颜色数越大越好。65536 种以上彩色虽然还不能表达自然界中所有的颜色，但已经接近人眼对彩色数的分辨极限，所以常把 65536 种以上彩色叫真彩色。

（2）解析度

解析度关系着显示图片的细腻程度。彩色液晶屏是由一个个像素点组成的，通过像素点发出不同的光线可以显示出不同的色彩。在相同的显示区，像素点越大，显示出的图像越粗糙，反之像素点越小，图像显示越细腻。如 120×146 像素分辨率显示出来的图片，在细腻程度方面就要比相同尺寸的 80×120 像素分辨率的彩色液晶屏效果好。

（3）亮度、对比度和可视角度

亮度是反映屏幕发光程度的重要指标，亮度值越高，屏幕对周围环境抗干扰能力越强，画面更为亮丽，而亮度过低就感觉屏幕较暗。与色阶不同，并不是亮度越高就越好，而是要和对比度搭配得恰到好处，才能显示美观画面。

对比度是指在规定的照明条件和观察条件下，彩色液晶屏亮区与暗区的亮度之比。对比度越高，色彩越鲜艳饱和，还会呈现立体感。

可视角度指当背光源的入射光通过偏极片、液晶及所谓的取向膜后，输出光便具备了特定的方向特性，大多数从屏幕射出的光具备了垂直方向。假如从一个非常斜的角度观看一个画面，则看不到屏幕的画面或是色彩严重失"真"。一般来讲，TFT 的可视角度最大，STN 的最差。要使画面显示得细腻、逼真，除了亮度、对比度外，彩色液晶屏本身的解析度更是关键。

2. 彩色液晶显示器的组成

彩色液晶显示器由上基板组件、下基板组件、液晶、驱动电路单元、背光灯模组和其他附件组成，其中：下基板组件主要包括下玻璃基板和 TFT 阵列，而上基板组件由上玻璃基板、偏振板及覆于上玻璃基板的膜结构，液晶填充于上、下基板形成的空隙内。

在下玻璃基板的内侧面上，布满了一系列与显示器像素点对应的导电玻璃微板、TFT 半导体开关器件以及连接半导体开关器件的纵横线，它们均由光刻、刻蚀等微电子制造工艺形成。

在上玻璃基板的内侧面上，敷有一层透明的导电玻璃板，一般由氧化铟锡（Indium Tin Oxide，ITO）材料制成，它作为公共电极与下基板上的众多导电微板形成一系列电场。若液晶屏为彩色，则在公共导电板与玻璃基板之间布满了三基色（红、绿、蓝）滤光单元和黑点，其中黑点的作用是阻止光线从像素点之间的缝隙泄露，它由不透光材料制成，由于呈矩阵状分布，故称黑点矩阵。

6.3.2　GYTF018LB35B0M 液晶显示器简介

1. 彩色液晶显示模块

GYTF018LB35B0M 彩色液晶显示模块为深圳广源液晶有限公司的产品，该显示模块采用 ST7735 芯片驱动，是一种性价比较高的 256K 色的彩色液晶屏，可以实现彩色字符、图形以及动画显示。GYTF018LB35B0M 彩色液晶显示模块实物图如图 6-12 所示，其接口信号及各个引脚的功能见表 6-13。

图 6-12　GYTF018LB35B0M 彩色液晶显示模块实物图

表 6-13　GYTF018LB35B0M 液晶接口信号及各个引脚的功能

引脚号	引脚符号	电平	功能描述
1	BL_K	0V	LED 背光电源输入负极
2	BL_A	3.3V	LED 背光电源输入正极
3	GND	0V	电源地
4	VCC	3.3V	电源正极
5, 6	NC	—	空引脚
7	$\overline{CS}$	L	片选信号
8	$\overline{RESET}$	L	复位（模块内已带上电复位电路，加电后可自动复位）
9	RS	H/L	指令/数据选择（H：指令 L：数据）
10	$\overline{WR}$	L	数据写
11	RD	H	数据读
12~19	D7~D0	H/L	数据总线 0（三态数据总线）
20	BGGND	L	外壳地

2. 液晶彩屏时序图

GYTF018LB35B0M 液晶显示模块是一个有色的积极的矩阵 TFT 液晶屏模块，低温多晶硅 TFT 技术被使用，垂直驱动在这个嵌板上被建立，图 6-13 所示为液晶彩屏时序图。

3. 指令集

由于液晶驱动芯片 ST7735 的指令有很多，下面只介绍常用到的指令集，如果用到其他指令，请查看 ST7735 的数据手册。

（1）复位指令

指令格式为 D/C＝0，WR＝↑，RD＝1；D0~D7＝0x01。

D/C	WR	RD	D7	D6	D5	D4	D3	D2	D1	D0	Hex	功能
0	↑	1	0	0	0	0	0	0	0	1	01	软件复位

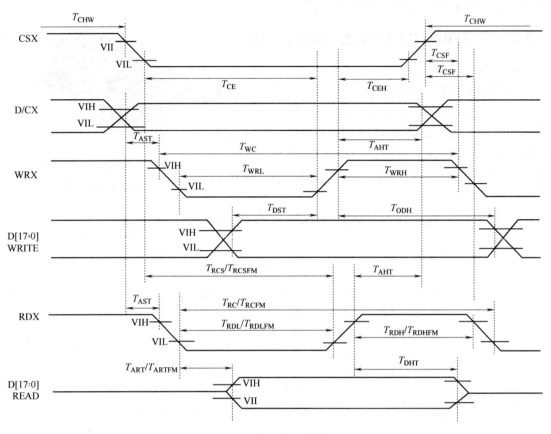

图 6-13　液晶彩屏时序图

（2）读显示状态指令

指令格式为 D/C＝0，RD＝1，WR＝↑，D0～D7 输出显示状态。

D/C	WR	RD	D7	D6	D5	D4	D3	D2	D1	D0	Hex	功能
0	↑	1	0	0	0	0	1	0	0	1	09	读显示状态

（3）显示灭指令

D/C	WR	RD	D7	D6	D5	D4	D3	D2	D1	D0	Hex	功能
0	↑	1	0	0	1	0	1	0	0	0	28	显示灭

（4）显示开指令

D/C	WR	RD	D7	D6	D5	D4	D3	D2	D1	D0	Hex	功能
0	↑	1	0	0	1	0	1	0	0	1	29	显示开

（5）列地址设置命令，功能：设置要显示的列地址范围

D/C	WR	RD	D7	D6	D5	D4	D3	D2	D1	D0	Hex	功能
0	↑	1	0	0	1	0	1	0	1	0	2A	列地址设置
1	↑	1	XS7	XS6	XS5	XS4	XS3	XS2	XS1	XS0		列地址开始
1	↑	1	XE7	XE6	XE5	XE4	XE3	XE2	XE1	XE0		列地址结束

（6）行地址设置命令，功能：设置要显示的行地址范围

D/C	WR	RD	D7	D6	D5	D4	D3	D2	D1	D0	Hex	功能
0	↑	1	0	0	1	0	1	0	1	1	2B	行地址设置
1	↑	1	YS7	YS6	YS5	YS4	YS3	YS2	YS1	YS0		行地址开始
1	↑	1	YE7	YE6	YE5	YE4	YE3	YE2	YE1	YE0		行地址结束

（7）写内存命令，功能：把数据写入内存

D/C	WR	RD	D7	D6	D5	D4	D3	D2	D1	D0	Hex	功能
0	↑	1	0	0	1	0	1	1	0	0	2C	写内存
1	↑	1	D7	D6	D5	D4	D3	D2	D1	D0		写数据

（8）读内存命令，功能：从内存中把数据读出来

D/C	WR	RD	D7	D6	D5	D4	D3	D2	D1	D0	Hex	功能
0	↑	1	0	0	1	0	1	1	1	0	2E	读内存
1	1	↑	D7	D6	D5	D4	D3	D2	D1	D0		读数据

6.3.3　驱动程序设计

1. 参考电路

GYTF018LB35B0M 液晶显示模块和单片机的连接电路如图 6-14 所示，其中 GYTF018LB35B0M 的数据端 D0～D7 分别接单片机的 P0 口，需加上拉电阻；$\overline{CS}$ 接 P2.6，$\overline{RESET}$ 接 P2.7，RS 接 P2.5，$\overline{WR}$ 接 P3.3，$\overline{RD}$ 接 P3.2；GYTF018LB35B0M 的第 2 脚和第 4 脚连接在 AMS1117-3.3V 稳压模块输出端，用来设置 GYTF018LB35B0M 显示的对比度。

2. 程序设计

主程序是管理各个子程序的核心程序，TFT 彩色液晶屏的应用程序都是在各个子程序的基础上调用完成，显示多屏信息时需要先对 TFT 彩色液晶屏子函数进行声明。另外，还需要先对 TFT 彩色液晶屏进行清屏，然后依次显示，每次显示加入一定的等待延时。本项目可以显示四屏信息。

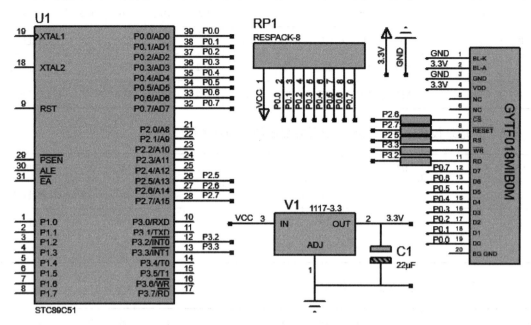

图 6-14　GYTF018LB35B0M 液晶显示模块和单片机的连接电路

（1）彩色液晶屏驱动程序设计

```
/********************************************************************
*    TFT 彩色液晶屏的头文件    *
********************************************************************/
    #ifndef __LCD_H__                              //头文件声明
    #define __LCD_H__
    #define  TYPE_LCD_DATA1
    #define  TYPE_LCD_COMMAND0
    #define uchar unsigned char
    #define uint unsigned int
    #define  DATA  P0
    //定义彩色液晶屏和单片机的引脚连接情况
    sbit LCD_RST  =P2^7;                          //sbit LCD_RST  =P2^0;
    sbit LCD_RD   =P3^2;                          //sbit LCD_RD   =P2^1;
    sbit LCD_WR   =P3^3;                          //sbit LCD_WR   =P2^2;
    sbit LCD_RS   =P2^5;                          //sbit LCD_RS   =P2^3;
    sbit LCD_CS   =P2^6;                          //sbit LCD_CS   =P2^4;
    //声明要调用的子函数
    extern  uint colors[];
    extern  void  delay_ms(uint ms);
    extern  void  LCD_Write(uchar type,uint value);
```

```
    extern   void   LCD_SendData8(uchar value);
    extern   void   LCD_Wirte_Data16(uint value);
    extern   void   Reg_Write(uint reg,uint value);
    extern   void   LCD_SetRamAddr (uint xStart, uint xEnd, uint yStart,
uint yEnd);
    extern   void   LCD_init(void);
    extern   void   pic_play(uint Start_X,uint End_X,uint Start_Y,uint
End_Y);
    extern   void   LCD_clear(uchar n);
    #endif
    /***********************************************************
    *   彩色液晶屏驱动程序   *
    ***********************************************************/
    #include <reg52.h>
    #include <intrins.h>
    #include "LCD.h"
    #include"hist2.h"
    #define   NOP()   _nop_()   /*定义空指令*/
    //定义设置彩色液晶屏颜色的数组
    unsigned int colors[]={0xf800,0x07e0,0x001f,0xffe0,0x0000,0x07ff,
0xf81f,0xffff};
    //延时子函数
    void delay_ms(uint ms)
    {
        unsigned char k;
        while(ms--)
        {
            for(k=0; k < 228; k++);
        }
    }
    //写命令与数据子函数
    void LCD_Write(uchar type,uint value)
    {
        LCD_CS=0;
        LCD_RS=type;                    //0:命令 1:数据
        LCD_WR=0;
        DATA=(uchar)value;
        LCD_WR=1;
```

```
        LCD_CS=1;
    }
//写8位数据子函数
void LCD_Write_Data8(uchar value)
    {
        LCD_CS=0;
        LCD_RS=1;
        LCD_WR=0;
        DATA=value;
        LCD_WR=1;
        LCD_CS=1;
    }
//写16位数据子函数
void LCD_Wirte_Data16(uint value)
    {
        LCD_CS=0;
        LCD_RS=1;
        LCD_WR=0;
        DATA=(uchar)value;
        LCD_WR=1;
        CD_WR=0;
        DATA=(uchar)(value>>8);
        LCD_WR=1;
        LCD_CS=1;
    }
//写寄存器子函数
void Reg_Write(uint reg,uint value)
    {
        LCD_Write(TYPE_LCD_COMMAND,reg);
        LCD_Write(TYPE_LCD_DATA,value);
    }
//设置显示窗口子函数
void LCD_SetRamAddr(uint xStart,uint xEnd,uint yStart,uint yEnd)
    {
        uint VerPos,HorPos,StartAddr;
        HorPos    =(uint)(xStart | (xEnd<<8));
        VerPos    =(uint)(yStart | (yEnd<<8));
        StartAddr=(uint)(xStart | (yStart<<8));
```

```
    Reg_Write(0x09,xStart);
    Reg_Write(0x10,yStart);
    Reg_Write(0x11,xEnd);
    Reg_Write(0x12,yEnd);
    Reg_Write(0x18,xStart);
    Reg_Write(0x19,yStart);
    LCD_Write(TYPE_LCD_COMMAND,0x22);                //0x22
}
//液晶屏初始化
void LCD_init(void)
{
    uint num;
    Reg_Write(0x0001,0x0002);                       //模式选择1
    Reg_Write(0x0002,0x0012);                       //模式选择2
    Reg_Write(0x0003,0x0000);                       //模式选择3
    Reg_Write(0x0004,0x0010);                       //模式选择4
    LCD_SetRamAddr(0,127,0,159);
    for(num=20480;num>0;num--)
    LCD_Wirte_Data16(0xffff);
    Reg_Write(0x0005,0x0008);
    Reg_Write(0x0007,0x007f);
    Reg_Write(0x0008,0x0017);
    Reg_Write(0x0009,0x0000);                       //从 X 坐标开始,写 SRAM
    Reg_Write(0x0010,0x0000);                       //从 Y 坐标开始,写 SRAM
    Reg_Write(0x0011,0x0083);                       //写 SRAM,X 坐标结束
    Reg_Write(0x0012,0x009f);                       //写 SRAM,Y 坐标结束
    Reg_Write(0x0017,0x0000);                       //控制 SRAM
    Reg_Write(0x0018,0x0000);                       //SRAM 中 X 的位置
    Reg_Write(0x0019,0x0000);                       //SRAM 中 Y 的位置
    Reg_Write(0x0006,0x00c5);
    delay_ms(10);                                   //延时
}
//图片显示子函数
void  pic_play(uint Start_X,uint End_X,uint Start_Y,uint End_Y)
{
    uint num,m;
    uint dx,dy;
    dx=(End_X+1)-Start_X;                           //计算写入数据的总数
```

```
    dy=(End_Y+1)-Start_Y;
    num=dx*dy<<1;
    LCD_CS=0;
    LCD_SetRamAddr(Start_X,End_X-1,Start_Y,End_Y-1);
    LCD_RS =1;
    for(m=0; m<6156; m++)
    {
        LCD_Write_Data8(Image_pic[m]);
    }
    LCD_CS=1;
}
//清屏子函数
void  LCD_clear(uchar n)
{
    uint num;
    LCD_SetRamAddr(0,127,0,159);
    for(num=20480;num>0;num--)                     //160×128=20480
    {
        LCD_Wirte_Data16(colors[n]);
    }
}
```

(2) 图形库设计步骤

用 Image2Lcd 软件提取图片设置界面如图 6-15 所示。

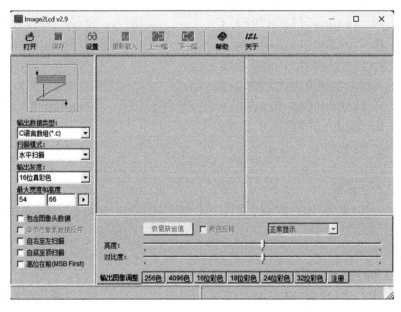

图 6-15　用 Image2Lcd 软件提取图片设置界面

用 Image2Lcd 软件提取 QQ 图片显示界面，将要加载的图片如图 6-16 所示，图片取模格式为水平扫描，16 位真彩色模式，每个像素点的颜色包含在提取模值中，提取出来的点，即像素用一个 16 位的数据表示，里面包含颜色信息，RGB（红绿蓝）三原色，R 为 5 位，G 为 6 位，B 为 5 位。

图 6-16　将要加载的图片

加载 QQ 图片后的效果图如图 6-17 所示，最后一行的输出图像：（54，59），就是要显示的图片大小。单击保存后，会弹出一个界面，如图 6-18 所示。

提取出来的图像点阵文件保存在 Image_pic［6156］中，共有 6156 字节数据。

图 6-17　加载 QQ 图片后的效果图

图 6-18　保存为 *.c 或者 *.h 文件添加到主程序中示意图

(3) 程序主函数

```
/ *******************************************************
* 程序主函数 *
******************************************************* /
#include <reg52. h>
#include <intrins. h>
#include "LCD. h"
char code reserve[3]_at_ 0x3b;              //保留 0x3b 开始的 3 个字节
void main(void)
{
    P2 = 0xff;
    P0 = 0xff;
    LCD_init();                             //LCD 初始化
    LCD_clear(6);                           //清屏 LCD
    pic_play(7,61,8,74);                    //显示第 1 幅图片
    pic_play(68,122,8,74);                  //显示第 2 幅图片
    pic_play(7,61,82,148);                  //显示第 3 幅图片
    pic_play(68,122,82,148);                //显示第 4 幅图片
    while(1);
}
```

该项目的主要目的是掌握 TFT 彩色液晶屏驱动程序的编写，学会运用字模软件（取图片数组），以及学会处理字模数组数据。

6.4 LED 点阵显示屏

LED 电子显示屏广泛应用于图文信息咨询、广告媒体信息发布等公众场所，它是由高亮度的发光二极管按照一定排列组成的点阵显示部件。市场上应用较广的单色显示屏中每一个 LED 为基本像素，一般为红色，可以显示字符、汉字或简单的图形；多元色或彩色 LED 屏可以由两个或三个发不同颜色的 LED 组成一个像素点；彩色屏利用红色、绿色和蓝色 LED 组合；多色屏不但可以显示字符、汉字和图形，还可以显示动态的视频图像。

图文 LED 电子显示屏的控制一般采用单片机作为核心器件，通过控制不同区域发光二极管的显示时间和亮度，即可让 LED 显示屏显示特定的图形，动态图像 LED 显示屏可以采用 32 位单片机（ARM 系列），但显示基本控制原理与图文 LED 电子显示屏类似。本节以简单的汉字 LED 显示屏为讨论内容，介绍 LED 电子显示屏的电路结构、控制原理和程序设计过程。

6.4.1 LED 点阵结构及显示原理

1. LED 点阵模块
LED 点阵模块是 LED 电子显示屏的基本组成单元，模块以发光二极管为像素，用高亮

度发光二极管芯阵列组合后，经环氧树脂和塑模封装而成。一体化封装的 LED 点阵模块可以通过组合组成大的 LED 屏幕。常见的 LED 点阵模块有 5×7、5×8、8×8、16×16 等，根据像素颜色的数目可分为单色、双基色、三基色等。像素颜色不同，所显示的文字、图像等内容的颜色也不同。

单色点阵只能显示固定色彩如红、绿、黄等单色，双基色和三基色点阵显示内容的颜色由像素内不同颜色发光二极管点亮组合方式决定，如红绿都亮时可显示黄色，如果按照脉冲方式控制二极管的点亮时间，则可实现 256 或更高级灰度显示，即可实现真彩色显示。

图 6-19 所示为一种常用的 8×8 红色 LED 点阵显示模块结构，LED 连接在 8 条行列控制线交汇处。显示控制时，如 R0～R7（列线，R0 为低位，R7 为高位）按序号顺序加上01110111 电平，如果此刻 C0（行线）为低电平时，则可以显示一个字节数据 0x77，其中高电平时 LED 被点亮。通过对行线 C0～C7 的动态扫描控制，8×8 点阵模块可以依次显示 8 字节的数据信息，而 8 字节的数据就是字符或图形的字库内容，可以通过字模软件获得。

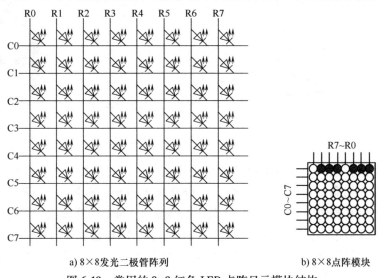

a) 8×8 发光二极管阵列　　　　　　　b) 8×8 点阵模块

图 6-19　常用的 8×8 红色 LED 点阵显示模块结构

2. LED 点阵动态显示原理

LED 点阵汉字广告屏绝大部分是采用动态扫描显示方式，这种显示方式巧妙地利用了人眼的视觉暂留特性。将连续的几帧画面高速地循环显示，只要帧速率高于 24 帧/s，人眼看起来就是一个完整的、相对稳定的、连续的画面。最典型的例子就是电影放映机。在电子领域中，由于这种动态扫描显示方式极大地缩减了发光单元的信号线数量，因此在 LED 显示技术中被广泛使用。

点阵模块的显示采用动态扫描的方式工作，其控制可以通过列驱动器 R 和行驱动器 C 控制实现，点阵驱动电路原理如图 6-20 所示。列控制器送出表示图形或文字信息的列数据信号，即字符库数据，同时行驱动器 C 从上到

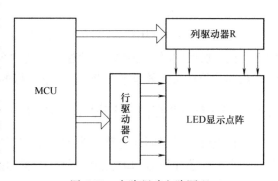

图 6-20　点阵驱动电路原理

下逐次不断地对显示屏的各行进行选通，如果操作足够得快，就可显示各种图形或文字信息。

比如，将在8×8点阵模块上显示一个字符"A"，如图6-21所示的过程。先通过字模软件得到A的8×8显示点阵字符库数据为0x00、0x10、0x28、0x44、0x44、0x7c、0x44、0x44。显示控制时，先让列控制器输出A的第一个字模数据，即R=0x00，第一条行线为低电平即C0=0，其他行线为高电平，即可显示第1帧图像；当R输出字符第二列数据0x10时，C1=0，其他行线为高电平，则显示第2帧图像。继续按同样的操作把A的其他数据依次显示，可以得到第3~8帧图像，如果每帧图像显示得足够快，就会看到8×8点阵模块上将呈现出"A"字符。要想看到稳定的字符"A"，需要重复以上操作，重复次数应在每秒24次以上。

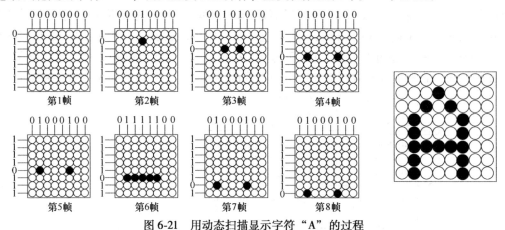

图6-21　用动态扫描显示字符"A"的过程

LED点阵动态扫描的基本原理就是逐行轮流点亮，这样扫描驱动电路就可以实现多行的同名列共用一套列驱动器。比如16×16的LED图形点阵，把同一列LED的阳极连在一起，把同一列的发光管的阴极连在一起（共阳的接法），列驱动器先送出对应第一行的列数据并锁存，然后选通第一行并使其为低电平，第一行的LED会亮一段时间，然后熄灭；再送出第二行的数据并锁存，然后选通第二行LED使其点亮相同的时间，然后熄灭；依次点亮第十六行LED，并重复以上操作，反复轮回。速度足够快（每秒24次以上）时，将能看到显示屏上稳定的16×16点阵图形。汉字显示正是基于以上原理显示，只不过汉字在利用字模取模是每一行为16位，两字节，共16行。

实际运用的时候，还要根据列线和行线的数量来决定是用行线或列线来做扫描线。例如0601屏（同时显示6个汉字），行线有16根，列线有96根。列线控制器需一次完成6个汉字的96位数据输出。

在实际汉字屏控制中，还要在每两帧图像之间加上合适的延时，以使人眼能清晰地看见发光。在帧切换的时候还要加入消隐信号消除余辉。比如先将扫描线全部设置为无效电平，LED点阵共阳接法无效电平为0xff，送下一行的列数据时再选通扫描线，避免出现尾影。

6.4.2　LED8×8点阵字符显示（项目26）

LED点阵显示屏驱动电路分为列驱动和行驱动，在占用单片机较少I/O口资源的情况下，选用串口芯片作为LED点阵显示屏的驱动接口。为了更详细地说明LED点阵驱动原理，先来看一个8×8点阵模块驱动电路。图6-22所示为一种字符显示的8×8点阵模块驱动仿真电路，8 条列线和 8 条行线分别利用 74HC595 输出，其中 U3 为列驱动，Q7 为高位，输出显示的数据，U2 为行扫描，Q0 接点阵的行扫描端 C0。驱动电路与单片机连接只用 3 条数据线。下面设计程序，让点阵电路仿真显示 0~9 数字。

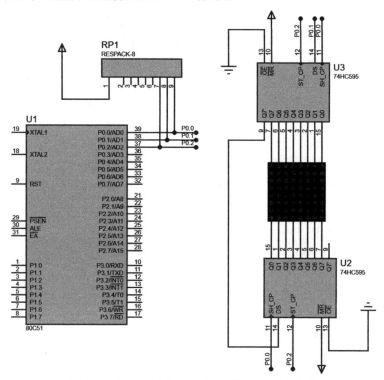

图 6-22　字符显示的 8×8 点阵模块驱动仿真电路

1. 程序设计

74HC595 是一种带有锁存输出功能的移位寄存器，可以实现 8 位串行数据到并行数据的转换，通过级联也可以实现多位数据的并行转换。本例中显示一帧图像需要发送列数据，即字符显示数据，又要发送行扫描数据，因此程序中需要设计一个发送 1 字节数据函数和一个锁存函数。由于要控制每帧图像的显示时间，因此又要用到单片机的定时器中断。点阵显示秒时间 0~9 数字程序如下：

```
/*预处理*/
#include<reg51.h>
unsigned char scan[]={0xfe,0xfd,0xfb,0xf7,0xef,0xdf,0xbf,0x7f};
unsigned int cp1,cp2,cp3;
unsigned char dianzhen[10][8]=
{
    {0x00,0x1C,0x22,0x22,0x22,0x22,0x22,0x1C},//0
    {0x00,0x08,0x18,0x08,0x08,0x08,0x08,0x3C},//1
    {0x00,0x1C,0x02,0x02,0x1C,0x20,0x20,0x1C},//2
    {0x00,0x1C,0x22,0x02,0x0C,0x02,0x22,0x1C},//3
```

```
    {0x00,0x0C,0x14,0x14,0x24,0x3E,0x04,0x04},//4
    {0x00,0x1C,0x20,0x20,0x1C,0x02,0x02,0x1C},//5
    {0x00,0x1C,0x20,0x20,0x1C,0x22,0x22,0x1C},//6
    {0x00,0x3E,0x02,0x02,0x04,0x08,0x08,0x08},//7
    {0x00,0x1C,0x22,0x22,0x1C,0x22,0x22,0x1C},//8
    {0x00,0x1C,0x22,0x22,0x1C,0x02,0x02,0x1C},//9
};                                          //0~9字符数组
sbit scp=P0^0;
sbit sd=P0^1;
sbit sct=P0^2;
/*发送1字节数据*/
void send(unsigned char x)
{
    unsigned char i;
    for(i=0;i < 8;i++)
    {
        scp=0;
        sd=(bit)(x & 0x80);                //高位在前
        x=x << 1;
        scp=1;
    }
}
/*74HC595锁存输出*/
void suocun(void)
{
        sct=0;
        sct=1;
}
/*定时器中断服务函数*/
void timer0_isr(void)interrupt 1
{
        TH0=(65535-2000)/256;
        TL0=(65535-2000)% 256;
        cp1++;if(cp1>=8)cp1=0;
        cp2++;
        if(cp2>500)                        //1s
        {
            cp2=0;cp3++;
```

```
            if(cp3>=10)                      //10s
            cp3=0;
        }
        send(scan[cp1]);                     //先发送行扫描
        send(dianzhen[cp3][cp1]);            //后发送8位列数据,与行扫描对应
                                               的列数据

        suocun();                            //行列控制器锁存输出,每帧图像
                                               显示时间为2ms
}
/*定时器中断初始化函数*/
void timer0_init(void)
{
    TMOD=0x01;
    TH0=(65535-2000)/256;
    TL0=(65535-2000)%256;
    EA=1;
    ET0=1;
    TR0=1;
}
void main(void)
{
    timer0_init();
    while(1);
}
```

2. 程序说明

1）0~9 字符数组通过字模软件获得，横向取模，8×8 点阵。

2）由于行扫驱动级联在列扫电路之后，因此程序中先发送行扫数据（1 次 8 位），后发送列数据（1 次 8 位），最后统一锁存。

3）程序仿真时，第一秒内显示字符"0"。第一次中断列数据输出 0x00，即发送数组 dianzhen［0］［0］，行扫输出数据为 0xfe；第二次中断列数据输出 0x1c，即发送数组 dianzhen［0］［1］，行扫输出数据为 0xfd；同样操作，定时器中断 8 次才能把"0"字符的 8 字节数据依次显示一遍，就能在点阵图上看到"0"图像；显示一遍"0"刷新时间为 16ms，可以显示 1s，共刷新 1000/16 次。

6.4.3　LED 汉字屏原理与设计（项目 27）

1 个汉字显示至少需要 16×16 LED 点阵，Proteus 中只提供了 LED5×7 和 LED8×8 点阵，汉字显示可以在 8×8 点阵显示的基础上实现。比如显示"手机"两个汉字，需要 8 个 8×8 点阵模块进行组合。

1. 汉字点阵组合

首先，从 Proteus 元件库中找到"MATRIX-8X8-RED"元器件，并将 4 块该元器件放入 Proteus 文档区编辑窗口中。此时需要注意，如果该元器件保持初始的位置（没有转动方向），则其上面 8 个引脚是列控制线（从左到右依次为第 1 列到第 8 列），下面 8 个引脚是行控制线（从左到右依次为第 1 行到第 8 行）。首先将其右转 90°，使其水平放置，则其原来的行变为列，列变为行，那么此时它的左面 8 个引脚是列线（从下到上依次为第 1 列到第 8 列），右边 8 个引脚是行线（从上到下依次为第 1 行到第 8 行）。然后将 4 个元器件对应的行线和列线分别进行连接，使每一条行线引脚接一行 16 个 LED，列线也相同。连接好的 16×8 点阵如图 6-23a 和 b 所示。图中标号 X1～X16 作为 8×8 点阵的行线控制信号，标号 1～16，21～36 为点阵的列线控制信号。

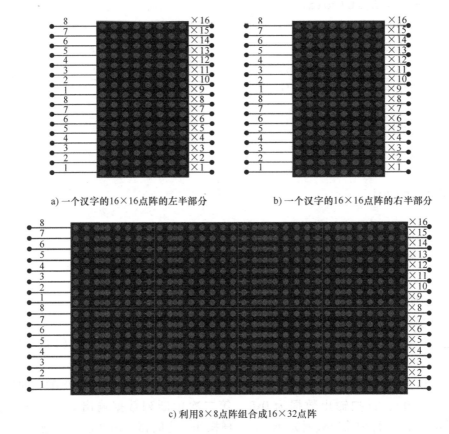

a) 一个汉字的16×16点阵的左半部分　　　　b) 一个汉字的16×16点阵的右半部分

c) 利用8×8点阵组合成16×32点阵

图 6-23　两个汉字点阵的示意图

2. 驱动电路

图 6-24 所示为 16×32 点阵图驱动电路，为了使程序设计简化，列数据和行数据控制器之间不再采用级联。图中列线有 32 条，利用 4 只（即 U4～U7）74HC595 级联，串行输入端 SH_CP、DS、ST_CP 分别连接单片机的 P2.5、P2.6、P2.7；行驱动采用 2 只（即 U2、U3）74HC595，串行输入端连接单片机的 P2.0、P2.1、P2.2。$\overline{OE}$ 和 $\overline{MR}$ 分别接单片机的 P2.3 和

P2.4，图 6-25 所示为两个 16×16 点阵的列线连接示意图，图 6-26 所示为两个 16×16 点阵的行线连接示意图。

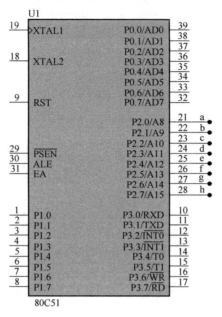

图 6-24　16×32 点阵图驱动电路

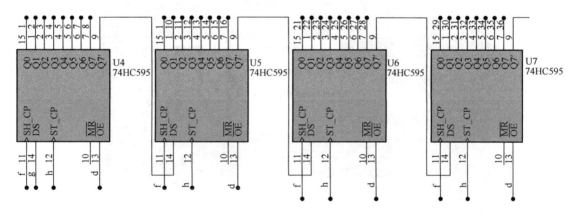

图 6-25　两个 16×16 点阵的列线连接示意图

3. 16×16 点阵字模的提取过程

字模提取软件采用 zimo221，该软件是一个用于获取液晶屏显示字符点阵的软件。字模提取软件界面如图 6-27 所示。在窗口下方输入文字，按下 Ctrl+Enter 键后，在上方显示的图像是液晶屏显示的效果。左侧可以看到生成的点阵驱动数据。若点阵为 16×16 像素，则字库为 32 个字节。每个字节的每一位对应一个点，共 32×8 个点（16×16）。将字库加入程序中，即可调用，也就是给液晶传送的数据。如手机点阵字库数据，保存为 ziku.c 文件，ziku.c 的内容为

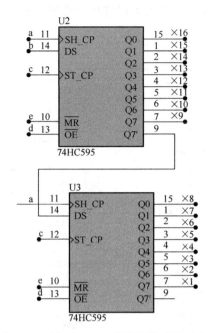

图 6-26 两个 16×16 点阵的行线连接示意图

图 6-27 字模提取软件界面

```
unsigned char code dat[]={
/*-- 文字: 手 --*/
/*-- Times New Roman12; 此字体下对应的点阵为:宽×高=16×16  --*/
0x00,0x24,0x24,0x24,0x24,0x24,0x24,0x7F,0x44,0x44,0x44,0x44,0x44,
```

```
0x04,0x00,0x00,0x40,0x40,0x40,0x40,0x40,0x42,0x41,0xFE,0x40,0x40,0x40,
0x40,0x40,0x40,0x40,0x00,
    /*-- 文字:  机 --*/
    /*-- Times New Roman12;  此字体下对应的点阵为:宽×高=16×16  --*/
    0x10,0x10,0x13,0xFF,0x12,0x11,0x10,0x00,0x7F,0x40,0x40,0x40,0x7F,
0x00,0x00, 0x00, 0x20, 0xC0, 0x00, 0xFF, 0x00, 0x82, 0x0C, 0x30, 0xC0, 0x00,
0x00,0x00,0xFC,0x02,0x1E,0x00,
    };
```

6.4.4　16×16 汉字点阵显示程序设计

1. 程序设计

汉字显示电路可参考两个汉字的点阵驱动电路,由于是用 4 个 8×8 点阵组成了一个 16×16 点阵,因此每个汉字有 16 行和 16 列,显示两个汉字的话需要 8 个 8×8 点阵,又因为两个汉字是水平显示,可以让单片机来分时驱动行信号即两个汉字的行线是共用的,只需要控制 32 个列线的共 4 个 74HC595 即可。显示程序清单为

```
#include<reg51.h>
#include<intrins.h>
#include<ziku.c>
sbit  ds1=P2^1;
sbit  sh_cp1=P2^0;
sbit  st_cp1=P2^2;
sbit  ds2=P2^6;
sbit  sh_cp2=P2^5;
sbit  st_cp2=P2^7;
sbit  OE=P2^3;
sbit  e=P2^4;
```

74HC595 写数据函数,先写第二个参数,这个函数即是控制输出汉字的点阵数据。即先写的参数 bs 输出到 X1~X8,后写的参数输出到 X9~X16,这与取模工具中的纵向取模是一致的。

```
void dat595(unsigned char as,unsigned char bs)
{
    unsigned char i,b;
    e=0;
    e=1;
//先写第二个参数,即取模的时候汉字字模的第二排数据(共 16 个),写到 16×16 点
    阵的下面 2 个 8×8 点阵
    b=bs;
```

```
    for(i=0;i<8;i++)
    {
        ds1=b & 0x01;                       //写参数 2 的最低位
        sh_cp1=0;
        _nop_();_nop_();_nop_();             //空操作
        sh_cp1=1;                           //在时钟上升沿写入数据
        b>>=1;                              //右移一位
    }
```

//再写第一个参数,即取模的时候汉字字模的第一排数据(共 16 个),写到 16×16 点阵的上面 2 个 8×8 点阵

```
b=as;
for(i=0;i<8;i++)
{
    ds1=b&0x01;                         //写参数 1 的最低位
    sh_cp1=0;
    _nop_();_nop_();_nop_();
    sh_cp1=1;                           //在时钟上升沿写入数据
    b>>=1;                              //右移一位
    }
}
//HC595 输出数据
void shuchu()
{
    st_cp2=0;
    st_cp1=0;
    st_cp2=1;                           //在时钟上升沿输出数据
    st_cp1=1;                           //在时钟上升沿输出数据
}
void suocun()
{
    sh_cp2=0;                           //在时钟上升沿写入数据
    sh_cp2=1;
    ds2=1;
}
void main(void)
{
    unsigned char j;
    while(1)
```

```
        {
            OE=0;
            ds2=0;                          //一次选中
            for(j=0;j<16;j++)               //写入"手"字的点阵
            {
            dat595(dat[j],dat[16+j]);
            suocun();
            shuchu();
            }
            for(j=0;j<16;j++)               //写入"机"字的点阵
            {
            dat595(dat[32+j],dat[32+16+j]);
            suocun();
            shuchu();
            }
        }
    }
```

2. 程序说明

1)"手机"两个汉字的字模数组通过字模软件获得,纵向取模,16×16 点阵。

2)两个汉字共有 32 个列驱动信号(图中标注为 1~16,21~36),又因为两个 16×16 点阵共用 16 行的行扫描驱动,行扫描信号为图中标示 X1~X16,加上汉字又是纵向取模的,因此先送出每个汉字的第一列的驱动信号,然后再送出 2 个字节的行信号,列信号采用级联的方式。具体步骤如下:

① 调用函数 dat595(0x00,0x40)依次送出第 1 个汉字"手"字的第 1 列信号的 2 个字节 0x40,0x00;这时字节 0x40 对应行信号 X1~X8,字节 0x00 对应行信号 X9~X16,因为这 2 个字节中只有一位为高电平,所以可以在仿真图中看到第 1 列只有一个发光二极管被点亮(即 X7 这一位为高的结果,X7 为高,对应字节 0x40 中的 D6 位)。

② 调用 suocun( )子函数,锁存 74HC595 上面的数据。

③ 调用 shuchu( )子函数,输出 74HC595 上面的数据。

④ 循环 16 次即可完成显示"手"字。

⑤ 再把"机"字的 16×16 点阵字模依次送出,由于显示的速度很快,加上人眼的视觉残留作用,看到的就是完整的"手机"两个字。

3. 仿真及显示效果图

把由字模软件提取的"手机"两个字的字模加到程序中,编译并生成*.hex 文件,然后加载到单片机中运行得到如图 6-28 所示的仿真结果。

图 6-29 所示为实际的 16×32 点阵显示"手机"两个字后的效果图,画面中可能会有红绿小点闪烁,事实上那是 Proteus 中实时显示的电平信号,可以在"System"菜单下单击"Set Animation Options..."子菜单来打开"Animated Circuits Configuration"对话框,然后将

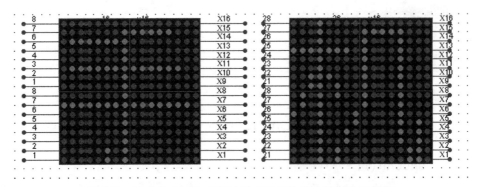

图 6-28 组合的 16×32 点阵显示 "手机" 两个字后的效果图

图 6-29 实际的 16×32 点阵显示 "手机" 两个字后的效果图

"Animation Options" 选项下面的 "Show Logic State of Pins?" 复选框去掉选中来改变设置。引脚逻辑状态配置图如图 6-30 所示。改变设置以后，重新仿真运行，就会看到比较洁净的显示效果。

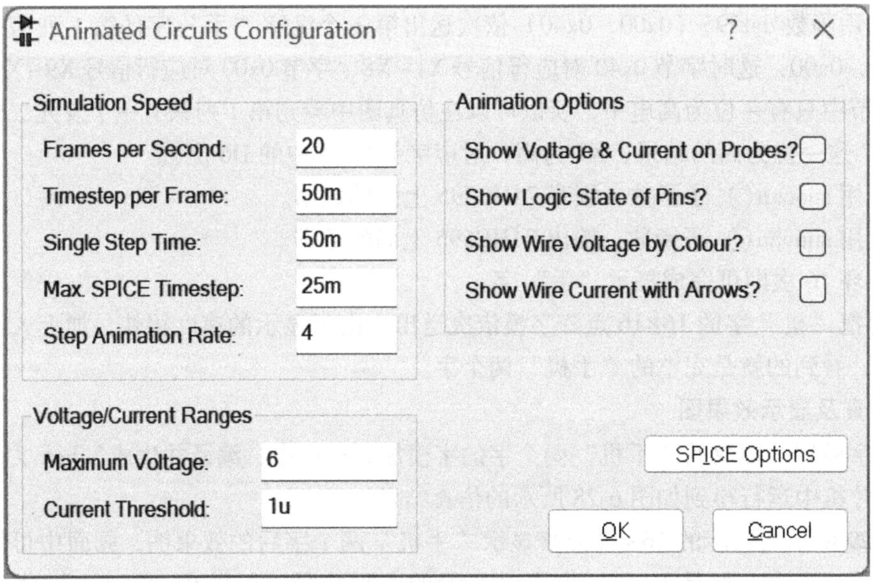

图 6-30 引脚逻辑状态配置图

　　显示字模点阵的时候要结合驱动点阵的行和列的连接方式，并由此决定字模的提取格式，再通过 74HC595 进行并转串的输出，结合 74HC595 的锁存位，依次锁存点阵的行或者列信号。读者可以在此程序的基础上，改变点阵的取模方式，改为横向取模，同时要对 16×16 点阵进行转置，使行和列互换。

思考题

　　6-1　单片机直接驱动 LCD1602 需要 11 个 I/O 口，其中数据位占 8 个，控制位占 3 个，如果数据位采用 74HC595 驱动，单片机的 I/O 口则可以减少至 6 个，请采用 Proteus 软件画出仿真电路。

　　6-2　（项目 28-计算器设计）采用 4×4 矩阵键盘，实现一个能够进行加、减、乘、除基本运算的计算器设计，显示采用 LCD1602。

　　6-3　请在彩色液晶显示驱动的基础上，编写应用程序，显示自己的彩色头像。

　　6-4　（项目 29-OLED 显示屏的原理与应用）OLED 也是单片机系统开发常用的显示器，0.96in 的 OLED 成本低，采用 I^2C 总线引脚少，请下载 OLED 资料进行学习，编写程序屏显示汉字、电话号码等信息。

第 7 章

STC 单片机系统开发实例

STC 单片机是国内宏晶科技公司推出的增强型 51 芯片，与其他公司的产品相比，STC 系列单片机内部集成了数据采集和系统控制所需的大部分单元或模块，其在功能、速度、内部资源、功耗、软件平台等方面都有明显的技术优势，目前已成为国内单片机市场的主流产品。STC15F 单片机是该系列最具有代表性的产品之一，本章将以 STC15F 单片机为例，重点介绍此类单片机片内主要的特殊功能部件，并通过项目设计，学习单片机内部 A/D 转换器、EEPROM、PWM 的应用技术。本章将要完成的项目有：

项目 30-STC15F 单片机片内 A/D 转换器应用；

项目 31-STC15F 单片机内部 EEPROM 的 IAP 技术应用；

项目 32-STC15F 单片机 PWM 波输出及其应用。

7.1 STC 系列单片机功能概述

7.1.1 STC 系列单片机简介

STC 系列单片机是国内宏晶科技公司生产的单时钟/机器周期（1T）的单片机。STC 单片机是一种高速、低功耗、抗干扰的新一代 8051 单片机，其指令代码完全兼容传统的 8051，但速度快 8~12 倍。其内部集成 MAX810 专用复位电路，2 路 PWM，8 路高速 10 位 A/D 转换（250K/s），针对电动机控制，通用 I/O 口（36、40、44 个），复位后为准双向口/弱上拉（普通 8051 传统 I/O 口），可设置成 4 种模式：准双向口/弱上拉、推挽/强上拉、仅为输入/高阻、开漏，每个 I/O 口的驱动能力均可达到 20mA，但整个芯片最大不超过 120mA，下面将介绍几种常用的 STC 单片机型号。

1. STC15F2K60S2 系列单片机

STC15F2K60S2 系列单片机采用 STC 第 8 代加密技术，无法解密，指令代码完全兼容传统的 8051。内部集成高精度 R/C 时钟（+0.3%），+1% 温飘（−40~85℃），常温下温飘 +0.6%（−20~65℃）。ISP 编程时，5~35MHz 宽范围可设置，可彻底省掉外部昂贵的晶振和外部复位电路（内部已集成高可靠复位电路，ISP 编程时 8 级复位门槛电压可选）。3 路

CCP/PWM/PCA，8 路高速 10 位 A/D 转换（30 万次/s），内置 2K 字节大容量 SRAM，2 组超高速异步串行通信端口（UARTI/UART2，可在 5 组引脚之间进行切换，分时复用可作 5 组串口使用），1 组高速同步串行通信端口 SPI，针对多串行口通信、电动机控制、强干扰场合。图 7-1 所示为 STC15F2K60S2 封装图，图 7-1a 为 LQFP44 封装引脚图，图 7-1b 为 LQFP44 封装实物图。

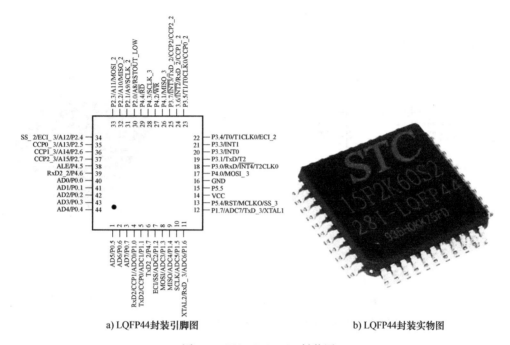

a) LQFP44封装引脚图　　　　　　　　　　b) LQFP44封装实物图

图 7-1　STC15F2K60S2 封装图

2. STC8H 系列单片机

STC8H 系列单片机是不需要外部晶振和外部复位的单片机，是以超强抗干扰、超低价、高速、低功耗为目标的 8051 单片机。在相同的工作频率下，STC8H 系列单片机比传统的 8051 速度快 11.2~13.2 倍，依次按顺序执行完全部的 111 条指令，STC8H 系列单片机仅需 147 个时钟，而传统的 8051 则需要 1944 个时钟。STC8H 系列单片机是 STC 生产的单时钟/机器周期（1T）的单片机，是具有宽电压、高速、高可靠、低功耗、强抗静电、较强抗干扰的新一代 8051 单片机，超级加密。指令代码完全兼容传统的 8051。图 7-2 所示为 STC8H1K28 系列 LQFP32 引脚图和封装实物图。

3. STC32G 系列单片机

STC32G 系列单片机是以超强抗干扰、超低价、高速、低功耗为目标的 32 位 8051 单片机，在相同的工作频率下，STC32G 系列单片机比传统的 8051 约快 70 倍。STC32G 系列单片机是 STC 生产的单时钟（IT）的单片机，是具有宽电压、高速、高可靠、低功耗、强抗静电、较强抗干扰的新一代 32 位 8051 单片机，超级加密。

STC32G 系列单片机有 268 条强大的指令，包含 32 位加减法指令和 16 位乘除法指令。硬件扩充了 32 位硬件乘除单元 MDU32（包含 32 位除以 32 位和 32 位乘以 32 位）。单片机内部集成了增强型的双数据指针。通过程序控制，可实现数据指针自动递增或递减功能以及

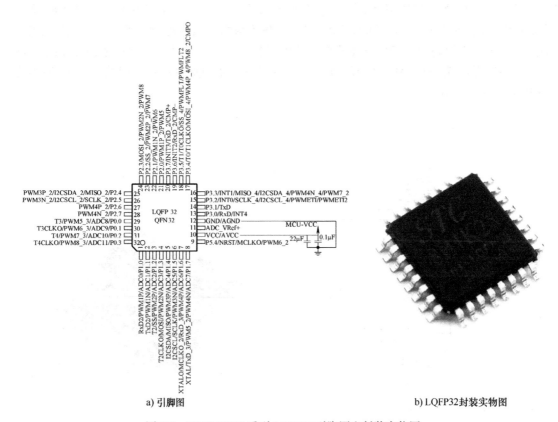

a) 引脚图   b) LQFP32封装实物图

图 7-2   STC8H1K28 系列 LQFP32 引脚图和封装实物图

两组数据指针的自动切换功能。图 7-3 所示为 STC32G12K128 单片机的相关图片,图 7-3a 为电路符号,图 7-3b 为 LQFP48 封装实物图。

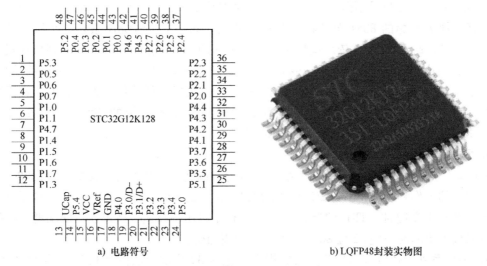

a) 电路符号   b) LQFP48封装实物图

图 7-3   STC32G12K128 单片机的相关图片

7.1.2　STC 单片机内部资源

1. 内部功能模块

常用的 STC 单片机有 STC15F、STC8H、STC32G 系列等，其中 STC15F 系列单片机内部的主要功能模块如图 7-4 所示。片内包含 1T8051（运行 1 条指令占用一个时钟周期）中央处理器、大容量程序存储器、大容量数据存储器、定时器/计数器、掉电唤醒专用定时器、I/O 口、高速 A/D 转换器、看门狗、异步串行通信端口 UART，CCP/PWM/PCA，高速同步串行端口 SPI，R/C 时钟、复位等模块以及中断资源等。

与早期传统的 8051 单片机相比，STC15F 系列除集成了多种模块外，在速度、功耗等方面也进行了较大创新。比如利用增强型 8051 内核，采用单时钟/机器周期技术（1T），速度比传统的 8051 快 7～12 倍；电源宽电压和低功耗设计，使系统具有低速模式、空闲模式、掉电模式；单片机工作时不需要外部复位和外部晶振电路；具有在系统可编程/在应用可编程（ISP/IAP）功能等。表 7-1 是 STC15F 系列单片机

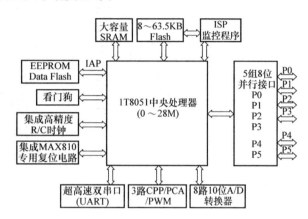

图 7-4　STC15F 系列单片机内部的主要功能模块

不同型号的片内主要资源。用户在进行单片机应用开发时，可以根据系统需求选型。

表 7-1　STC15F 系列单片机不同型号的片内主要资源

单片机型号	SRAM/B	FLASH/KB	EEPROM/KB	A/D 8ch/位	CCP/PCA/PWM（ch）	定时器 T0~T2	串口	工作电压/V
STC15F2K08S2	2K	8	53	10	3	3	2	4.2~5.5
STC15F2K16S2	2K	16	45	10	3	3	2	4.2~5.5
STC15F2K32S2	2K	32	29	10	3	3	2	4.2~5.5
STC15F2K40S2	2K	40	21	10	3	3	2	4.2~5.5
STC15F2K48S2	2K	48	13	10	3	3	2	4.2~5.5
STC15F2K56S2	2K	56	5	10	3	3	2	4.2~5.5
STC15F2K60S2	2K	60	1	10	3	3	2	4.2~5.5
IAPSTC15F2K61S2	2K	61	IAP	10	3	3	2	4.2~5.5
IRCSTC15F2K63S2	2K	63.5	IAP	10	3	3	2	4.2~5.5
IAPSTC15F2K61S	2K	61	IAP	—	—	3	1	4.2~5.5
STC15F100W	128	0.5	—	—	—	2（T0/T1）	—	3.8~5.5
STC15F101W	128	1	4	—	—	2（T0/T1）	—	3.8~5.5
STC15F102W	128	2	3	—	—	2（T0/T1）	—	3.8~5.5
STC15F104W	128	4	1	—	—	2（T0/T1）	—	3.8~5.5
IRCSTC15F107W	128	7	IAP	—	—	2（T0/T1）	—	3.8~5.5

2. 引脚排列

图 7-5a 所示为 STC15F2K60S2 DIP40 封装引脚排列，与传统 51 相比，其引脚排列有明显的区别。图 7-5b 所示为该单片机的 LQFP44 封装引脚排列，如果在传统的单片机实验室开发板上测试，则需要转接板把不同封装的单片机转换成通用 DIP40 引脚排列。

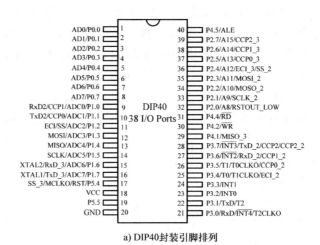

a) DIP40 封装引脚排列

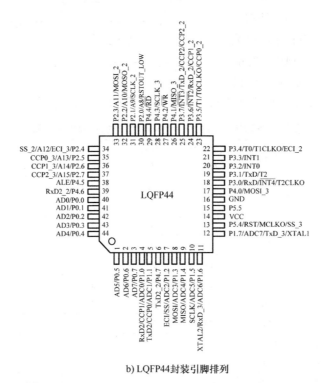

b) LQFP44 封装引脚排列

图 7-5　STC15F 系列单片机部分封装外形

STC15F 系列单片机内部模块的应用都有独立的寄存器对应，如片内 EEPROM 的应用对应的寄存器有 IAP_DATA、IAP_ADDRH、IAP_ADDRL、IAP_CMD、IAP_TRIG、IAP_CONTR 等，这些寄存器没有在 reg51.h 中定义，相关模块也无法采用 Proteus 软件仿真。

7.1.3　STC15F 单片机开发环境

1. 单片机程序编译

STC15F 系列单片机内部仍采用 8051 内核，因此在软件设计开发中仍然利用 Keil μVision4 编程。如果把 STC15F 系列单片机作为传统单片机用，Keil 编程过程中仍然选择 51 内核单片机，如 Aemel 公司的 AT89C51、Intel 公司的 8052/87C52 等型号。

由于 Keil 软件所支持的器件到目前为止还没有包含 STC15F 系列单片机，相关的功能模块没有定义，如果用户在利用 Keil 编程时，若用到 STC15F 系列单片机的特殊功能模块，必须对相关功能模块的寄存器定义，或直接在 Keil 中添加 STC15F 系列单片机以及头文件。

2. 在 Keil 中添加 STC15F 单片机

STC15F 单片机采用的程序下载工具比 STC89C51 使用的版本要高，如 STC-ISP6.85H，用户可以通过 STC 网站下载。STC-ISP6.85H 运行界面如图 7-6 所示。

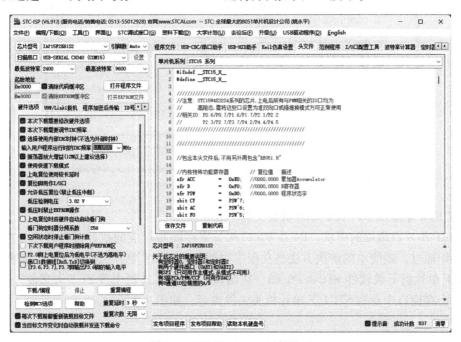

图 7-6　STC-ISP6.85H 运行界面

要在 Keil 软件中添加 STC15F 单片机，首先在 STC-ISP6.85H 运行界面的右上方单击 "Keil 仿真设置" 工具，然后单击 "添加型号和头文件到 Keil 中" 按钮，弹出的窗口将提示要保存到的文件路径，此时选择 Keil 的文件夹，比如 C\Keil\C51，并按 "确认" 保存文件。添加成功后，屏幕弹出 "STC MCU 型号添加成功" 对话框，最后按 "确定" 完成添加过程。

3. 在 Keil 软件中选择 STC15F 单片机

STC15F 单片机的程序设计与前面所讲述的编程过程一样，只是在 Keil 项目创建过程中选择单片机型号时有所不同。如果第一步添加 STC15F 单片机成功，则在 Keil 项目建立过程中会提示选用的单片机型号，如图 7-7 所示。这里选择 "STC MCU Database"，然后单击 "OK"，再在弹出的 STC 系列型号中选择用户选用的具体单片机型号，如 STC15F2K60S2，如图 7-8 所示，用户确认单片机型号后，其他操作与前面所讲述的 Keil 操作步骤完全相同。

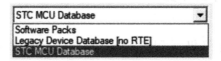

图 7-7　项目建立选择单片机型号

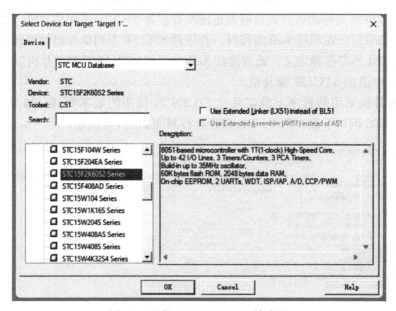

图 7-8　选择 STC15F2K60S2 单片机

4. 在 Keil 中添加 STC15F 单片机头文件

STC15F 单片机增加的模块、P4 或 P5 口相关寄存器所对应的地址需在程序中声明，否则无法编译通过。最简单的解决方法是在程序中添加 STC15F 单片机的头文件。首先需要打开 STC15F 单片机下载软件 STC-ISP6.85，在窗口右上方工具栏中找到"头文件"后单击，此时用户会在窗口中看到 STC15F 单片机头文件内容，如图 7-9 所示。

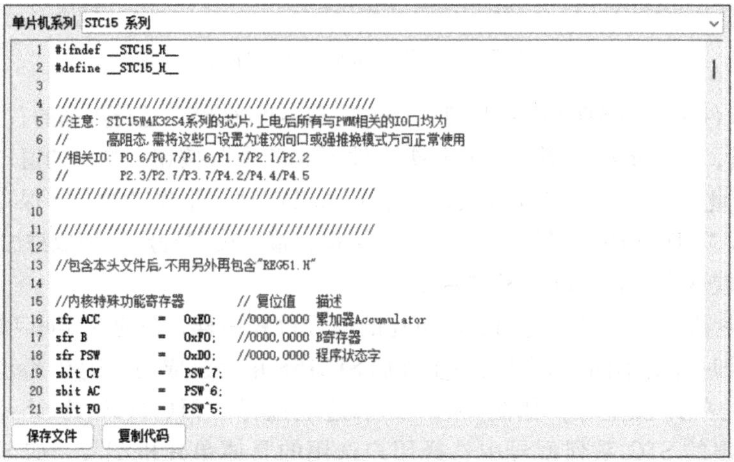

图 7-9　STC15F 单片机头文件内容

　　然后单击"保存文件"按钮，在弹出的对话框中选择要保存的路径，并用一个文件名（比如在用户开发项目文件夹中以"STC15F. H"）命名保存文件。程序设计时，文件需包含 STC15F. H。STC15F 单片机的头文件已经包含了传统单片机的寄存器内容，程序无需再包含"REG51. H"。

　　如果用户只用到了 STC15F 单片机片内的某一个模块，如 P4 口，可以只对与 P4 口相关的寄存器进行地址声明，不用添加 STC15F 单片机的头文件。如 P4 口特殊功能寄存器及位的地址声明为

```
sfr P4=0xc0;              //8 位寄存器,结果通过 P4 口输出
sfr P4M0=0xb4;            //P4 口输出模式控制寄存器
sfr P4M1=0xb3;            //P4 口输出模式控制寄存器
sbit P40=P4^0;
sbit P41=P4^1;
......
```

　　如果程序中采用了 STC15F 单片机内部资源的头文件，如 STC15. H 系列，STC15. H 包含了各个特殊寄存器和可寻址位的地址定义等，就不要再对相关的寄存器进行声明。下面以 LED 闪烁为例介绍 STC15F 单片机的程序编写。

```
#include<STC15F. H>       //包含头文件,文件内包含了 STC15F 系列单片机
                          //  的功能定义
sbit LED=P4^0;            //位声明
delay(unsigned int x)     //延时子函数
{
    while(x--);
}
void main(void)           //主函数
{
    P4M0=0x01;            //设定 P4.0 口推挽输出
    P4M1=0x00;
    while(1)
    {
        LED=! LED;        //LED 闪烁
        delay(30000);     //延时
    }
}
```

7.1.4　STC15F 单片机应用测试

1. 单元模块测试

　　传统 51 单片机系统测试可以利用 Proteus 软件仿真实现，但到目前为止，Proteus 软件仍然没有增加 STC 单片机模型，因此，STC 单片机特殊功能模块也无法直接利用该软件仿真调

试。在应用开发时，STC15F 单片机内部功能部件调试可以利用该芯片生产商提供的仿真器或实验开发板，用户也可以根据应用自己设计一个 STC 单片机单元测试实验板。图 7-10 所示为一种 LQFP44 转 DIP40 封装转接板，用户可以利用转接板在 B107 型实验开发板上对 STC15F 系列单片机内部模块进行测试，比如对 STC15F2K60S2 片内 A/D 转换器、PWM、EEPROM、看门狗等功能模块的程序加载运行测试。

2. 程序的下载

与 STCAT89C51 单片机不同，STC15F 系列单片机采用 STC 公司提供的更高版本的 STC-ISP 程序下载软件，比如 STC-ISP V6.85。程序下载时，首先在计算机中安装 CH340 接口芯片的驱动程序，然后通过 USB 数据线把实验板与计算机连接，最后运行 STC-ISP（V6.85）。

（1）选择单片机型号

首先在界面左上方的单片机型号栏中选择自己使用的单片机型号，比如 IAP15F2K61S2。在单片机型号栏中有多个系列单片机的型号，分别为常见型号、STC15F 系列、STC15W 系列、STC12C5A60S2 系列等。如图 7-11 所示，在左侧的"+"展开后选择目标机器上使用的 MCU 的具体型号。AP Memory 中显示所选用型号的内存范围。

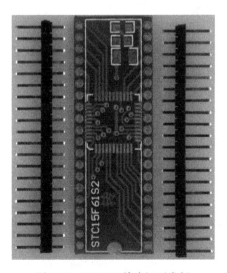

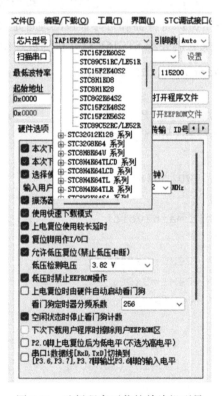

图 7-10　STC15F 单片机开发板　　　　图 7-11　选择程序下载的单片机型号

（2）加载下载文件

单击"打开程序文件"按钮，在弹出的对话框中寻找要下载的 HEX 文件，然后按"确认"完成下载文件加载。

（3）设置下载数据波特率

最高波特率通过查询所连接串口的速率确定。为了可靠下载程序，最低波特率不用设置。最高波特率可以设置低一些，比如 9600bit/s，如图 7-12 所示。

（4）单片机时钟频率设置

单片机时钟频率设置在软件界面的中间"硬件选项"栏中进行。如果单片机系统采用内部时钟源，则需要选择"选择使用内部 IRC 时钟源"选项，如图 7-13 所示。这里可利用鼠标左键单击选择，也可以设置内部时钟频率。如果设计的单片机系统采用外部晶振作为单片机时钟源，可不选"选择使用内部 IRC 时钟源"。其他下载相关的设置可根据具体应用进行操作，为了快速掌握 STC15F 单片机应用技术，初学者可以略过。

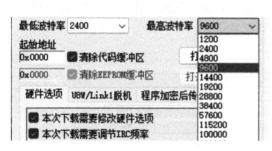

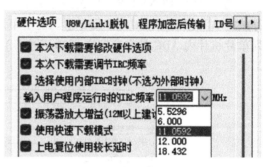

图 7-12　检查设备管理器内的端口传输速率　　　　　　图 7-13　时钟设置

（5）程序下载

与 STC89C51 的下载操作一样，也需要先打开"下载"按钮以后，再打开单片机电源，进行冷起动。一般情况下，每次需要写入的时候都需要遵守先"下载"后"上电"的操作过程。

STC15F 系列单片机的运行程序速度明显比传统单片机（如 STC89C51）快很多。如本节的 LED 实例中，程序下载到开发板上后，LED 闪烁频率明显比传统单片机快。如果把传统单片机程序直接下载到 STC15F 系列单片机芯片中，有时会导致错误，比如第 5 章的 DS18B20 驱动程序，不能直接用在 STC15F 系列单片机上。因此在利用 STC15F 系列单片机进行开发时，必须进行硬件实验测试。

另外，STC15F 单片机使用 C51 编程也与传统单片机有一定的区别，比如 xdata 关键字在传统单片机中用来访问外部 RAM，但用在 STC15F 单片机中用来访问内部大容量的 SRAM。在使用 Keil 程序设计时，如果使用的变量太多，超过 RAM 的 128B 用户空间，Keil 将无法编译，这时用户可以使用 STC15F 单片机内部大容量的 SRAM，只需在声明的变量前加上 xdata 关键字，系统就会自动在 SRAM 分配空间。需要注意，在没有对变量赋值之前，变量所占用的 SRAM 空间的存储单元值为 1，而不是 0。

7.2　STC15F 单片机片内 A/D 转换器应用（项目 30）

A/D 转换器（ADC）是数字电子系统进行模拟测量的常用部件，STC15F 系列单片机内部集成了 1 个 10 位的 A/D 模块，通过对输入引脚的控制，可以实现 8 路分时模拟信号的数字转换。本节将主要讲述 STC15F 系列单片机片内 ADC 结构原理和 A/D 程序设计，并通过温度检测设计实例说明 STC15F 系列单片机在测量技术中的应用。

7.2.1 STC15F 单片机的基本原理

STC15F 系列单片机片内 ADC 由多路选择开关、比较器、逐次比较寄存器、10 位 DAC、转换结果寄存器（ADC_RES 和 ADC_RESL）以及 ADC_CONTR 构成。因此可以实现 8 路分时 10 位的 A/D 转换。

1. ADC 结构组成

STC15F 系列单片机 ADC 的结构如图 7-14 所示。模拟信号（0~5V）从 P1 口接入单片机，通过 ADC_CONTR 寄存器选择相关的输入端口、转换电源与转换控制，10 位转换结果存放在 ADC_RES 和 ADC_RESL 中。由于单片机内部 A/D 采用逐次比较型，因此 STC15F 系列单片机片内 ADC 具有速度高（30 万次/s）、功耗低等优点。

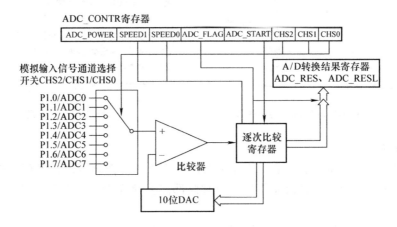

图 7-14 STC15F 系列单片机 ADC 的结构

2. 相关的控制寄存器

STC15F 单片机与片内 ADC 有关的寄存器见表 7-2，其中寄存器 P1ASF 用于控制 P1 口的状态；ADC_CONTR 用于控制 ADC 的工作情况，ADC_RES、ADC_RESL 用于存放转换数据；CLK_DLV 用于设置转换速度；IE、IP 用于设置 ADC 中断。

表 7-2 STC15F 单片机与片内 ADC 有关的寄存器

寄存器助记符	地址	功能	复位值
P1ASF	0x9d	P1 模拟功能控制寄存器	0000 0000B
ADC_CONTR	0xbc	ADC 工作状态	0000 0000B
ADC_RES	0xbd	ADC 结果高位	0000 0000B
ADC_RESL	0xbe	ADC 结果低位	0000 0000B
CLK_DLV（PCON2）	0x97	时钟分频寄存器	0000 0000B
IE	0xa8	中断允许	0000 0000B
IP	0xb8	中断优先	0000 0000B

（1）P1ASF

P1ASF 寄存器用来控制 P1 口的模拟与数字状态，不能进行位寻址，其格式为

P17ASF	P16ASF	P15ASF	P14ASF	P13ASF	P12ASF	P11ASF	P10ASF

P1ASF 寄存器的每一位分别控制对应的 P1 每一个端口，高电平有效。相应控制位为 0
时，P1 口为一般 I/O 口。如程序中 P1ASF=0x01 即 P10ASF=1 时，P1.0 口为模拟输入。设
置后，P1.0 口不再输出高电平或低电平，而是随输入电压变化。因此，应用中如果想让 P1
某个端口为模拟输入口，必须先设置 P1ASF 的相应位。

（2）ADC_CONTR

ADC_CONTR 用于控制 ADC 的起动、速度和通道选择等，不能进行位寻址，其格式为

ADC_POWER	SPEED1	SPEED0	ADC_FLAG	ADC_START	CHS2	CHS1	CHS0

ADC_POWER 用于控制 ADC 的电源，高电平有效。当 ADC_CONTR = ADC_CONTR |
0x80 时，即 ADC_POWER=1，ADC 模块加电。

SPEED1、SPEED0 用于控制 ADC 的转换速度，当 SPEED1、SPEED0 分别取 11、10、
01、00 时，转换 1 次分别需要为 90、180、360、540 个时钟周期。

ADC_FLAG：转换结束标志位，软件清零。当 ADC_FLAG=1 时，表示上一次模拟到数
字的转换完成，可以利用程序查询方法判断。

ADC_START 为 ADC 起动转换控制位，当 ADC 设置为 1 时，ADC 开始转换，转换结束
后 ADC_START 自动为 0。

CHS2、CHS1、CHS0 为模拟输入通道选择位，其值在 000~111 变化时，分别对应打开
P1.0~P1.7。

（3）ADC_RES、ADC_RESL

ADC_RES、ADC_RESL 为两个 8 位寄存器。保存格式受 CLK_DLV（PCON2）寄存器的
ADRJ（7：5）位控制，当 ADRJ 设置为 0 时，10 位数据的高 8 位保存在 ADC_RES，低 2 位
保存在 ADC_RESL 的低 2 位；当 ADRJ 设置为 1 时，10 位数据的高 2 位保存在 ADC_RES 的
低 2 位，低 8 位保存在 ADC_RESL 中。10 位转换结果为

$$S = 1023 \frac{V_{in}}{V_{cc}} \tag{7-1}$$

式中，V_{in} 为输入电压；V_{cc} 为电源电压。

（4）IE、IP 寄存器

与传统的 51 单片机相比，STC15F 单片机在 IE、IP 增加了控制 ADC 中断的相关控制
位，其格式为

IE	EA	ELVD	EADC	ES	ET1	EX1	ET0	EX0
IP	PPCA	PLVD	PADC	PS	PT1	PX1	PT0	PX0

其中 EADC 设置为 1 时，ADC 中断允许，为 0 时中断屏蔽；PADC 设置为 1 时，ADC 中断优

先。IE 的 ELVD 位为低压检测中断控制位；IP 的 PLVD 为低压检测中断优先级控制位，PPCA 为 PCA 中断优先级控制位。

7.2.2　STC15F 单片机的 A/D 转换程序

1. 相关寄存器声明

ADC 相关寄存器的声明都包含在 STC15F 单片机的头文件中，由于本节主要针对片内 A/D 应用，因此程序仍然以 "reg51.h" 头文件为基础，另外对相关寄存器进行声明。预处理与 A/D 转换程序清单为

```
#include <STC15F2K60S2.H>              //包含头文件,文件内包含了
                                       STC15F系列单片机的功能
                                       定义

#include<intrins.h>
unsigned int get_adc(void)
{
    uint i,j;
    P1ASF=  0x02;                      //设置 P1.1 为模拟输入端口
    PCON2=PCON2|0x20;                  //ADRJ  =1;
    ADC_CONTR=0x01;                    //设置 P1.1 为 A/D 输入通道
//设置 A/D 电源开启|转换速度设置|输入端口 P1.0
    _nop_(); _nop_(); _nop_();         //等待电源稳定
    ADC_CONTR=ADC_CONTR|0x08;          //开始转换
    while((ADC_CONTR & 0x10)!=0x10);   //等待转换标志位置位
    i=ADC_RES;
    j=ADC_RESL;
    i=i << 8;
    i=i|j;
    ADC_CONTR=ADC_CONTR & ~0x10;       //清零转换标志位
    ADC_RES=0x00;
    ADC_RESL=0x00;
    return(i);
}
```

2. 程序说明

1) ADC 模块加电后需要简短延时，这里调用了_nop_() 函数为简单的延时，所以文件包含了 intrins.h 头文件。

2) PCON2=PCON2|0x20，即 PCON2 中的 ADRJ 位设置为 1，10 位转换结果中的高 2 位保存在 ADC_RES 的低 2 位中，低 8 位保存在 ADC_RESL 中。

3) ADC 模块相关寄存器无法实现位寻址操作，因此采用寄存器预置方式，如 ADC_CONTR=ADC_CONTR|0x80|0x40|0x00，即 ADC_CONTR 的第 7 位、第 3 位置 1。其他位

不变。

4）该程序保存为 STC15FAD.c，可以作为片内 ADC 的驱动，在含有 A/D 转换的单片机程序中可以直接调用。

3. 芯片选型对比

ADC 功能是主流单片机的通用功能，因此单片机的选型是实现功能和性价比提高的一大目标，在此使用主流的 STM32 单片机进行对比，为实现 STM32 单片机的 ADC 功能，需要将单片机 I/O 口设置为模拟输入模式，然后配置 I/O 口的速度和位置，同时开启并配置 ADC 检测功能，功能例程如下：

```
#include "stm32f10x.h"                //STM32库文件的调用
#define ADC1_DR_Address     ((u32)0x40012400+0x4c)
__IO uint16_t ADC_ConvertedValue;
/*设置STM32单片机引脚配置*/
static void ADC1_GPIO_Config(void)
{
    GPIO_InitTypeDef GPIO_InitStructure;
    RCC_AHBPeriphClockCmd(RCC_AHBPeriph_DMA1,ENABLE);
    RCC_APB2PeriphClockCmd(RCC_APB2Periph_ADC1|RCC_APB2Periph
_GPIOC,ENABLE);
    GPIO_InitStructure.GPIO_Pin=GPIO_Pin_1;
                                          //选择使能引脚
    GPIO_InitStructure.GPIO_Mode=GPIO_Mode_AIN;
                                          //选择输出模式
    GPIO_InitStructure.GPIO_Speed=GPIO_Speed_50MHz;
                                          //速度为50MHz
    GPIO_Init(GPIOC,&GPIO_InitStructure);}
static void ADC1_Mode_Config(void)
{
DMA_InitTypeDef DMA_InitStructure;
ADC_InitTypeDef ADC_InitStructure;
DMA_DeInit(DMA1_Channel1);               //选择输出
DMA_InitStructure.DMA_PeripheralBaseAddr=ADC1_DR_Address;
                                          //选择输出地址
DMA_InitStructure.DMA_MemoryBaseAddr=(u32)&ADC_ConvertedValue;
                                          //内存地址
DMA_InitStructure.DMA_DIR=DMA_DIR_PeripheralSRC;
DMA_InitStructure.DMA_BufferSize=1;
DMA_InitStructure.DMA_PeripheralInc=DMA_PeripheralInc_Disable;
                                          //外设地址固定
```

```
    DMA_InitStructure.DMA_MemoryInc=DMA_MemoryInc_Disable;
                                                    //内存地址固定
    DMA_InitStructure.DMA_PeripheralDataSize=DMA_PeripheralDataSize_
HalfWord;
    DMA_InitStructure.DMA_MemoryDataSize=DMA_MemoryDataSize_Half-
Word;
    DMA_InitStructure.DMA_Mode=DMA_Mode_Circular;
    DMA_InitStructure.DMA_Priority=DMA_Priority_High;
    DMA_InitStructure.DMA_M2M=DMA_M2M_Disable;
    DMA_Init(DMA1_Channel1,&DMA_InitStructure);
    DMA_Cmd(DMA1_Channel1,ENABLE);
    ADC_InitStructure.ADC_Mode=ADC_Mode_Independent;
    ADC_InitStructure.ADC_ScanConvMode=DI    SABLE;
    ADC_InitStructure.ADC_ContinuousConvMode=ENABLE;
    ADC_InitStructure.ADC_ExternalTrigConv=ADC_ExternalTrigConv_
None;
    ADC_InitStructure.ADC_DataAlign=ADC_DataAlign_Right;
    ADC_InitStructure.ADC_NbrOfChannel=1;
    ADC_Init(ADC1,&ADC_InitStructure);
    RCC_ADCCLKConfig(RCC_PCLK2_Div8);          //配置 ADC 时钟,为 PCLK2
                                                 的 8 分频,即 9MHz
    ADC_RegularChannelConfig(ADC1,ADC_Channel_11,1,ADC_SampleTime_
55Cycles5);
    //配置 ADC1 的通道 11 为 55。5 个采样周期,序列为 1
    ADC_DMACmd(ADC1,ENABLE);                    //使能 ADC1 DMA
    ADC_Cmd(ADC1,ENABLE);                       //使能 ADC1
    ADC_ResetCalibration(ADC1);                 //复位校准寄存器
    while(ADC_GetResetCalibrationStatus(ADC1));
    ADC_StartCalibration(ADC1);
    while(ADC_GetCalibrationStatus(ADC1));
    ADC_SoftwareStartConvCmd(ADC1,ENABLE);    //软件触发 ADC 转换
}
void ADC1_Init(void)
{
    ADC1_GPIO_Config();
    ADC1_Mode_Config();
}
```

在单片机选型时需要考虑到单片机的引脚数量、内存和运行速度,STM32 单片机相比于 STC15F 单片机,其内存大、速度快、引脚数量较多,在此学习和基础开发阶段使用

STC15F 单片机完全可以满足大部分的 ADC 检测功能。

7.2.3　利用片内 ADC 实现 NTC 热敏电阻测温

1. 基本原理

本实例利用 STC15F 片内 ADC，温度传感器采用 NTC 热敏电阻，通过程序设计，在开发板上实现温度显示。NTC 热敏电阻电路原理如图 7-15 所示，其中单片机的 P1.0 口作为模拟口输入，显示电路采用 105 型实验开发板电路相关部分。NTC 热敏元件接上拉电阻，当温度变化时，A 点电压随之变化，A 点电压为

$$V_A = V_{cc}\frac{R_{NTC}}{R_1 + R_{NTC}} \qquad (7\text{-}2)$$

式中，R_{NTC} 为热敏电阻的实时阻值。单片机通过 P1.0 口检测 A 点模拟电压，然后通过数据转换和处理显示温度数据。要实现温度显示，必须先研究 NTC 元件两端的电压变化与温度对应关系。

2. NTC 热敏电阻的温度数据关系

NTC 热敏电阻是一种负的温度系数半导体元件，它是以锰、钴、镍和铜等金属氧化物为主要材料，采用陶瓷工艺制造而成的。热敏电阻在室温下的变化范围为 $100 \sim 1000000\Omega$，温度系数为 $-2\% \sim -6.5\%$。NTC 热敏电阻可广泛应用于温度测量、温度补偿、抑制浪涌电流等场合。本实例采用常温为 $10k\Omega$ 的 NTC 元件实现温度测量。NTC 元件阻值与温度对应关系的部分数据见表 7-3。

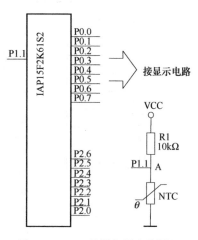

图 7-15　NTC 热敏电阻电路原理

表 7-3　NTC 元件阻值与温度对应关系的部分数据

温度/℃	电阻/Ω	温度/℃	电阻/Ω	温度/℃	电阻/Ω	温度/℃	电阻/Ω	温度/℃	电阻/Ω
0	28836.77	10	18459.57	20	12181.85	30	8262.54	40	5744.90
1	27538.36	11	17684.75	21	11704.09	31	7959.09	41	5546.92
2	26307.23	12	16947.56	22	11248.11	32	7668.67	42	5356.95
3	25139.46	13	16245.92	23	10812.8	33	7390.639	43	5174.64
4	24031.4	14	15577.93	24	10397.09	34	7124.399	44	4999.61
5	22979.62	15	14941.75	25	10000	35	6869.385	45	4831.56
6	21980.93	16	14335.52	26	9620.57	36	6625.061	46	4670.15
7	21032.31	17	13758.13	27	9257.93	37	6390.92	47	4515.09
8	20130.94	18	13207.57	28	8911.24	38	6166.48	48	4366.10
9	19274.19	19	12682.6	29	8579.69	39	5951.28	49	4222.91

结合式（7-2），根据表 7-3 可以得到温度-电压关系，再根据式（7-1）可以计算出温度

与 A/D 转换数据对应关系，假设 A/D 为 10 位，可以建立 Excel 表，如图 7-16 所示，图中只列出部分数据，其中 A 列表示温度，B 列表示转换后的数据。则可以通过 Excel 曲线拟合方法得到温度与转换数据的关系为

$$y = 765.45 - 9.5386x \tag{7-3}$$

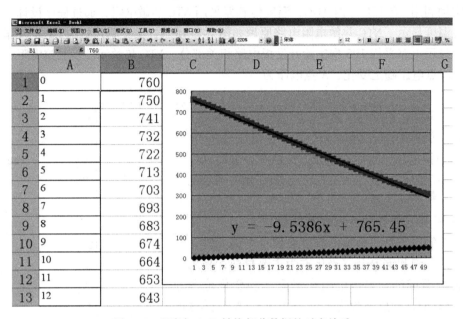

图 7-16 温度与 A/D 转换部分数据的对应关系

3. 程序设计

知道了温度与 A/D 转换数据之间的关系，读者可以利用 STC15F 片内 ADC 实现温度的测量。程序清单为

```
#include <STC15F2K60S2.H>          //包含头文件,文件内包含了 STC15F
                                     系列单片机的功能定义
#include<stcad.c>
code unsigned char seven_seg[10]={0xc0,0xf9,0xa4,0xb0,0x99,0x92,
0x82,0xf8,0x80,0x90};
unsigned char cp1,temp_num;
unsigned int cp2;
sbit P1_0=P1^0;
/*中断服务函数*/
void timer0_isr(void)interrupt 1
{
    cp2++;
    if(cp1==0)                      //位选标志位
    {
        P0=0x01;P1_0=0; P0=0x01;P1_0=1; P1_0=0;
```

```
                                                  //锁存位选
        P0=seven_seg[temp_num % 10];       //段选
    }
    if(cp1==1)
    {
        P0=0x02;P1_0=0; P0=0x01;P1_0=1; P1_0=0;
        P0=seven_seg[temp_num % 100/10];
    }
    if(cp1==2)
    {
        P0=0x04;P1_0=0; P0=0x01;P1_0=1; P1_0=0;
        P0=seven_seg[temp_num/ 100];
    }
    cp1++;                                //位选标志位切换
    if(cp1>=3)cp1=0;
}
void timer0_init(void)              //设置定时器 T0,工作在方式 2,
                                     0.2ms 中断 1 次
{
    TMOD=0x02;
    TL0=56;
    TH0=56;
    EA=1;
    ET0=1;
    TR0=1;
}
/*主函数*/
void main(void)
{
    float i;
    unsigned int j;
    timer0_init();
    while(1)
    {
        if(cp2>=30000)              //6s
        {
            cp2= 0;
            j=get_adc1();
```

```
                    i=765.45-9.538 * j;              //实现数据到温度的计算
                    temp_num=(char)(i+0.5);           //四舍五入,取整数
                }
        }
    }
```

程序中包含片内 ADC 子程序即 STC15FAD.c,利用定时器中断实现 3 位数码管温度显示。程序设计完成后,可以在 B107 型实验开发板上或其他硬件测试上进行实验验证。

本实例只是说明 ADC 对于特定的测量对象的处理与程序设计,数据处理提出了一种简单的方法,实际应用误差较大,读者可以采用其他的数据方法进行温度与现实数据之间的换算。实际上,当单片机应用在测量和精准控制电子系统中,都会有数据处理,有时需要一定的算法。

7.3 STC15F 单片机内部 EEPROM 的 IAP 技术应用(项目 31)

EEPROM 主要用于保存程序运行的重要数据,使之在系统掉电后不易丢失。STC15F 系列单片机内部集成了大容量的 EEPROM 在用户程序中,用户可以利用 ISP/IAP(在系统可编程/在应用可编程)技术,将内部 Date Flash 作为 EEPROM 使用,也可以在单片机的程序 EEPROM 空间保存程序运行的重要数据。

7.3.1 EEPROM 存储空间与相关寄存器

1. EEPROM 空间与地址分配

STC15F 系列单片机的 EEPROM 空间大小见表 7-4,用户根据需要可以选择合适单片机型号,其中 IAPSTC15F2K61S2 没有单独设计 EEPROM,用户可以利用 IAP 技术对 Data Flash 区在线可编程,单保存的数据不能覆盖程序。

表 7-4 STC15F 系列单片机的 EEPROM 空间大小

型号	EEPROM 空间大小/B	扇区数 /512B	IAP 首地址	IAP 末地址	说明
STC15F2K08S2	53K	106	0x0000	0xD3FF	EEPROM 在应用可编程
STC15F2K16S2	45K	90	0x0000	0xB3FF	EEPROM 在应用可编程
STC15F2K32S2	29K	58	0x0000	0x73FF	EEPROM 在应用可编程
STC15F2K56S2	5K	10	0x0000	0x13FF	EEPROM 在应用可编程
STC15F2K60S2	1K	2	0x0000	0x03FF	EEPROM 在应用可编程
IAPSTC15F2K61S2	Data Flash 程序存储器 61K	122	0x0000	0xF3FF	没有 EEPROM,程序 Data Flash 区可编程

利用 IAP 技术对 EEPROM 存储空间读写操作是按扇区进行的,这一点与 AT24C04 不太一样,如果要存放一个数据,需要先找到一个扇区的首地址。STC15F 每一个扇区对应的

首地址为 512 的整数倍, 如果首地址从 0 开始, 则扇区首地址为

$$Address = 512(n-1) \tag{7-4}$$

式中, n 为扇区顺序, 比如 IAPSTC15F2K61S2 的第 60 扇区首地址为 512×59＝30208, 十六进制为 0x7600。

　　EEPROM 存储空间擦除后, 每一个存储单元为 1, 可以写入 0, 但存储空间为 0 时, 不能再写入 1, 必须重新对整个扇区擦除。

2. EEPROM 的 IAP 相关寄存器

　　与 EEPROM 操作相关的寄存器主要包括操作数据寄存器 IAP_DATA, 地址寄存器 IAP_ADDRH、IAP_ADDRL, ISP/IAP 命令寄存器 IAP_CMD 和 ISP/IAP 命令触发寄存器 IAP_TRIG, 表 7-5 为 EEPROM 相关寄存器的地址与复位状态。

表 7-5　EEPROM 相关寄存器的地址与复位状态

符号	描述	地址	复位值
IAP_DATA	ISP/IAP Flash 数据寄存器	C2H	1111 1111B
IAP_ADDRH	ISP/IAP Flash 地址首高 8 位	C3H	0000 0000B
IAP_ADDRL	ISP/IAP Flash 地址首低 8 位	C4H	0000 0000B
IAP_CMD	ISP/IAP Flash 命令寄存器	C5H	xxxx x000B
IAP_TRIG	ISP/IAP Flash 命令触发寄存器	C6H	xxxx xxxxB
IAP_CONTR	ISP/IAP 命令控制寄存器	C7H	0000 x000B
PCON	Power Control	C8H	0011 0000B

　　(1) ISP/IAP 数据寄存器 IAP_DATA

　　IAP_DATA 为八位暂存器, 用于存放对 Flash 的读写操作临时数据, 相当于缓存, ISP/IAP 从 Flash 读出的数据放在此处, 向 Flash 写的数据也需放在此处。

　　(2) ISP/IAP 地址寄存器 IAP_ADDRH 和 IAP_ADDRL

　　IAP_ADDRH 为 ISP/IAP 操作时的地址寄存器高 8 位; IAP_ADDRL 为 ISP/IAP 操作时的地址寄存器低 8 位。

　　(3) ISP/IAP 命令寄存器 IAP_CMD

　　IAP_CMD 寄存器格式为

IAP_CMD	—	—	—	—	—	—	MS1	MS0

　　其中, MS1、MS0 用于对 Data Flash/EEPROM 区的操作控制, 设置 00、01、10、11 分别对应的操作为待机、从用户的应用程序区对"Data Flash/EEPROM 区"进行字节读、字节编程、扇区擦除。

　　程序在用户应用程序区时, 仅可以对数据 Flash 区(EEPROM)进行字节读写和扇区擦除, IAP15 系列单片机允许在用户应用程序区修改用户应用程序。需要注意, EEPROM 也可以用 MOVC 指令读(MOVC 访问的是程序储存器), 但起始地址不再是 0000H, 而是程序储存空间结束地址的下一个地址。

（4）ISP/IAP 命令触发寄存器 IAP_TRIG

在 IAPEN（IAP_CONTR.7）= 1 时，STC 单片机要求对 IAP_TRIG 先写入 5Ah，再写入 A5h，ISP/IAP 命令才会生效。因此在每次触发 IAP 操作时，都要对 IAP_TRIG 先写入 5Ah，再写入 A5h。并且要求在每次触发前，需重新送字节读/字节编程/扇区擦除命令，在命令不改变时，不需重新送命令。

ISP/IAP 操作完成后，IAP 地址高 8 位寄存器 IAP_ADDRH、IAP 地址低 8 位寄存器 IAP_ADDRL 和 IAP 命令寄存器 IAP_CMD 的内容不变。如果接下来要对下一个地址的数据进行 ISP/IAP 操作，需手动将该地址的高 8 位和低 8 位分别写入 IAP_ADDRH 和 IAP_ADDRL 寄存器。

（5）ISP/IAP 命令控制寄存器 IAP_CONTR

ISP/IAP 命令控制寄存器 IAP_CONTR 格式为

IAP_CONTR	IAPEN	SWBS	SWRST	CMD_FALL	—	WT2	WT1	WT0

IAPEN 是 ISP/IAP 功能允许位，设置为 0，禁止 IAP 对 Data Flash/EEPROM 读写和擦除，设置为 1 时，允许 IAP 读写和擦除。

SWBS，软件选择复位后从用户应用程序区启动（送 0），还是从系统 ISP 监控程序区启动（送 1）要与 SWRST 直接配合才可以实现。

SWRST 为单片机复位控制位。SWRST 设置为 0 是无操作，设置为 1 时，软件控制产生复位，单片机自动复位。

CMD_FALL 为错误标志，如果 IAP 地址指向了非法地址或无效地址，且送了 ISP/IAP 命令，并对 IAP_TRIG 送 5Ah/A5h 触发失败，则 CMD_FALL 为 1，需软件清零。

WT2、WT1、WT0 为读写操作时钟周期控制位，读写时钟设置见表 7-6，由于要求读写和扇区擦除不能时间太短，所以不同系统的时钟 WT2、WT1、WT0 设置不同。

表 7-6　读写时钟设置

设置等待时间			CPU 等待时间（多少个 CPU 工作时钟）			
WT2	WT1	WT0	Read/读 （2 个时钟）	Program/编程 （= 55μs）	Sector Erase 扇区擦除（= 21ms）	Recommended System clock 与等待 参数对应的推荐关系时钟
1	1	1	2 个时钟	55 个时钟	21012 个时钟	≤1MHz
1	1	0	2 个时钟	110 个时钟	42024 个时钟	≤2MHz
1	0	1	2 个时钟	165 个时钟	63036 个时钟	≤3MHz
1	0	0	2 个时钟	330 个时钟	126072 个时钟	≤6MHz
0	1	1	2 个时钟	660 个时钟	252144 个时钟	≤12MHz
0	1	0	2 个时钟	1100 个时钟	420240 个时钟	≤20MHz
0	0	1	2 个时钟	1320 个时钟	504288 个时钟	≤24MHz
0	0	0	2 个时钟	1760 个时钟	672384 个时钟	≤30MHz

（6）电源控制寄存器 PCON

PCON 为 IAP 电源控制寄存器，其格式为

SFR　name	Address	Bit	B7	B6	B5	B4	B3	B2	B1	B0
PCON	87H	name	SMOD	SMOD0	LVDF	POF	DF1	GF0	PD	IDL

其中 LVDF 为低压检测标志位，当工作电压 VCC 低于低压检测门槛电压时，该位置 1。该位要由软件清零。当低压检测电路发现工作电压 VCC 偏低时，进行 EEPROM/IAP 操作容易发生错误，因此工作电压过低时，程序禁止进行 EEPROM/IAP 操作。

7.3.2　片内 EEPROM 程序

IAPSTC15F2K61S2 的 flash 共 61KB，不但可以作为用户程序区，也可当作 EEPROM 使用。IAPSTC15F2K61S2 的 flash 共有 122 个扇区，地址为 0x0000 到 0xf200。下面通过举例说明 IAPSTC15F2K61S2 的 flash 作为 EEPROM 使用。

1. EEPROM 的 IAP 应用程序设计

假设用户程序占用 11KB，地址从 0x0000 到 0x1400，则剩余 50KB 空间的 flash 作为 EE-PROM 使用，地址从 0x1600 到 0xf200。EEPROM 应用 IAP 程序为

```
/ *********************************** /
#include<STC15F2k60s2.h>
#include<intrins.h>
#define uchar unsigned char            //宏定义用 uchar 代替 unsigned char
#define uint unsigned int              //宏定义用 uint 代替 unsigned int
/* 如果程序包含了 STC15F 单片机头文件,下面可以省略 ** /
/ *
sfr IAP_DATA=0XC2;                      //IAP 数据寄存器
sfr IAP_ADDRH=0XC3;                     //IAP 地址寄存器高字节
sfr IAP_ADDRL=0XC4;                     //IAP 地址寄存器低字节
sfr IAP_CMD=0XC5;                       //IAP 命令寄存器
sfr IAP_TRIG=0XC6;                      //IAP 触发寄存器
sfr IAP_CONTR=0XC7;                     //IAP 控制寄存器
* /
#define CMD_IDLE      0                 //设置空闲 00,用于控制 IAP_CMD 寄存
                                        //  器的 MS1、MS0 位
#define CMD_READ      1                 //设置读 01
#define CMD_PROGRAM   2                 //设置写 10
#define CMD_ERASE     3                 //设置擦除 11
#define ENABLE_IAP 0x86                 //设置 IAP_CONTR 寄存器的 IAPEN、WT2、
                                        //  WT1、WT0
                                        //此处设置允许 IAP 操作,读写擦除操作
                                        //  分别为 2、110、42024
                                        //个时钟
```

```
#define IAP_ADDRESS  0x1600                //EEPROM 首地址
/*IAP 空闲使能函数*/
void IAP_Idle(void)
{
    IAP_CONTR=0;                           //IAP 控制寄存器清零
    IAP_CMD=0;                             //IAP 命令寄存器清零
    IAP_TRIG=0;                            //IAP 触发寄存器清零
}
/*从 ISP/IAP/EEPROM 区读取一个字节,地址为 addr,读出数据返回*/
uchar IAP_ReadByte(uint addr)
{
    uchar x;
    IAP_CONTR=ENABLE_IAP;                  //IAP_CONTR=0x86
    IAP_CMD  =  CMD_READ;                  //IAP_CMD=0x01,读操作
    IAP_ADDRL=addr;                        //EEPROM 地址低 8 位
    IAP_ADDRH=addr>>8;                     //EEPROM 地址低 8 位
    IAP_TRIG=0x5a;                         //发出触发,写入 0x5a
    IAP_TRIG=0xa5;                         //发出触发,再写入 0xa5
    _nop_();_nop_();_nop_();               //短时延时
    x=IAP_DATA;                            //从 IAP_DATA 中读出数据
    IAP_Idle();
    return x;
}
/*存 1 字节数据到 ISP/IAP/EEPROM 区域,地址为 addr,写入数据为 x*/
void IAP_WriteByte(uint addr,uchar x)
{
    IAP_CONTR=ENABLE_IAP;
    IAP_CMD=CMD_PROGRAM;                   //IAP_CMD=0x10,写操作
    IAP_ADDRL=addr;
    IAP_ADDRH=addr>>8;
    IAP_DATA=x;                            //数据给 IAP_DATA
    IAP_TRIG=0x5a;
    IAP_TRIG=0xa5;
    _nop_();_nop_();_nop_();
    IAP_Idle();
}
/*扇区擦除,共 512 字节,addr 为扇区的首地址*/
void IAP_EraseSector(uint addr)
```

```
    {
        IAP_CONTR=ENABLE_IAP;
        IAP_CMD=CMD_ERASE;                    //IAP_CMD=0x11,扇区擦除操作
        IAP_ADDRL=addr;                       //扇区首地址低 8 位
        IAP_ADDRH=addr>>8;                    //扇区首地址高 8 位
        IAP_TRIG=0x5a;
        IAP_TRIG=0xa5;
        _nop_();
        IAP_Idle();
    }
/*50KB 空间擦除,共 100 个扇区,地址从 0x1600 到 0xf200*/
void rest_eeprom(void){
    uchar i,j;
    for(i=1;i<=100;i++)IAP_EraseSector(add[0x1600+i*512]);
}
/*对 EEPROM 写 1 字节数据*/
void save_dat_1b(uint x1,uchar x2)
{
    IAP_EraseSector(x1);
    IAP_WriteByte(x1,x2);
}
/*对 EEPROM 写 2 字节数据*/
void save_dat_2b(uint x1,uint x2)
{
    uchar da1,da2;
    da1=x2;                                   //数据低 8 位
    da2=x2>>8;                                //数据高 8 位
    IAP_EraseSector(x1);
    IAP_WriteByte(x1,da1);
    IAP_WriteByte(x1+1,da2);
}
/*对 EEPROM 读 1 字节数据*/
uchar read_dat_1b(uint x)
{
    uchar i;
    i=IAP_ReadByte(x);
    return(i);
}
/*对 EEPROM 读 2 字节数据*/
```

```
uint read_dat_2b(uint x)
{
    uint i,j;
    i=IAP_ReadByte(x);
    j=IAP_ReadByte(x+1);
    j=j << 8;
    i=i|j;
    return(i);
}
```

本程可以序保存为一个通用的 EEPROM 应用程序，比如 eeprom. c，用户在使用 STC15F 系列单片机开发时可以直接调用。

2. EEPROM 应用说明

1）如果一个扇区只用一个字节，如同真正的 EEPROM，并且对 Data Flash 读写操作比外部 EEPROM 存储器快，如读 1 字节为 2 个时钟周期，写为 55μs。

2）扇区内保存的数据可以随意读取，但要在这个扇区内再次保存数据，必须先对这一个扇区整体擦除。因此，如果只在某个扇区内一个地址对应的空间中写数据，则先保存这个扇区其他地址空间的数据。

3. EEPROM 功能

EEPROM 功能是单片机保存数据的基本功能，用于存储单片机在测量或者接收外界发送数据的功能，STC15F 单片机有多位数据储存的能力，但是数据储存量不比 STC8H 单片机多，在此，介绍 STC8H 单片机的方法，程序如下：

```
void IapIdle()
{
    IAP_CONTR=0;                    //关闭 IAP 功能
    IAP_CMD=0;                      //清除命令寄存器
    IAP_TRIG=0;                     //清除触发寄存器
    IAP_ADDRH=0x80;                 //将地址设置到非 IAP 区域
    IAP_ADDRL=0;
}
char IapRead(int addr)
{
    char dat;
    IAP_CONTR=0x80;                 //使能 IAP
    IAP_TPS=12;                     //设置等待参数 12MHz
    IAP_CMD=1;                      //设置 IAP 读命令
    IAP_ADDRL=addr;                 //设置 IAP 低地址
    IAP_ADDRH=addr>>8;              //设置 IAP 高地址
    IAP_TRIG=0x5a;                  //写触发命令(0x5a)
```

```
    IAP_TRIG=0xa5;              //写触发命令(0xa5)
    _nop_();
    dat=IAP_DATA;              //读 IAP 数据
    IapIdle();                 //关闭 IAP 功能
    return dat;
}
void IapProgram(int addr,char dat)
{
    IAP_CONTR=0x80;            //使能 IAP
    IAP_TPS=12;                //设置等待参数 12MHz
    IAP_CMD=2;                 //设置 IAP 写命令
    IAP_ADDRL=addr;            //设置 IAP 低地址
    IAP_ADDRH=addr>>8;         //设置 IAP 高地址
    IAP_DATA=dat;              //写 IAP 数据
    IAP_TRIG=0x5a;             //写触发命令(0x5a)
    IAP_TRIG=0xa5;             //写触发命令(0xa5)
    _nop_();
    IapIdle();                 //关闭 IAP 功能
}
void IapErase(int addr)
{
    IAP_CONTR=0x80;            //使能 IAP
    IAP_TPS=12;                //设置等待参数 12MHz
    IAP_CMD=3;                 //设置 IAP 擦除命令
    IAP_ADDRL=addr;            //设置 IAP 低地址
    IAP_ADDRH=addr>>8;         //设置 IAP 高地址
    IAP_TRIG=0x5a;             //写触发命令(0x5a)
    IAP_TRIG=0xa5;             //写触发命令(0xa5)
    _nop_();
    IapIdle();                 //关闭 IAP 功能
}
```

由上述程序可见，STC8H 单片机的 EEPROM 使用方法与 STC15F 单片机如出一辙，但是 STC8H 单片机的速度和 IAP 储存量都要高于 STC15F 单片机，但是 STC15F 单片机的功能使用会相对简单，适合初学者进行基础开发。

7.3.3　掉电存储原理与应用

单片机系统经常用到掉电时的数据保护，如测温系统的温度上下限、生产过程的产品数量以及相关的设置等都要用到数据掉电存储。在传统单片机系统设计时，单片机在一定的时间间隔内重复使用外部存储器保存数据，虽然也可以实现掉电数据保护，但频繁的存储操作占用系统资源大，也不能真正实现掉电瞬间数据的有效保护。

掉电存储技术采用电源电压检测原理实现，即当电源电压降低到某一值时，系统认为电源将要断电，然后启动单片机 IAP 程序保存系统运行的重要数据。STC15F 单片机片内的 ADC，可以利用 ADC 对外部电压进行检测，再利用 EEPROM 的 IAP 技术，很容易实现数据的掉电存储。

1. 掉电存储电路原理

假设采用 12V 电源变压器，当变压器一次侧输入交流电压为 160~220V 时，二次侧整流后为 9~15V 直流电压，通过三端稳压器 7805 输出稳定的直流 5V 电压给单片机供电，单片机掉电存储电路如图 7-17 所示。当电源停电后，A 点电压降落较快，在 A 点电压降落到 0V 之前，由于 C1 两端电压不能突变，单片机仍能获得 5V 电源电压并工作一段很短的时间，这个时间根据 C1 大小和系统额定电流而定，一般不小于 10ms。因此，可以通过单片机片内 ADC 检测 A 点电压值，当检测到 A 点电压值低于某一值（比如 3V）时，系统立即启动 EE-PROM 程序对系统运行数据保存。

2. 应用举例

在建筑施工过程中，钢筋切割机需要预先设置长度、数量和批次，机器运行过程中，一旦停电必须保存剩余的钢筋加工数量、预先设置的长度以及停电瞬间钢筋走过的长度等数值，因此系统设计需要引入掉电存储相关技术。

图 7-18 所示为系统掉电存储流程图，系统每次加电后需要判断断电标志，程序可以指定 1 个扇区保存。系统程序需要调用 A/D 转换程序、EEPROM 程序，该实例部分程序清单为

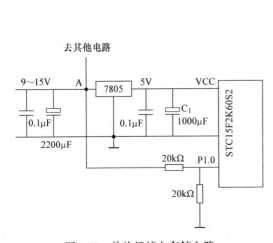

图 7-17　单片机掉电存储电路

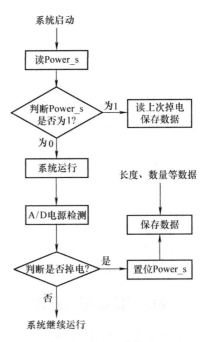

图 7-18　系统掉电存储流程图

```
#include<STC15F2k60s2.h>
#include<stcad.c>
#include<eeprom.c.c>
xdata unsigned char size,num,size_temp;
unsigned int ad_n;
void main(void)
{
    power_s=read_dat_1b(0x1600)              //从首地址为 0x1600 的 12 扇
                                            //区读断电标志

    if(power_s==0x55)                       //判断断电标志
    {
        size=read_dat_1b(0x1800);           //从首地址为 0x1800 的 13 扇
                                            //区读长度

        num  =read_dat_1b(0x1a00);          //从首地址为 0x1a00 的 14 扇
                                            //区读数量

        size_temp=read_dat_1b(0x1c00);      //从首地址为 0x1c00 的 15 扇
                                            //区读临时长度
    }
    save_dat_1b(0x1600,0x00);               //读断电标志复位
    while(1)
    {
        ......
        ad_n=get_adc();
        if(ad_n < 600)                      //检测 A 点电压小于 3V 左右
        {
            save_dat_1b(0x1600,0x55);       //保存断电标志位 0x55
            save_dat_1b(0x1800,size);
            save_dat_1b(0x1a00,num);
            save_dat_1b(0x1c00,size_num);
            while(1);                       //系统在此处等待
        }
    }
}
```

　　该程序清单只是项目程序的部分，由于使用 EEPROM 有较大空间，所以要保存的单字节数据（size、num、size_temp）各占用一个扇区。当电源断电后，系统应立即停止，同时保存主要数据。电源断电也可以通过检测 STC15F 单片机内部 PCON 寄存器的 PLVD 位，当该位置 1 时，说明单片机供电电压较低，系统自动进入掉电状态。

　　STC15F 系列单片机 ISP/IAP 技术应用大大降低了单片机系统设计开发成本，首先片内

大容量的 Data Flash 和 EEPROM 省去了片外存储器扩展，电路设计也变得较为简单；其次在线可编程不需要单独的下载器，在应用可编程也使得单片机应用智能化系统变为可能。

7.4　STC15F 单片机 PWM 波输出及其应用（项目 32）

脉宽调制（Pulse Width Modulation，PWM）是一种波形占空比、周期、相位控制技术，在电动机变速驱动、加热系统的比例控制、D/A 转换等领域有广泛的应用。STC15F 系列单片机内部共有 3 个 CCP/PCA/PWM 模块，可以通过编程实现 3 路 PWM 波的输出。

7.4.1　STC15F 系列单片机 PWM 模块结构原理

STC15F 系列单片机片内设计有 3 个可编程计数器阵列 CCP/PCA/PWM，该模块可用于对外部脉冲采样计数、定时器、高频脉冲输出和 PWM 等工作模式。当 CCP/PCA/PWM 应用于 PWM 模式时，3 个模块的 PWM 波输出可以在 P1、P3、P2 口之间切换，通过设定各自相关的寄存器，PWM 模块可以工作于 8 位、7 位或 6 位精度模式。

STC15F2K60S2 片内 PWM 模块结构如图 7-19 所示，模块中包含 16 位 PCA 计数器 CH（高 8 位）、CL（低 8 位）、PCA 比较/捕捉寄存器 CCAPnH 和 CCAPnL、功能寄存器 PCA_PWMn、比较/捕获寄存器 CCAPMn 等。

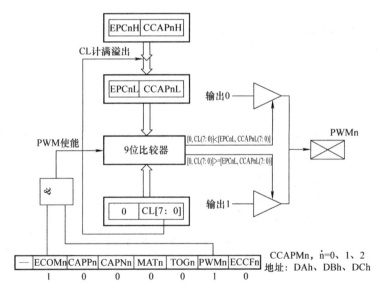

图 7-19　STC15F2K60S2 片内 PWM 模块结构

1. PWM 输出原理

当 CCP/PCA/PWM 模块工作于 PWM 模式时，由于所有模块共用一个 PCA 定时器，因此所有 PWM 模式输出频率相同，但各个模块的输出占空比是独立变化的，与模块内 EPCnL、捕获寄 CCAPnL 设定的初值有关。

当 PCA 定时器/计数器加计数过程中，其值 [0, CL (7:0)] 与 [EPCnL、CCAPnL (7:0)] 不断比较，当 PCA [0, CL (7:0)] 的值小于 [EPCnL, CCAPnL (7:0)] 时，PWM 输

出低电平；当 PCA［0，CL（7∶0）］的值大于或等于时［EPCnL，CCAPnL（7∶0）］时，PWM 输出高电平。当 CL 的值由 FF 变为 00 溢出时，系统自动将［EPCnH，CCAPnH（7∶0）］的内容装载到［EPCnL，CCAPnL（7∶0）］中，改变［EPCnH，CCAPnH（7∶0）］中的值可以改变 PWM 波的占空比。

用户可以设定功能寄存器 PCA_PWMn 设置 8 位、7 位、6 位 PWM 工作模式。如果让 PWM 波输出在不同引脚转换，需要设定辅助寄存器 AUXR1/P_SW1 相应位；要使能 PWM 模式，模块 CCAPMn 寄存器的 PWMn 和 ECOMn 位必须置位。

2. PCA 定时器/计数器

STC15F 单片机片内只有一个 16 位的 PCA 定时器/计数器，因此 PCA 定时器/计数器是 3 个 PWM 模块的公共时间基准，加计数速度直接控制 PWM 波的输出频率。用户通过对特殊功能寄存器 CMOD 中的 CPS2、CPS1 和 CPS0 位设定，PCA 定时器/计数器可以实现 1/12、1/8、1/6、1/4、1/2、1 倍系统时钟以及定时器 0 溢出或 ECI 脚的输入脉冲的加 1 计数。PCA 定时器/计数器结构如图 7-20 所示。

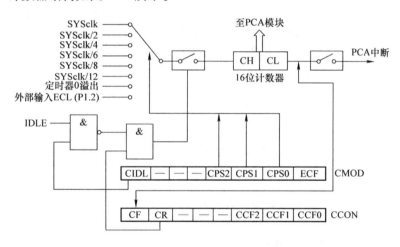

图 7-20　PCA 定时器/计数器结构

特殊功能寄存器 CMOD 还有两个位与 PCA 有关，它们分别是 CIDL、ECF。CIDL 置位时，空闲模式下允许停止 PCA 计数；ECF 置位时，使能 PCA 中断，即当 PCA 定时器溢出时，寄存器 CCON 的 CF 置位，可以引发 PCA 中断。

CCON 特殊功能寄存器包含 PCA 的运行控制位（CR）和 PCA 定时器标志（CF）以及各个模块的标志（CCF2、CCF1、CCF0）。通过软件置位 CR 位（CCON.6）来运行 PCA，CR 位被清零时 PCA 关闭。当 PCA 计数器溢出时，CF 位（CCON.7）置位，如果 CMOD 寄存器的 ECF 位置位，就产生中断。CF 位只可通过软件清除。CCON 寄存器中的 CCF2、CCF1、CCF0 位是 PCA 各个模块的标志，当发生匹配或比较时由硬件置 1 相应位。

7.4.2　PWM 相关寄存器

CCP/PCA/PWM 模块应用在 PWM 时，要用到 16 位 PCA 计数器 CH（高 8 位）、CL（低 8 位），PCA 比较/捕捉寄存器 CCAPnH 和 CCAPnL、PCA_PWMn、CCAPMn 等相关寄存器，见表 7-7，这里重点介绍 CCP/PCA/PWM 模块 0 用作 PWM 时的寄存器。

表 7-7　与 PWM 相关寄存器

寄存器名	功能	地址	复位值（B）
CCON	PCA 控制寄存器	D8H	00xx xx00
CMOD	PCA 工作模式寄存器	D9H	0xxx 0000
CCAPM0	PCA 模块 0 功能寄存器	DAH	x000 0000
CCAPM1	PCA 模块 1 功能寄存器	DBH	x000 0000
CCAPM2	PCA 模块 2 功能寄存器	DCH	x000 0000
CL	PCA 计数器/定时器低 8 位	E9H	0000 0000
CH	PCA 计数器/定时器高 8 位	F9H	0000 0000
CCAP0L	PCA 模块 0 捕获寄存器低 8 位	EAH	0000 0000
CCAP0H	PCA 模块 0 捕获寄存器高 8 位	FAH	0000 0000
CCAP1L	PCA 模块 1 捕获寄存器低 8 位	EBH	0000 0000
CCAP1H	PCA 模块 1 捕获寄存器高 8 位	FBH	0000 0000
CCAP2L	PCA 模块 2 捕获寄存器低 8 位	ECH	0000 0000
CCAP2H	PCA 模块 2 捕获寄存器高 8 位	FCH	0000 0000
PCA_PWM0	PCA 模块 0 PWM 辅助寄存器	F2H	00xx xx00
PCA_PWM1	PCA 模块 1 PWM 辅助寄存器	F3H	00xx xx00
PCA_PWM2	PCA 模块 2 PWM 辅助寄存器	F4H	00xx xx00
AUXRI（P_SW1）	外部设备切换寄存器	A2H	0100 0000

（1）PCA 工作模式寄存器 CMOD

PCA 工作模式寄存器 CMOD 的格式位为

CIDL	—	—	—	CPS2	CPS1	CPS0	ECF

CIDL 为空闲模式下是否停止 PCA 计数的控制位。当 CIDL=0 时，空闲模式下 PCA 计数器继续工作；当 CIDL=1 时，空闲模式下 PCA 计数器停止工作。

CPS2、CPS1、CPS0 为 PCA 计数脉冲源选择控制位，脉冲源频率设定见表 7-8。

表 7-8　脉冲源频率设定

CPS2	CPS1	CPS0	选择 PCA/PWM 时钟源输入
0	0	0	系统时钟，SYSclk/12
0	0	1	系统时钟，SYSclk/2
0	1	0	定时器 0 的溢出脉冲。由于定时器 0 可以工作在 T1 模式，所以可以达到记一个时钟就溢出，从而达到最高频率 CPU 工作时钟 SYSclk，通过改变定时器 0 的溢出率，可以实现可调频率的 PWM 输出

（续）

CPS2	CPS1	CPS0	选择 PCA/PWM 时钟源输入
0	1	1	ECI/P1.2（或 P4.1）脚输入的外部时钟（最大速率＝SYSclk/2）
1	0	0	系统时钟，SYSclk
1	0	1	系统时钟/4，SYSclk/4
1	1	0	系统时钟/6，SYSclk/6
1	1	1	系统时钟/8，SYSclk/8

　　如当 CPS2/CPS1/CPS0＝1/0/0 时，CCP/PCA/PWM 的时钟源是 SYSclk，不用定时器 0，PWM 的频率为 SYSclk/256。如果要用系统时钟/3 来作为 PCA 的时钟源，应选择 T0 的溢出作为 CCP/PCA/PWM 的时钟源，此时应让 T0 工作在 1T 模式，计数 3 个脉冲即产生溢出。用 T0 的溢出可对系统时钟进行 1～65536 级分频（T0 工作在 16 为重装载模式）。

　　ECF 为 PCA 计数溢出中断使能位，当 ECF＝0 时，禁止寄存器 CCON 中 CF 位的中断；当 ECF＝1 时，允许寄存器 CCON 中 CF 位的中断。

　　（2）PCA 控制寄存器 CCON

　　PCA 控制寄存器的 CCON 格式为

CF	CR	—	—	—	—	CCF1	CCF0

　　其中，CF 为 PCA 计数器阵列溢出标志位。当 PCA 计数器溢出时，CF 由硬件置位。如果 CMOD 寄存器的 ECF 位置位，则 CF 标志可用来产生中断。CF 位可通过硬件或软件置位，但只能通过软件清零。

　　CR 为 PCA 计数器阵列运行控制位。该位通过软件置位，用来启动计数器阵列计数。该位通过软件清零，用来关闭 PCA 计数器。

　　CCF0、CCF1、CCF2 分别为 PCA 模块 0、1、2 中断标志。当出现匹配或捕捉时该位由硬件置位。该位必须通过软件清零。

　　（3）PCA 功能寄存器 CCAPM0

　　PCA 模块 0 的功能寄存器 CCAPM0 用来设定 PCA 的工作情况。CCAPM0 的具体功能见表 7-9，CCAPM0 格式为

—	ECOM0	CAPP0	CAPN0	MAT0	TOG0	PWM0	ECCF0

表 7-9　CCAPM0 的具体功能

ECOMn	CAPPn	CAPNn	MATn	TOGn	PWMn	ECCFn	模块功能
0	0	0	0	0	0	0	无此操作
1	0	0	0	0	1	0	8 位 PWM，无中断
1	1	0	0	0	1	1	8 位 PWM 输出，由低变高产生中断
1	0	1	0	0	1	1	8 位 PWM 输出，由高变低产生中断
1	1	1	0	0	1	1	8 位 PWM 输出，由高变低或由低到高

（续）

ECOMn	CAPPn	CAPNn	MATn	TOGn	PWMn	ECCFn	模块功能
X	1	0	0	0	0	X	16 位捕获模式，由 CEXn/PCAn 的上升沿触发
X	0	1	0	0	0	X	16 位捕获模式，由 CEXn/PCAn 的下降沿触发
X	1	1	0	0	0	X	16 位捕获模式，由 CEXn/PCAn 的跳变触发
1	0	0	1	0	0	X	16 位软件定时器
1	0	0	1	1	0	X	16 位高速输出

（4）CL、CH

CL、CH 是 PCA 的 16 位定时器/计数器的低 8 位和高 8 位，对设定的时钟进行加 1 计数，用作 8 位 PWM 工作方式时，CL 为计数器，CH 为 0。

（5）PCA_PWM0

PCA_PWM0 为 PCA 模块 PWM 辅助寄存器，其格式为

EBS0_1	EBS0_0	—	—	—	—	EPC0H	EPC0L

EBS0_1、EBS0_0 为 PWM 模式时的功能选择位。当 EBS0_1、EBS0_0 分别取值 00、01、10 时，PCA 模块 0 分别工作于 8 位、7 位、6 位状态，当 EBS0_1、EBS0_0 取 11 无效时，PCA 模块 0 默认工作于 8 位 PWM 模式。

在 PWM 模式下，EPC0H 与比较/捕获寄存器 CCAP0H 组成 9 位数，EPC0L 与 CCAP0L 组成 9 位数，当 EPC0L=0 及 CCAP0L=00H 时，PWM 输出高电平，当 EPC0L=1 及 CCAP0L=FFH 时，PWM 输出低电平。因此可以通过设定 EPC0L 和 CCAP0L 确定 PWM 的占空比。

（6）AUXR1

AUXR1 为外部设备切换寄存器，不可位寻址，主要控制脉冲采样 CCP、PWM、串口、SPI 等所使用的单片机引脚。该寄存器格式为

S1_S1	S1_S0	CCP_S1	CCP_S0	SP1_S1	SP1_S0	—	DPS

其中，S1_S1、S1_S0 用来控制 PWM 输出引脚设定，当 S1_S1、S1_S0 取 00 时，3 路 PWM 分别从 P1.1、P1.0、P3.7 输出；当 S1_S1、S1_S0 取 01 时，3 个 PWM 模块的调制波分别从 P3.5、P3.6、P2.6 输出；当 S1_S1、S1_S0 取 10 时，3 路 PWM 分别从 P2.5、P2.6、P2.7 输出。当某个 I/O 接口作为 PWM 使用时，前后状态比较见表 7-10。

表 7-10　I/O 接口作为 PWM 输出时前后状态比较

PWM 之前接口的状态	PWM 输出时接口的状态
弱上拉/准双向	强推挽输出/强上拉输出，要加输出限流电阻 1~10kΩ
强推挽输出/强上拉输出	强推挽输出/强上拉输出，要加输出限流电阻 1~10kΩ
仅为输入/高阻	PWM 无效
开漏	开漏

7.4.3　PWM 波输出程序设计

如果利用 STC15F2K60S2 单片机设计 PWM 输出程序，首先要确定采用的 PWM 模块，PWM 波输出引脚、PCA 计数器脉冲源的频率以及占空比。如果占空比要求可调，需要不断改变 CCAPnH 的初值。下面以 8 位 PWM 波程序设计为例，说明单片机产生 PWM 波的过程。

1. 定义与 PWM 有关的寄存器

如果程序中没有包含 STC 单片机的头文件，则需要声明与 PWM 有关的寄存器，程序清单为

```
#include<reg51.h>
sfr CCON=0xd8;                    //可编程计数器 PCA 的控制寄存器
sfr CMOD=0xd9;                    //可编程计数器工作模式寄存器
sfr CL=0xe9;                      //可编程计数器的低 8 位
sfr CH=0xf9;                      //可编程计数器的高 8 位
/******* PWM 模块 0,P1.1 输出 ********/
sfr CCAPM0=0xda;                  //PWM 功能寄存器
sfr CCAP0L=0xea;                  //高 8 位
sfr CCAP0H=0xfa;                  //低 8 位
sfr PCA_PMW0=0xf2;               //PWM 辅助寄存器
/******* PWM 模块 1,P1.0 输出 ********/
sfr CCAPM1=0xdb;
sfr CCAP1L=0xeb;
sfr CCAP1H=0xfb;
sfr PCA_PMW1=0xf3;
/******* PWM 模块 2,P3.7 输出 ********/
sfr CCAPM2=0xdc;
sfr CCAP2L=0xec;
sfr CCAP2H=0xfc;
sfr PCA_PMW2=0xf4;
```

2. PWM 模块初始化

假设单片机系统时钟为 $f_1=12\text{MHz}$，使用 PCA 脉冲源的频率为 $f_2=f_1/4$，则 PWM 频率为 $f_p=f_2/256=11.7\text{kHz}$。这里没有对外部设备切换寄存器 AUXR1 设置，其 S1_S1、S1_S0 位复位值为 00，因此 3 个模块的 PWM 波将分别从 P1.1、P1.0、P3.7 输出。初始化程序为一个函数，其程序清单为

```
void STC_pwm_init(void)
{
    CMOD=0x0a;                    //PWM 频率=时钟频率/4/256,若时钟频率
                                 为 12MHz,则 PWM 波频率为 11.7kHz;
```

```
    CL=0x00;              //计数器低8位清零
    CH=0x00;              //计数器高8位清零
/**********模块0,P1.1输出**********/
//PCA_PMW0=0x00;                   //模块0,8位PMW,第9位EPC0L为0
//CCAPM0=0x42;                     //允许比较,P1.1输出
/**********模块0,P1.1输出**********/
PCA_PMW1=0x00;                     //模块1,8位PMW,占空比的第9位EPC0L
                                     为0
CCAPM1=0x42;                       //允许比较,P1.0输出
/**********模块0,P1.1输出**********/
PCA_PMW2=0x00;                     //模块2,8位PMW,占空比的第9位EPC0L
                                     为0
CCAPM2=0x42;                       //允许比较,P3.7输出
CCON=0x40;                         //允许PAC计数,计数脉冲为时钟频率/4
}
```

3. PWM 波输出

当 PAC 计数器的低 8 位 CL 从 0xff 变为 0x00 计满溢出时，决定占空比的值自动从 [EPCnH，CCAPnH (7∶0)] 装载到 [EPCnL，CCAPnL (7∶0)] 中，因此，如要想得到占空比可调的 PWM 波，用户可以对 [EPCnH，CCAPnH (7∶0)] 初值设定。8 位 PWM 波占空比可调程序为

```
void main(void)
{
    STC_pwm_init();
    while(1)
    {
        if(CL==0xff)                //当计数器计满,重装比较寄存器,以改变
                                      占空比
        {
            CCAP0H=128              //PWM模块0比较寄存器高8位装初值,占
                                      空比50%
            CCAP1H=cp;             //PWM模块1比较寄存器高8位装初值,占
                                      空比不断增加
            CCAP2H=256-cp         //WM模块2比较寄存器高8位装初值,占
                                      空比不断减小
        }
    }
}
```

程序中变量 cp 是一个随时间递增的变量，比如每秒加 5，可以在定时器中断中实现。

当 CL 为 0xff 时，立即对寄存器 CCAPnH 设定。当程序设计完成编译后，用户可以下载到 B1 实验板进行测试，通过示波器观察 P1.1、P1.0、P3.7 的 PWM 波输出情况。

4. PWM 技术应用举例

在图 7-21 所示的直流电压变换电路 DC/DC 电路中，可以采用一定占空比的 PWM 信号控制开关晶体管的工作状态，从而实现升压变换（Boost）或降压变换（Buck）。

PWM 也可以通过脉宽与电压转换实现直流电动机的速度控制。图 7-22 所示为直流电动机转速控制系统，可应用于旋翼飞机模型的平衡控制。直流电动机转动时，感生电动势或电刷反映在电源两端的噪声通过检测、放大和整形后，可以得到与电动机转速相关的矩形波脉冲信号 F_0，设电动机转速为 R，则 $R = F_0 \times 1/N$，N 为倍数。单片机通过检测 F_0 信号的频率即可得到电动机转速，再通过 PWM 控制，就很容易实现电动机转速的精确控制。

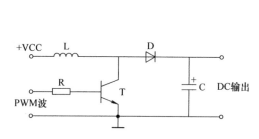

图 7-21　直流电压变换电路

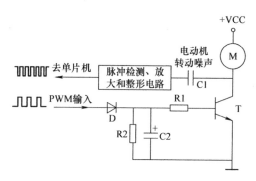

图 7-22　直流电动机转速控制系统

在单片机系统设计过程中，能够充分利用 STC15F 单片机片内丰富的资源会使单片机系统开发成本大大降低。不同资源配置、多种封装外形也使得此类单片机在嵌入式应用中具有较强的适应性。通过本章的实例，读者可以逐步深入学习其内部模块基本原理和应用，为单片机系统开发打下良好的技术基础。

思考题

7-1　请利用 PCB 设计软件如 Protel 或 Altum Designer 设计 STC15F2K60S2 的 LQFP44 封装转传统单片机 DIP40 封装引脚转接板。

7-2　设计一个测试 STC15F2K60S2 片内 SRAM 的程序，分别利用 xdata unsigned char 和 unsigned char 声明的变量，在 B107 实验板上的 6 位数码管动态显示基础上，直接显示这个变量，观察两种情况下初值有什么不同。

7-3　完成热敏电阻测量温度实例，并在 B1 实验板上实现。要求，在系统中添加温度上下限调整按键，并利用 STC15F2K60S2 的 EEPROM 保存上下限。

7-4　单片机的 PWM 波占空比可实现数据到电压（D/A）转换，请利用图 7-23 所示的电路，设计这个程序，当一个变量从 0~255 变化时，DC 输出为 0~5V。

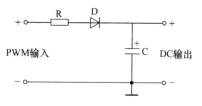

图 7-23　思考题 7-4 电路